权威·前沿·原创

皮书系列为

“十二五”“十三五”国家重点图书出版规划项目

智库成果出版与传播平台

粤港澳大湾区水资源研究报告（2020）

WATER RESOURCES RESEARCH REPORT OF
GUANGDONG-HONG KONG-MACAO GREATER BAY AREA (2020)

主　编／谭奇峰　崔福义
副主编／支世平　郑航桅

社会科学文献出版社
SOCIAL SCIENCES ACADEMIC PRESS (CHINA)

图书在版编目（CIP）数据

粤港澳大湾区水资源研究报告．2020／谭奇峰，崔福义主编．--北京：社会科学文献出版社，2020.6
（水利水资源蓝皮书）
ISBN 978-7-5201-6576-1

Ⅰ．①粤… Ⅱ．①谭… ②崔… Ⅲ．①水资源-研究报告-广东、香港、澳门 Ⅳ．①TV211

中国版本图书馆CIP数据核字（2020）第069087号

水利水资源蓝皮书
粤港澳大湾区水资源研究报告（2020）

主　　编／谭奇峰　崔福义
副 主 编／支世平　郑航桅

出 版 人／谢寿光
责任编辑／陈晴钰
文稿编辑／陈晴钰　桂　芳　薛铭洁

出　　版／社会科学文献出版社·皮书出版分社（010）59367127
　　　　　地址：北京市北三环中路甲29号院华龙大厦　邮编：100029
　　　　　网址：www.ssap.com.cn
发　　行／市场营销中心（010）59367081　59367083
印　　装／天津千鹤文化传播有限公司

规　　格／开　本：787mm×1092mm　1/16
　　　　　印　张：24.25　字　数：361千字
版　　次／2020年6月第1版　2020年6月第1次印刷
书　　号／ISBN 978-7-5201-6576-1
定　　价／198.00元

本书如有印装质量问题，请与读者服务中心（010-59367028）联系

《粤港澳大湾区水资源研究报告（2020）》
课　题　组

组　长　谭奇峰

副组长　崔福义　支世平　郑航桅

成　员　（按姓氏笔画排序）

马成涛　王　晓　王为东　王建华　王笑然
王雅慧　邓　蓓　白　雪　包　晗　刘　欢
刘　垚　刘锐平　汝向文　严　黎　杜　鹏
杜灿阳　孙国胜　杨　敏　杨　博　李　杰
李　菲　李军儒　张　丽　张子能　张文明
陈　仁　武　睿　林　青　周宏春　郑敬波
练海贤　赵　焱　胡承志　胡雅倩　饶凯锋
宫秀川　袁君萍　徐　强　高　旭　郭卫鹏
唐颖栋　眭利峰　彭　严　彭绪庶　董延军
程开宇　解河海　廖元胜　廖舒婷　潘志煜
魏　俊

研创单位简介及鸣谢

2019年2月，《粤港澳大湾区发展规划纲要》正式出台，明确提出将“强化水资源安全保障，加强水环境保护与治理”作为大湾区发展的重点任务，为进一步落实纲要相关指示精神，切实加快国际化科技创新中心打造进度，广东粤海水务股份有限公司作为大湾区龙头水务企业，结合国家重大战略布局和发展需要，积极响应广东省委工作部署，牵头组建粤港澳大湾区水安全联合创新中心（以下简称“中心”），联合港、澳和国内外知名高校与科研机构，发挥其科技引领优势，围绕水安全保障、智慧水务、水利重大工程建设等领域开展合作，力求通过产业、技术协同发展和人才交流，服务粤港澳大湾区创新发展，推动水行业科技进步。

中心提出五大重点建设任务：前沿技术和关键共性技术研发、技术成果推广和商业化应用、创新人才队伍建设、交流合作和品牌推广、政策标准研究和公共服务。基于五大任务需求导向，中心将不断着力引进知名专家、产业链优势企业，充分发挥水领域各方资源协同优势。“水利水资源蓝皮书”将作为中心创研成果的重要输出与展示载体，秉承立足大湾区、辐射全行业的初心，为中国水利水资源领域交流架通桥梁，为技术创新成果推广搭建平台。

《粤港澳大湾区水资源研究报告（2020）》集中收录展示了多家合作单位与机构的潜心创研成果，其中，中国国际工程咨询有限公司作为中心重要的战略合作伙伴，在编创统筹过程中参与各项重要工作，对推动全书顺利出版做出卓越贡献；同时，国务院发展研究中心、中国水利水电科学研究院、中国标准化研究院、中国宏观经济研究院、E20环境平台、北京金准咨询有限责任公司、鼎蓝水务、中国科学院生态环境研究中心、天津膜天膜科技股份有限公司、中电建华东院等单位在相关资料与数据信息方面，对本书研创给予了大力支持和付出，在此一并表示衷心的感谢！

主编简介

谭奇峰　1967年9月出生，广东梅州人。现任广东粤港供水有限公司、广东粤海水务股份有限公司、粤海水务集团（香港）有限公司董事长。水力机械正高级工程师，曾获广东省科技进步奖等奖项。主要研究领域为水力机械、水环境整治、给排水处理技术研究及工程应用，编著《城镇供水管网漏损控制技术》《水体异味化学物质：类别、来源、分析方法及控制》等专著，参与起草《泵站技术管理规程》（GB/T 30948－2014）、《泵站设备安装及验收规范》（SL 317－2015）等国家、行业标准。

崔福义　重庆大学教授，市政工程学科博士，博士生导师。黑龙江省优秀中青年专家，享受国务院政府特殊津贴。学术兼职有：教育部土木类专业教学指导委员会委员、住建部给排水科学与工程专业评估委员会主任、国家"卓越工程师培养计划"给水排水工程专业专家组组长、中国城镇供水排水协会常务理事、工程教育专业委员会主任、中国土木工程学会水工业分会常务理事、住房和城乡建设部科技委城镇水务委员会专家、国家重大科技专项"水体污染控制技术与治理工程"饮用水主题专家组专家等。从事水处理工艺理论与技术的教学和科研工作。主要研究方向包括饮用水水质安全保障工艺理论与技术、水安全回用工艺与技术、水工艺过程控制与优化等。主持的科研项目有国家自然科学基金、国家863计划项目、国家水专项课题、国家重点研发计划项目等；在国内外学术期刊上发表论文400余篇，SCI论文最高影响因子17.494；主编、参编专著和教材十余部；获得发明专利30余项；获得国家级和省部级科技进步奖、教学成果奖十余项。

摘　要

“水利水资源蓝皮书”是以立足宏观政策、剖析行业痛点、探索技术突破为研创脉络，综合梳理我国水利水资源领域存在的发展瓶颈，为之提供突破思路并进行可行性路径研究的年度系列报告。

《粤港澳大湾区水资源研究报告（2020）》是“水利水资源蓝皮书”的首部，全书包括总报告、宏观视点篇、行业发展篇、技术创新篇、综合应用篇5个部分。总报告针对粤港澳大湾区水资源发展形势及配置现状对区域内城市经济发展产生的影响，阐明水资源安全保障的重要性，对粤港澳大湾区未来水资源安全的整体形势进行预测，提出可行性优化建议。宏观视点篇结合当下“高质量供水”在发达城市的试点推行工作，切实关注粤港澳大湾区未来对标国际湾区发展进程中将面临的水资源约束，从水资源安全、供水标准、水环境治理三个维度进行探索性研究，从宏观政策引导层面提出对策思路。行业发展篇基于粤港澳大湾区城市发展的突出矛盾，剖析大湾区供水、排水两大细分领域的发展现状及创新前景，并结合投融资模式，系统分析水行业发展转型升级对粤港澳大湾区高质量发展的有效助力。技术创新篇呼应前述内容涉及的技术瓶颈，给出水质监测、供水全流程保障运管、膜技术应用三类供排水保障处理技术的详细介绍，为推动领域政策优化和行业突破提供科学思路。综合应用篇介绍了茅洲河流域综合治理及珠江三角洲水资源配置工程两大示范案例，结合具体运营管理模式和工程规划方案，梳理归纳大湾区内水资源领域先进理念，以及科学技术在实际生产建设中的成功运用。

本书指出，水资源是粤港澳大湾区发展建设不可或缺的重要战略资源，从现状分析看，一方面，区域内水资源自然属性特殊，资源型缺水一定程度上约束大湾区经济发展；另一方面，城市发展造成过度开采、工业污染的现象，出现水质型缺水等水安全问题，尽快提升供水安全保障水平，需要对标国际、聚焦国内，从水污染防治、洪涝灾害预防、水资源区域联动性提升、流域生态环境治理等方面做出制度优化和完善。水利基础设施建设亟待转型升级，物联网大数据技术在水资源利用领域的广泛应用，投融资模式的不断创新优化，有效解决资金、数据、运营成本等实际生产问题，为供排水管网基础设施建设和智慧水务市场带来广阔前景。水质型缺水问题的解决依赖先进水处理技术，将经济可行的处理技术与系统整治思维结合，形成供水保障一体化方案，可从源头保障饮用水安全，减少污染排放，实现水生态良性循环。

关键词： 粤港澳大湾区　水利水资源　高质量供水

目录

Ⅰ 总报告

Ⅱ 宏观视点篇

Ⅲ　行业发展篇

Ⅳ　技术创新篇

Ⅴ 综合应用篇

皮书数据库阅读使用指南

总 报 告

General Report

B.1 粤港澳大湾区水资源形势分析与优化报告（2020）

谭奇峰　胡雅倩*

摘　要： 粤港澳大湾区作为区域型经济体，需要协同好资源分配，水资源是各地区域经济发展规划和流域水资源管理两项工作中的重点，更需要做好协同。本报告从政策间关联性分析和现状及问题分析两个方向阐述粤港澳大湾区内水资源的安全形势及当前强化水资源安全保障工作的情况。未来，粤港澳大湾区还是要将经济发展放在首要地位，同时，大湾区内负责制定水资源分配规划的各级主管部门要协同各

* 谭奇峰，广东粤港供水有限公司、广东粤海水务股份有限公司、粤海水务集团（香港）有限公司董事长，水力机械正高级工程师，主要研究领域为水力机械、水环境整治、给排水处理技术研究及工程应用。胡雅倩，环境资源与管理学硕士，E20 环境平台供水研究中心高级行业分析师，主要研究领域为水资源、智慧水务、城市供水管网等。

地经济发展需求，做好水资源规划和调配工作，提升区域内水源之间的联动性，解决当前存在的不同水源间联动调配不畅的问题。本报告梳理国际三大湾区：纽约湾、旧金山湾和东京湾的建设模式及发展历程，通过分析粤港澳大湾区及其之间的对应关系，预测粤港澳大湾区的水资源未来将受到经济发展带来的压力的影响。针对预测提出按照城市的特点合理规划和制定经济发展目标，重视和利用好经济杠杆提升水资源管理工作的效果，发挥科技先进性扩大水环境保护和恢复的成果等建议。

关键词： 粤港澳大湾区　水资源安全形势　水资源管理优化　国际湾区水资源安全形势

一　粤港澳大湾区的水资源规划及管理

习近平总书记十分重视水安全问题，并要求社会各界都加大对水资源安全的重视程度，并明确了将“节水优先、空间均衡、系统治理、两手发力”的治水十六字方针作为应对我国水安全严峻形势的治本之策。水利部部长鄂竟平发表于《人民日报》的文章指出：人多水少，水资源时空分布不均、与生产力布局不相匹配，是我国长期面临的基本水情。[①] 水安全的老问题尚待解决，新问题又频繁出现。水安全的新老问题累积增加了解决问题的难度，问题长期得不到解决会影响我国经济社会发展的稳定性和人民的健康福祉。

---

① 鄂竟平：《坚持节水优先 强化水资源管理——写在2019世界水日和中国水周之际》，《人民日报》2019年3月22日，第12版，http：//paper. people. com. cn/rmrb/html/2019－03/22/nw. D110000renmrb_ 20190322_ 1－12. htm，最后检索时间：2020年1月2日。

打造粤港澳大湾区的重大意义不仅在于促进区域经济的繁荣，更在于加深内地与港澳交流合作的密切程度。珠三角9市与港澳两地有良好的合作基础，近年来粤港澳地区的“9+2”城市在基础设施、生态环保等方面的合作成效显著，已经形成了良好的合作格局。未来在政策的指导和支持下，粤港澳大湾区内11座城市应该在现有的合作基础上更加重视水安全保障方面的合作，破解制约大湾区水资源发展的瓶颈问题，加快实现《粤港澳大湾区发展规划纲要》中对“强化水资源安全保障”的预期，共同打造世界级宜居城市群。

（一）宏观政策

粤港澳大湾区的经济实力、区域竞争力在改革开放后显著增强。区域性经济水平提升吸引了大量人口，增加了区域内供水等公共服务事业的运行压力；同时，发展带来的高速城市化，也改变了部分原有的自然环境，打破了原来的水生态平衡。需求的增加和水生态环境的变化分别对水资源的安全造成威胁，两者同时存在的叠加效应更是不容忽视。2018年3月，习近平总书记在全国“两会”上于广东代表团发言后强调：“发展是第一要务。”[①] 同时，在对粤港澳大湾区等区域性经济发展做指导时，习近平总书记提出，增强中心城市和城市群等经济发展优势区域的经济和人口承载能力，增强其他地区在保障粮食安全、生态安全、边疆安全等方面的功能，形成优势互补、高质量发展的区域经济布局[②]，还同时强调了区域城市群需要在尊重客观规律的情况下提高资源配置效率，全面建立生态补偿制度等重要指示。

综上所述，宏观政策的制定主体肯定了经济发展要尊重客观规律。产业和人口向优势区域集中是社会发展的客观规律。人口密度过大对于生态环境

① 金佳绪：《再到广东团 习近平强调三个“第一”释放什么信号》，新华网，2018年3月8日，http://www.xinhuanet.com/politics/2018-03/08/c_129825720.htm，最后检索时间：2020年1月2日。

② 习近平：《推动形成优势互补高质量发展的区域经济布局》，《求是》2019年第24期。

会产生很多不利影响是不可否认的事实，其中就包括水环境。因此，区域性城市在发展的过程中不但要尊重客观规律，还需要考虑如何消除和减轻客观规律造成的不利影响，习近平总书记在文章中提到的“全面建立生态补偿制度”的想法，就旨在解决发展过程中的这一问题。

国家和区域发展的宏观政策中大多对于这一问题有所考量，尽管政策在内容针对性上略有不同，但与水环境、水生态保护都有不同程度的关联。国家和区域政策制定主体对于水资源安全高度重视，因此，也制定了对水资源安全问题针对性更强的保障政策。本文将从宏观政策与水资源安全保障的相关性和水资源相关政策对开展水资源安全保障工作的指导思想两方面出发，为促进粤港澳大湾区未来经济发展，提出水资源安全保障工作之间协调推进的政策建议。

1. 国家政策

水利部《2018 年中国水资源公报》的统计数据显示，2018 年我国水资源总量为 27462. 5 亿立方米，与多年平均值持平，比 2017 年减少 4. 5% 。[①] 总体来看，一方面，我国水资源总量多年呈下降趋势，且人均水资源量较其他国家偏低。另一方面，我国水资源时空分布不均的基本水情导致经济发达城市人口过度集中。我国存在部分人均水资源量低于 500 立方米的严重缺水地区，其中就包括粤港澳大湾区内的部分城市（见表 1）。

表 1　粤港澳大湾区“9 +2”城市人均水资源统计

城市	2018 年人均水资源量（立方米）	多年人均水资源量（立方米）	年末人口数[a]（人）
广州	506	514	14904400
深圳	229	164	13026600
东莞	285	272	8392200
惠州	2613	2575	4830000

① 中华人民共和国水利部：《2018 年中国水资源公报》，2019 年 7 月 12 日，http：//www. mwr. gov. cn/sj/tjgb/szygb/201907/P020190829402801318777. pdf，最后检索时间：2020 年 1 月 2 日。

续表

城市	2018 年人均水资源量（立方米）	多年人均水资源量（立方米）	年末人口数[a]（人）
佛山	472	373	7905700
中山	704	530	3310000
江门	3498	2620	4598200
肇庆	3609	3399	4151700
珠海	1106	985	1891100
香港[b]	137	128	7482500
澳门	134[c]	138	667400

注：a. 内地城市为“年末常住人口”；b. 香港特区人均水资源量 =（本地集水量 + 广东东江供水）/总人口数，多年平均水量统计范围为 2009 ~ 2018 年；c. 澳门特区统计年份为 2016 年。

资料来源：广东省统计局、香港政府统计处、澳门统计暨普查局。

目前，我国用水以农业用水占主要部分，且在未来短期内农业生产方面的用水需求依然巨大。与此同时，随着我国经济的快速发展，未来将会有更多的工业和商业活动增加对水资源的需求。粤港澳大湾区的发展趋势也符合我国经济发展的这一总体规律。同时，粤港澳大湾区作为我国经济开放的前沿地带，经济发展水平全国领先，对于人才和资金的吸引能力强；再加上《粤港澳大湾区发展规划纲要》的出台对大湾区继续加快经济发展的鼓励，大湾区的经济未来必将呈现更高速增长趋势，国家和粤港澳大湾区的政策制定主体必然会重视对经济发展有重大影响的水资源。下一级的政策通常是在上一级政策的指导下完成的，但是，不同主体对于当地水资源现状和经济发展之间关系的了解程度不同。因此，在制定各自一级的宏观发展规划时所确定的与水资源安全保障相关的各项工作侧重点也就不同。为了更清楚地了解各层级宏观政策对水资源安全保障工作重点的定位，本文将采取比较论证的形式分析各级宏观政策对于水资源安全保障的描述。

《中华人民共和国国民经济和社会发展第十三个五年规划纲要》（以下简称“十三五”规划纲要）是指导我国 2016 ~ 2020 年经济发展的统领性文件，“十三五”规划纲要的第十篇“加快改善生态环境”第四十三章

第二节明确指出：用水总量在“十三五”规划期要控制在6700亿立方米以内[①]。同时，规划要求开展全民节水行动，在100个城市开展分区计量、漏损节水改造；实施海岛海水淡化示范工程等。2019年《粤港澳大湾区发展规划纲要》（以下简称“大湾区”规划纲要）出台，在“十三五”规划纲要的基础上结合大湾区的实际情况提出“强化水资源安全保障”“坚持节水优先、大力推进雨洪资源利用等节约水、涵养水的工程建设”等思想。

此外，“十三五”规划纲要中提到“深化内地与港澳合作”，其中包含加深内地同港澳在环保领域的合作，并提到要支持港澳提升经济竞争力。粤港澳大湾区内“9+2”城市在水资源共享的形式上，以内地向港澳输送原水为主。香港特区的用水量近年来稳定在每年9亿~9.8亿立方米的水平，其中有70%~80%的水量来自东深供水工程，供水主要用作当地居民生活用水。澳门特区主要的来水水源是珠海市的竹仙洞水库，其负担了澳门特区超过九成的原水供给。2016年澳门特区输入的原水量为9700万立方米，较2015年上升1.7%。[②] 同时，澳门地区除了居民生活用水和城市商业用水外，还有部分工业企业的生产活动用水。

由以上情况综合分析，国家制定的有关整体经济发展的宏观政策和关于粤港澳大湾区发展的区域化政策中，都对水资源安全做出了指示。“大湾区”规划纲要相较于国家的“十三五”规划纲要而言，更聚焦大湾区内的“9+2”城市间的区位条件，充分考虑到流域的水文和地理因素、当前水资源分配的形式，以及现有的合作基础。对于强化水资源安全保障的考量，一是优化水资源配置，以应对用水需求增加；二是加强防洪防涝的能力，在保障民生安全的同时提高水资源的利用率。

---

① 国务院：《中华人民共和国国民经济和社会发展第十三个五年规划纲要》，2016年3月17日，http://www.gov.cn//xinwen/2016-03/17/content_5054992.html，最后检索时间：2020年1月2日。

② 澳门自来水股份有限公司网站，https://www.macaowater.com/about-macao-water/water-supply-statistics，最后检索时间：2020年1月2日。

宏观经济政策着重于区域的宏观发展，同时注意发展与生态环境间的平衡，并从保障水资源安全的角度提出了对策。尽管针对水资源问题的对策在宏观政策中所占篇幅不多，但其对各类用水需求变化，以及外界环境变化可能导致的问题有预估，这也为相关部门制定具体的应对机制和采取相应措施提供了指导和建议。

2. 区域性政策

港澳地区对于内地水资源的高度依赖、水资源对于支持港澳地区经济发展和社会安定的必要性，是粤港澳大湾区区域融合的基础。因此，未来粤港澳大湾区的经济发展很大程度上会受到珠三角城市与港澳地区之间水资源分配合理性的影响。“大湾区”规划纲要划定的城市范围包含珠三角 9 市和香港、澳门 2 个特区，构成“9 +2 城市”的发展格局。珠三角 9 市中的广州、佛山、惠州、江门、肇庆、东莞、珠海、深圳、中山均为广东省所辖的城市，因此，粤港澳大湾区建设的区域性政策分析只涉及内地的广东省部分城市和港澳两地。同时，粤港澳大湾区的水资源来源均系珠江流域，且流域上下游之间有联动性，因此在从区域性宏观政策角度分析粤港澳大湾区的水资源安全形势时，主要将珠江水系作为研究基础。

《广东省国民经济和社会发展第十三个五年规划纲要》（以下简称广东省“十三五”规划纲要）中提到广东省计划五年内累计降低“万元 GDP 用水量”30%。[①] 此外，广东省“十三五”规划纲要还将“地表水达到或好于 III 类水体比例”确立为 84. 5%；“劣 V 类水体比例”确立为 0。广东省对于水资源节约使用和对于水资源水质安全的约束性要求，说明广东省将水资源的节约和安全性保障作为政府在 2020 年前的工作重点，也侧面反映了广东省在水资源使用效率和水资源安全性上存在一些尚待解决的问题。

广东省“十三五”规划纲要的“专栏 16”中罗列了“十三五”时期广东省水利重点建设工程，其中包括与粤港澳大湾区密切相关的珠三角水资源配置工程和广东省西江干流综合治理工程，且两项均为重点工程中的重点项

① 广东省人民政府：《广东省国民经济和社会发展第十三个五年规划纲要》（粤府〔2016〕第 35 号），http：//203. 187. 160. 132 ：9011/drc. gd. gov. cn/c3pr90ntc0td/protect/P0201807/P020180726/P020180726606779164809. pdf，最后检索时间：2020 年 1 月 2 日。

目。综上所述，广东省2020年前的工作重点在区域内水资源配置优化和水环境治理两方面。其实，先于广东省“十三五”规划纲要发布的《珠江—西江经济带发展规划》就已经对水功能区水质提出了严格的要求。在“专栏1”中将2020年“水功能区水质达标率”定为90%。[①]

2019年7月，《广东省推进粤港澳大湾区建设三年行动计划（2018～2020年)》（以下简称“大湾区”三年行动计划）由广东省推进粤港澳大湾区建设领导小组印发，作为广东省实际推进“大湾区”规划纲要的具体行动方案。“大湾区”三年行动计划中对水资源的描述主要有“完善水资源保障体系”和“完善水利防灾减灾体系”两项，并将省水利厅、省发展改革委、省生态环境厅、省应急管理厅，以及大湾区内地各市列为相关责任主体。“大湾区”三年行动计划与广东省“十三五”规划纲要中关于强化水资源安全保障的工作重点一致，并再一次强调了大湾区水资源安全保障工作的重要性。

由以上分析可知，我国宏观政策对于水资源安全保障高度重视。区域性的宏观政策对于加强水资源安全保障工作的重点做了更明确、具体的指导。同时，各级宏观政策中多次明确强调了水资源安全是经济发展中需要重视的内容，对于水资源安全上可能出现的不利影响需要提前预防。

（二）水资源相关管理政策

1. 国家政策与水资源管理

2000年国务院发布的《中华人民共和国水污染防治法实施细则》已于2018年4月废止，此前该文件曾是各地区依法实施水资源水质安全保障工作的指导文件；2019年出台的《国家节水行动方案》则从水资源节约角度提出了对水资源安全保障工作的指导性建议。

---

① 国家发展改革委：《关于〈印发珠江—西江经济带发展规划〉的通知》（发改地区〔2014〕1729号），http://www.gov.cn/xinwen/2014-08/01/content.2728213.htm，最后检索时间：2020年1月2日。

2. 流域政策与大湾区水资源管理

为积极践行《国家节水行动方案》的要求，强化水资源承载能力刚性约束，加强流域节约用水管理，珠江委也于2019年12月印发《珠江委落实〈国家节水行动方案〉工作方案》（以下简称《方案》）。《方案》不仅是按照《国家节水行动方案》的要求编制的，同时还结合了珠江委编制的《粤港澳大湾区水安全保障规划》，将珠江流域2020～2035年分为三个阶段，配合粤港澳大湾区规划的2025年和2035年两个工作节点，推进珠江流域与粤港澳大湾区建设中水资源安全保障工作。

与广东省和国家的宏观政策不同，《方案》本身以水资源为出发点，着重强调了水安全与粤港澳大湾区建设之间的高度相关性，明确了“节水优先”的治水思路。通过完成总量强度双控、农业工业节水、城镇节水等具体方向上的33项重点任务，达到提高珠江流域水资源利用效率、保障粤港澳大湾区水安全的重要目的。《方案》结合“大湾区”规划纲要的时间节点，又以流域作为划分方式，更符合水资源的流动性和联动性特点。

综上所述，水资源相关政策无论是在国家层面，还是在大湾区内主要流域层面，对于水资源安全的关注重点都是水资源的水质和水量。因此，政策主要针对水质的改善提升和水量的高效利用。同时，流域管理委员会牵头制定的政策能够在行政区域经济发展和流域水资源管理之间起到连接作用，让经济发展的宏观政策能够更好地与流域水资源管理政策相融合。

二　粤港澳大湾区水资源现状

（一）粤港澳大湾区水资源概况

对粤港澳大湾区水资源情况的统计存在一定的难度，难度主要由“9+2”城市的行政划分不同造成。“9+2”城市中的珠三角9市同在广东省，因此，大部分数据可以通过广东省水利厅的官方渠道获得。香港和澳门特区的水资源量未在全国统计年鉴的范畴内，本报告以两特区水务署官方数据来源为准。此外，粤港澳大湾区整体处于珠江流域，东江、西江和北江是珠江流域内“9+2”城市原水供给的三大主要水源。因此，对原水水源情况的分析依据主要来自广东省的东、西江流域管理局和其上级主管部门的官方渠道。

粤港澳大湾区水资源总量充足，但时空分布不均；全年降雨量较高，但季节性特征明显，雨季降雨还会形成洪水和内涝；大湾区东部面积较小，且河网与入海口之间距离短，汛期水资源难留存，枯水期面临咸潮上溯的危害。大湾区水资源供给受到区域内水利工程对水资源调配能力的影响，水资源水质受到自然因素和经济要素的影响。

1. 水资源量及自然分布的情况及特点

广东省是全国水资源最丰沛的地区之一，多年平均降雨量为每年 1777 毫米。但广东省年内水资源量在丰水期与枯水期的数额有较大的差距，且珠三角 9 市内的水资源分布与经济要素不匹配，因此实际可利用的水资源并不充足。全省多年人均水资源量不足 1700 立方米，低于全国人均水平（约 2100 立方米）。

这样的水资源分布特点是，受广东地区季节性降雨的气象条件，以及大部分河道靠近海域，河道流程短、流域面积小等地理因素的综合性影响，每年的 4~9 月有 70%~80%的降雨在短时间内集中涌入地表水系统，在来不及留蓄的情况下流入大海，导致水资源大量流失，枯水期可利用水资源严重不足。

同时，雨季大量的降水导致的洪水灾害危及地表水资源，导致水质受到影响；洪水强大的冲击力对沿岸修筑的水利工事具有很强的破坏性，容易对两岸居民的生产生活造成重大影响。

2. 区域内“9+2”城市的水资源使用情况及特征

大湾区中香港、澳门两地的原水供应需求主要依靠与内地连通的供水工程解决：对香港地区的供水由东深供水工程解决，对澳门地区的供水由珠江三角洲水资源配置工程解决。东深供水工程对香港地区供水量占香港地区供水总量的比例多年保持在 70%；珠江三角洲水资源配置工程对澳门年供水量已超过 1 亿立方米，占澳门淡水资源的 98%。由于香港和澳门特区本地淡水资源量少，主要依靠内地供水，其水资源安全受到内地水资源安全形势的影响更大。

大湾区中珠三角9市用水量占广东省用水量一半以上。《2018年广东省水资源公报》显示，粤港澳大湾区广东省内9市（即珠三角9市）总用水量为221.1亿立方米，占全省总用水量的52%（见图1）。

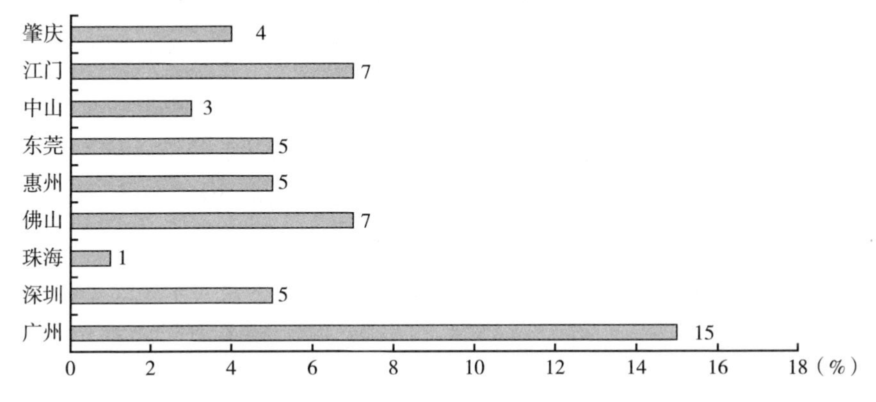

图1　2018年珠三角9市中各市用水总量占全省总用水量的比例

其中，珠三角9市的工业用水总量79.2亿立方米，占全省该类用水总量的79.7%。珠三角9市城镇生活用水总量38.3亿立方米，占全省该类用水总量的70.0%；农村生活用水总量4.5亿立方米，占全省该类用水总量的28.68%。珠三角9市城镇与农村生活用水总量合计42.8，占全省该类用水总量的60.8%；人工生态环境补水4.0亿立方米，占全省该类用水总量的74.8%。

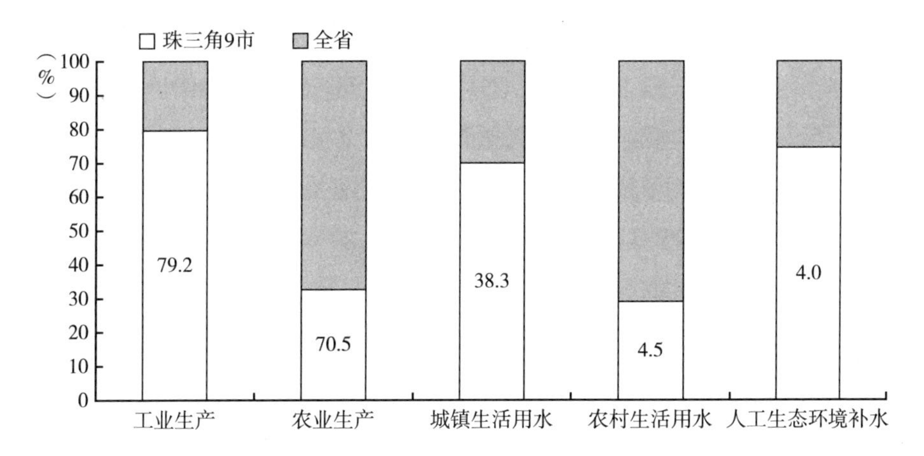

图2　2018年珠三角9市各类用水量在全省各类用水量中的占比

各地区经济发展水平不同，用水结构差异大。经济发展相对发达的地区工业和生活用水在用水总量中的占比相对较高，农业用水占比则较低。此外，各城市的城市化程度和城市化路径也将影响到各类生产用水在某一时段内在用水总量中的占比。图 3 中广州、深圳、珠海、东莞四市是珠三角 9 市中农业生产用水量排在末尾四位的城市，其农业生产用水在全市生产总用水量中的占比均未超过 30%；同时，其工业生产用水占比均高于农业生产用水的占比。此外，珠三角流域由于人口密集，工业发达、经济总量大，除农业用水外的各类生产生活用水量均排在流域内各城市的前列。

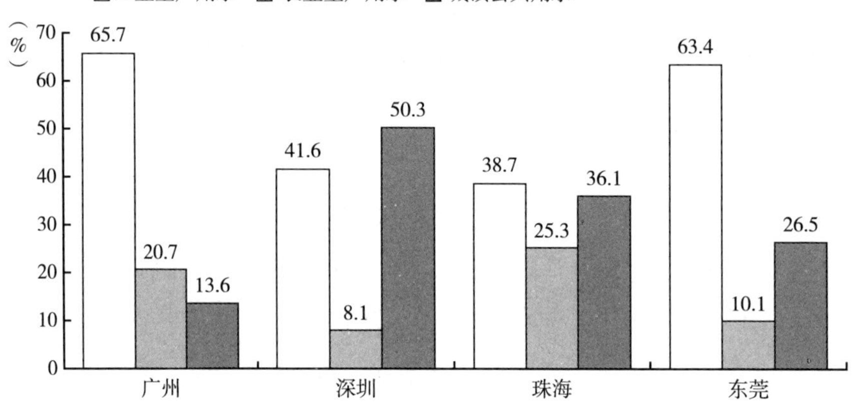

图 3　2018 年广州、深圳、珠海、东莞四市各类生产用水在全市生产用水总量中的占比

从多年平均水资源量来看，排在珠江 9 市前三位的分别为肇庆（145.22 亿立方米）、惠州（127.5 亿立方米）、江门（120.8 亿立方米）；排在末三位的为珠海（15.07 亿立方米）、中山（17.38 亿立方米）、深圳（20.51 亿立方米）。其中，中山和珠海的多年平均水资源量低于深圳和东莞的多年平均水资源量，但由于中山和珠海的人口数量少于深圳和东莞的人口数量，中山人均水资源量（530 立方米）和珠海人均水资源量（985 立方米）反而高于东莞（人均 272 立方米）和深圳（人均 164 立方米）。

（二）粤港澳大湾区水资源配置现状

粤港澳大湾区内的水资源主要来自东江、西江和北江。东江主要供给香港和大湾区东部的城市，也向广州市的部分地区供水。西江主要供给大湾区西部6市，在珠三角水资源配置工程建成后，能够为东江提供补充，缓解东江供水压力。同时，也能作为香港地区的备用水源，提升对港水资源供给的安全性。

1. 区域内“9+2”城市水资源的构成

按2018年的来水统计，广东省水资源开发利用率为22.7%，其中，东江（含东江三角洲）30.2%、西江16.5%、北江9.8%；按多年平均来水统计，全省水资源开发利用率为23.5%，其中，东江（含东江三角洲）28.0%、西江18.3%、北江9.7%。以上两种统计方法获得的结果都证实了粤港澳大湾区内广东省主要开发利用的水资源为东江，其次为西江。

从地理区域的分布来看，广东省内河源市与安远水汇合后称东江。东江经大湾区东岸的惠州市博罗县、惠城区，至东莞市石龙镇后，流入珠江三角洲东部网河区，后经虎门出海。因此，东江成为香港特区以及珠三角9市中广州东部（天河、黄埔、增城区）、深圳、惠州、东莞等地的主要供水水源。2017年，东江对香港特区供水人口近740万人，支撑香港特区GDP达到2.66万亿港元。

大湾区东岸的东莞、惠州和深圳是东江水资源的主要受水区；大湾区西岸的广州、佛山、珠海、肇庆则主要使用西江水源。按《广东省地表水环境功能区划》中将西江干流从粤桂省界经思贤滘至珠海磨刀门企人石共350公里河段的水体功能定义为饮用和工农业用水，水质目标设定为Ⅱ类，并设有10个饮用水地表水源一级保护区，其中肇庆6个、佛山1个。西江流域广东段主要流经肇庆市等山丘地区，其地下水资源丰富，但开采利用量少，可开采潜力依然很大。

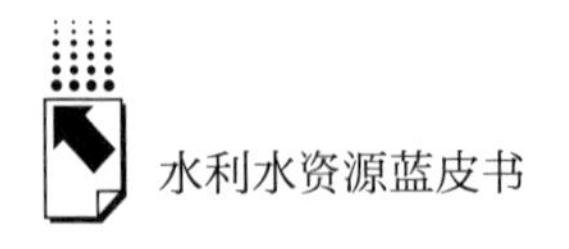

2. 区域内水利工程与水资源需求的匹配性

粤港澳大湾区内的两大水利工程分别为东深供水工程和珠江三角洲水资源配置工程。两项工程不仅要保障珠三角9市的生活、生产用水，还担负着向香港和澳门两个特区供水的任务。内地9个城市城镇化程度的加深导致未来用水需求不断加大，势必对其原先的供水结构造成影响。粤港澳大湾区内各城市不断发展，用水需求必将不断增加，未来如何保障“9+2”城市的供、用水将是粤港澳大湾区协同发展面临的一个重要课题。

香港缺乏本地淡水资源，未来长期用水仍然主要依靠东深供水工程。虽然东深供水工程现阶段的供水能力能够满足香港的需求，但随着东江流域内的城市发展，香港与大湾区内的其他城市在用水方面的竞争将会凸显。

澳门特区同样面临淡水资源严重不足的问题，且澳门特区对于内地供水的依赖程度更高，因此，澳门也将面临长期利用水利工程从内地取水的情况。2018年，珠三角供水工程对澳总输水能力为50万立方米/天，最大年输水能力约为1.83亿立方米。2016年澳门特区的原水输入量约为0.97亿立方米，相较于2015年呈上涨趋势。

澳门随着新城区填海计划的实施及新建地块的开发，用水量将会增加，对原水的需求也将增加。原有的管道输水能力不足，对澳供水可能会受到水利工程输水能力的限制，澳门地区未来用水需求难以及时得到满足。因此，粤澳合作建设的第四条对澳供水管道，将由珠海横琴直接进入路氹城区。提高水利供水能力工程与水资源需求的匹配度，也将起到优化供澳原水管线布局的作用；这条管道将提高抗风险能力，进一步保障澳门供水安全及可持续发展。

由以上分析可知，为满足香港和澳门两地未来对水资源的需求，需要加强水利工程建设，需要加大水利工程供水量、增加备用水源。国家支持和鼓励港澳两地带动大湾区未来整体发展，也将为两地发展提供必要的支持和保障。同时，港澳两地从自身发展的角度出发，也会增加对保障两大水利工程建设的投入，使水利工程的供水能力在水质有保障的前提下得到提升。

根据2008年广东省发布的《广东省东江流域水资源分配方案》（以下简称《东江分水方案》）来看，惠州、东莞、广州、深圳4市中，正常来水年获得东江总分配水量最高的为惠州，其总受水量中的89%来自东江流域。惠州从东江流域分到的水资源中约60%为农业用水的分配水量。东莞从东江流域获得的总分配水量排在4市中的第二位，其中90%的水量为工业、生活的分配水量。

然而，随着深圳、东莞、广州等城市的快速发展，原先的分水方案已经不符合城市当前发展现状（见表2）。广州和深圳是“大湾区”规划纲要重点关注的2个内地城市，对珠三角9市起到带动引领作用。广州、深圳两市历年的统计数据种类较为全面且年份之间遗漏较少，数据质量基本满足趋势分析的要求。因此，本报告选取广、深两市的数据与广东省全省数据，大致反映未来整体发展趋势。

表2　2016～2018年人均用水量统计

单位：立方米/年

城市	2016年	2017年	2018年
广州	459.50	451.00	438.00
深圳	167.40	161.93	156.94
广东省	398.00	391.00	374.00
全国	438.12	435.91	431.92

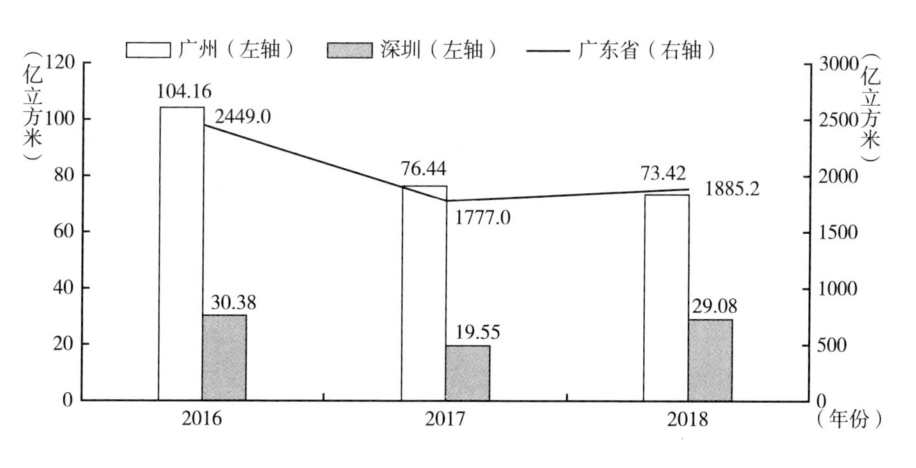

图4　2016～2018年广州、深圳地表水资源量变化趋势

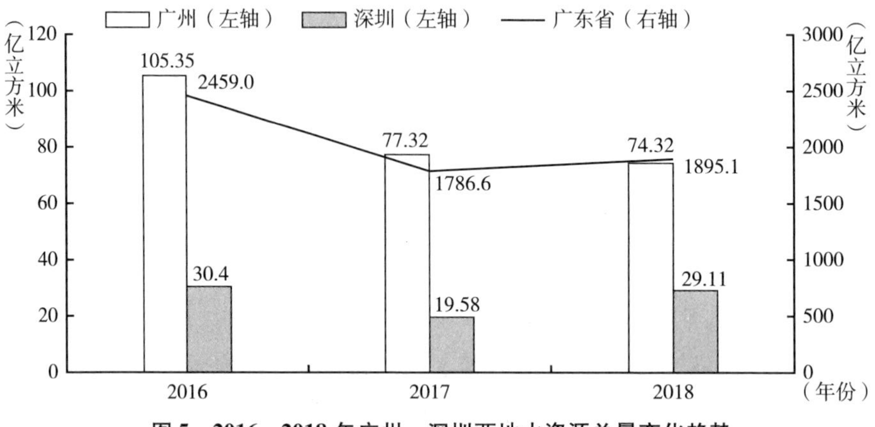

图 5　2016～2018 年广州、深圳两地水资源总量变化趋势

资料来源：国家统计局、广东省水利厅官方网站、广州市水务局官方网站、深圳市水务局官方网站。

图 4 和图 5 中，广东省和广州市的地表水资源量和水资源总量从三年整体的变化来看呈下降趋势，但是深圳的两项数值在 2018 年有增长。深圳 2018 年全市境外引水量 17. 39 亿立方米，较 2017 年增加 1. 06 亿立方米，已超过《广东省东江流域水资源分配方案》划定的正常来水年的分配水量 16. 63 亿立方米。2018 年，深圳全市境外水由东深供水工程和东江水源工程供给，其中，东深供水工程年供水能力 24. 23 亿立方米，分配给深圳的供水量 8. 73 亿立方米；东江水源工程全部向深圳供水，年供水能力 7. 20 亿立方米。2018 年深圳市水资源量的上涨在一定程度上缓解了境外引水对水源的压力。

东莞市在《广东省东江流域水资源分配方案》中分配到 20. 95 亿立方米的水量，其中有 19. 03 亿立方米是工业、生活分配水量。2018 年东莞市用水总量为 19. 34 亿立方米，其中有 18. 23 亿立方米为工业、生活用水量。东莞市的用水情况已经不能仅依靠东江分配的水量来满足，还需要其他水利工程配合补充调水。

由此也可以看出，珠三角 9 市已经存在水资源配置与实际需求不符的情况，城市发展引起水量需求变化，水利工程对水资源的调配能力与用水需求增长的步调尚未一致；同时，当区域内其余城市调整未来支柱产业的发展方向，或是发展的重心转移后，用水比例随之改变，水资源的配置若不做出相应的改变会造成水资源的浪费。

3. 区域内水资源统一调度管理的水平

珠江三角洲水资源配置工程是党中央、国务院部署的172项节水供水重大水利工程之一，也是迄今为止广东省投资额最大、输水线路最长、受水区域最广的水资源调配工程。珠江三角洲水资源配置工程的任务是从西江水系向珠三角东部地区引水，解决广州、深圳、东莞的缺水问题，提高供水稳定性，同时为香港等地提供应急备用供水水源。

珠三角9市原有的东深供水工程引用的东江水资源，其开发利用率已经接近40%的警戒线，但仍不能满足沿线城市的用水需求。而水资源总量近10倍于东江的西江水系，开发利用率不到2%。东江流域缺水的情况自2004年以来越发明显，这制约了大湾区未来的可持续发展。西江流域水资源丰富，但区域分布不均。同时，受降水季节性分配的影响，西江水资源量年内分配不均，汛期水量占年水量的比例较高。水资源量存在丰、枯变化周期。因此，粤港澳大湾区在使用西江水资源的过程中要注意结合西江水资源的特点，合理利用水利工程调节水量，改善因水量分布不均造成水资源利用效率不高的问题。

“西水东调”的珠江三角洲水资源配置工程将解决经济持续腾飞的深圳、东莞和广州南沙等地面临的缺水问题；解决香港、广州番禺、佛山顺德对应急备用水源的需求；解决粤港澳大湾区东部区域存在的单一水源供水问题；解决发展用水挤占东江流域生态用水问题。

三　水资源形势分析

（一）粤港澳大湾区水资源现存问题

粤港澳大湾区的用水来源基本由珠江流域内的水库蓄水和各江调水构成，整体上存在联动。珠江面临着咸潮不断上溯的问题，水源水质能否满足未来的发展有待进一步的验证。此外，区域内水资源分布不均，枯、丰期水量差异大，洪涝灾害多，流域面积小导致降水难留存在地表径流等问题都会对水资源安全形成威胁。

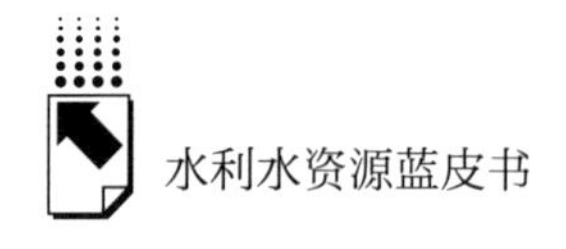

1. 水资源短缺问题

水资源短缺主要分为三种类型，资源型缺水、水质型缺水和工程型缺水。由于没有统一的量化标准来判定具体的缺水情况，本报告按造成缺水情况的原因划分为三种类型。

（1）资源型缺水

资源型缺水通常出现在区域内水资源量较少的地区，在我国北方地区的城市较为常见。但如果从宏观角度考虑，城市人口数量和人口稠度是不可忽视的因素，这两个因素影响着水资源与城市经济发展间的关系。尽管珠三角地区水资源总量丰富，但粤港澳大湾区内的香港、深圳、广州、东莞人流量密集，且区域面积不大，人口稠密度高。因此，这四个地区的多年人均水资源量不足500立方米，处在严重缺水线以下。

（2）水质型缺水

水质型缺水通常出现在总体水资源量较为充足，但是水资源水质未能达到水功能区要求的可用于饮用的水质划分标准。东江作为粤港澳大湾区的主要水源功能区，其2008年之前曾频繁出现水质问题，影响到水资源安全。同时，珠江长期存在咸潮上溯的情况，这对水质造成十分明显的影响。

（3）工程型缺水

工程型缺水通常出现在受洪涝灾害和枯、丰期水量变化影响较大的地区，或是水资源分布不均衡的地区，主要原因是水利工程没有很好地起到“蓄丰补枯”和区域内水资源联合调度的作用。这一类型的缺水在粤港澳大湾区内最为明显，尤其以珠江流域水资源丰富但分布不均匀的情况为主。珠江流域粤港澳大湾区内的两条主要的干流东江和西江之间联动性较差，水利工程没有及时有效地连通两江并起到调节作用。此外，水库水利工程建设还不够完善，虽然水利工程发挥了防洪御灾的作用，但蓄洪功能的作用尚有提升空间。这一点得到改善后，水库水利工程将发挥更好的补充水资源的作用。

2. 水资源安全问题

（1）水源的水质变化

粤港澳地区水资源水质受到的长期影响体现在两个方面，一是自然条件带来的咸潮上溯对流域内淡水资源的影响；二是流域两岸的城市农业种植、工业生产和人类活动对水体造成直接污染，以上行为对水环境和水生态的破坏造成水资源受到间接影响。

（2）水量的季节性变化

粤港澳大湾区内的水量受季节性降雨的影响，每年从5月起至秋季结束都有大量的降雨；而冬春则面临枯水期、降水量少的情况。如果不建设水利工程“蓄丰养枯”，水资源安全将在冬春两季降水量少的情况下受到影响。

（3）单一水源过度开发

单一水源过度开发的问题凸显。东江供水人口近4000万，且担负着保障香港地区70%～80%用水需求的供水任务。然而，珠江流域内东江水资源达38.5%的开发利用率已经直逼国际普遍认可的40%水资源开发警戒线，在2015年东江供水总量就已达到90亿立方米。由以往水利统计数据可知，在此之前的1963～1964年为东江的特别枯水年，年地表径流总量为94.7亿立方米。2015年东江供水量已经超过特别枯水年地表径流总量的95%。

东江的供水能力在沿线各市对水资源需求整体增长的趋势下将被要求提升，这将增加东江洪水的压力。西江水系多年来平均径流2230亿立方米，取水口附近河段水质优良，在水文条件不同时期（丰、平、枯）的水质监测能达到国标中对于Ⅱ类水质的要求。利用好西江流域水资源丰富和水质良好的优势，在东西江之间形成合理的水资源联动，能够减轻东江供水的压力，同时也能提升沿线城市用水安全性。

3. 水环境治理问题

（1）流域生态环境

珠江流域的生态环境主要受到两方面的影响：自然灾害和人为因素造成的破坏。自然灾害对于珠江流域的影响主要来源于洪涝和下游咸潮上溯。人为因素造成的影响情况较为复杂，一般存在以下几种情况：人类生产和生活区域的扩张对水生态、水环境造成破坏，影响了水体自修复能力；人类生产

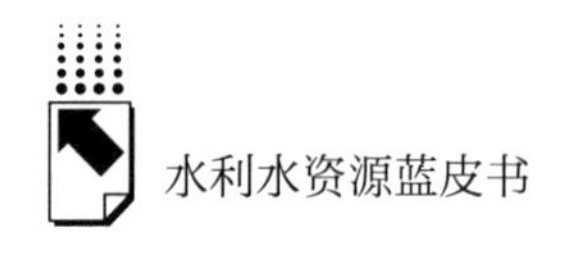

和生活中造成的污染排放入水体，污染随水体流动至流域内各处，继而引发水体变质；防洪防汛等工事在建设过程中对水环境造成影响；失修、废弃的建筑工事所用材料中有害废弃物裸露后对水体造成污染。

粤港澳大湾区内“9+2”城市均属珠江流域，这11个城市中有工业发达的广州，以及工业生产需水量较大的佛山、东莞、中山；还有农业用水需求量大的江门、肇庆、惠州。这些区域供排水缺乏统筹，区域供排水通道的交错对上下游供水水质造成威胁。各市直接供、排水矛盾将会加剧。各城市从河道上游取水、向下游排污，导致下游城市的饮水受到污染，使得跨区污染问题异常突出。这导致长期存在的缺水及水环境问题无法得到彻底解决，严重阻碍了珠三角水资源的可持续利用。珠三角水质劣于Ⅲ类的河段占总评价河长的42.7%，其中城市河段污染较为严重，生态环境建设及生态恢复能力不足，部分水库水质呈现富营养化状态。

咸潮入侵、突发性水污染事件等严重威胁珠三角的供水安全。随着海平面的上升和极端气候的频发，咸潮发生的频率和上溯的距离将会不同程度地加剧，对珠三角沿海地区供水安全构成不可忽视的威胁。另外，珠江流域经济活动的增加，也导致突发性水污染事件屡屡发生，给社会造成较大的影响，成为影响珠三角供水安全的不稳定因素。

综上所述，珠江流域存在自然因素造成的生态环境问题，同时人为因素也对大湾区水资源安全带来威胁。因此，加强流域生态环境治理并适当限制人类活动是保障水资源安全的重点，也是改善流域整体水资源环境行之有效的方法。

（2）水体污染综合治理

流域生态环境注重讨论生态环境与水资源安全的关系，但在已经确定水体污染将危及水资源的情况下，此处更值得讨论的是水体污染的治理方式。咸潮是大湾区内较为常见的水体污染来源。但水资源不均衡的分布与单一水源过度开发导致的流域生态环境受到破坏的情况也需要得到足够的重视，流域生态安全在受到威胁的情况下水资源的安全性也难以得到保障。

一是对于排污问题造成的水体污染，解决时需要遵循供、排分离的原则，合理安排供水通道和排水通道，避免“交叉感染”的情况发生。同时，加强对排污口的监管，严格控制供水通道内的水质。二是对于咸潮上溯导致的水体污染，宜采取“边防边治”的措施。防的主要目的是防止取水口的水质受咸潮影响，可以采取上移取水口的方式，也可以采取暂时关闭在咸潮上溯期间受到影响的取水口等方式：通过区域协同调水保障短期供水，避免受污染的水进入水系统，导致系统内大量的原水受到污染。治理则主要依靠流域的水文特性与生态治理的优势结合，在不对流域内良好生态环境造成破坏的前提下，减少咸潮对水体的影响。以上方案需要考虑成本和资金负担能力，具体的措施将在蓝皮书中以专题报告的形式呈现。

（二）水资源配置对大湾区城市供水的影响

结合粤港澳大湾区水资源自然分布的现状和对水利工程与水资源匹配度的分析可知，大湾区内的城市供水存在一定程度上的不匹配。在“大湾区”规划纲要的推动和鼓励下，珠三角 9 市预计未来会出现人口的大幅度增长。据预测广州和深圳 2020 年将成为人口超过 1000 万人的超大城市；佛山、东莞将成为人口在 500 万 ~ 1000 万人的特大城市；其余 5 个城市也将成为人口超过 100 万人的大城市中的前几位。

城市人口的大幅增长必然会带动城市用水需求，继而造成城市供水量的增加。在提前预见城市供水的需求量增加的情况下，当地供水企业应提前做准备，以免影响城市供水系统稳定性和城市居民生活用水的安全性。地方水行政主管部门要为保障城市未来的用水需求做充分的准备。因此，在水资源配置与城市供水方面，供水企业和地方水行政主管部门之间需要加强合作，发挥各自的优势共同制定规划和推进相应的准备工作。

供水企业的优势在于长期接触城市居民用水户，能够掌握用水户的用水数据，并有机会依靠数字技术较为准确地预测未来一段时期内城市用水量情况。同时，供水企业还掌握着水厂数据，可以对历年来水厂的原水处理情况

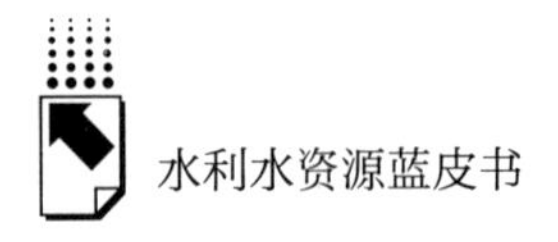

做分析，并在此基础上判断每年原水水质受影响、取水量受限的时段。通过对比两项数据分析的结果，供水企业有能力找出城市供水可能受水资源配置影响的风险时段，以及受到影响的程度。

地方水行政主管部门的优势在于对于水利工程和流域整体情况更为了解。同时，政府的职能部门能够协同同级其他部门，并建立与上级主管部门间的联系。这为需要跨城市、跨区域协同完成的水资源配置工作带来了很大的便利。地方供水企业向城市一级水行政主管部门上报其利用数字技术获得的城市用水情况信息，城市一级水行政主管部门会同其他城市的水行政主管部门制定跨城市调水方案，必要时也可向上一级水行政主管部门申请协助，形成上下协同的水资源配置工作模式。粤港澳大湾区内各城市采取多机制合作并举的方式，能够更有效地减少水资源配置不合理的情况对城市供水造成的影响，保障城市居民用水安全。

（三）水资源配置对大湾区经济发展的影响

政策对粤港澳大湾区水资源配置和水资源安全保障的重视，以及大湾区内水资源分配方案的设定原则充分说明了水资源配置的合理化对大湾区内11座城市的经济发展十分重要。尽管11座城市的发展程度和发展重点有差异，但是在对水资源的需求上有一致性。这样的一致性体现在两点，一是满足城市供水的基本需求，二是为经济发展提供足够的支持。11座城市间的水资源分配要遵循公平公正且合情合理的原则。这一工作的难点在于协调11座城市间对分配结果的认可程度。

“大湾区”规划纲要的文件对11座城市在粤港澳大湾区发展中的功能做出了规划，本报告也对此做了分析，此处不再赘述。当前水资源配置现状下，受到水资源制约的城市想要继续发展经济，需要逐步调整区域内水资源的管理策略。首先，目前水资源分配的规划还在不断完善，水利工程也已开工建设，但是在短期内水资源配置的现状不会有明显改变。城市可以从“节流”的角度，要求生产和服务行业提升用水效率，并在用水效率提升创造的水量范围内适度小幅地增加生产。这样的方式可以倒逼企业加快向节水生产转型；同时，可以促使城市内新增的非居民工商业用户养成“节水生产”的意识。其次，长期来看，水资源配置情况随着水利工程建成、水资源分配方案的完善变得更加合理。在水资源量上获得更为充足的支持后，城市就可以进一步加快经济发展的速度。同时，生产活动整体的用水效率提升，水资源对经济发展的提升效果将更快也更明显。

（四）水资源配置对大湾区生态环境的影响

流域生态环境影响中阐述的生态问题将阻碍粤港澳大湾区实现可持续发展。人类因素对流域生态环境造成的破坏将通过人工补偿修复。因此，大湾区水资源配置的规划文件明确列出了流域生态补偿的水量，并且强调生态补偿水量要实际应用于流域治理项目中，要达到实际的治理效果。在补偿生态用水的同时要加强对自我修复能力尚未受到严重影响的水域生态环境的防护，避免其进一步恶化直至丧失自我修复能力。

四　粤港澳大湾区优化水资源管理的建议

（一）国际三大湾区水资源管理现状特点分析

“大湾区”规划纲要指出希望将粤港澳大湾区打造成“世界级城市群”。因此，为更好地朝着“大湾区”规划纲要的目标前进，粤港澳大湾区的发展应当对标国际最先进的湾区城市群。同时，在对标的过程中，也可以借鉴和吸收国际上其他湾区建设的经验和方法，形成更适合自己的发展模式。水资源管理的经验是有互通性的，在借鉴时可做重点了解。尽管不同湾区的整体水资源量和城市规模存在差异，但是面临的水资源管理问题存在相似性。因此，本报告将根据国际三大湾区——纽约湾、旧金山湾和东京湾的城市群及水资源特点，分别对应粤港澳大湾区内情况相似的城市，以定性分析的方式预测粤港澳大湾区可能面临的水资源安全问题，并提出优化水资源管理的建议。

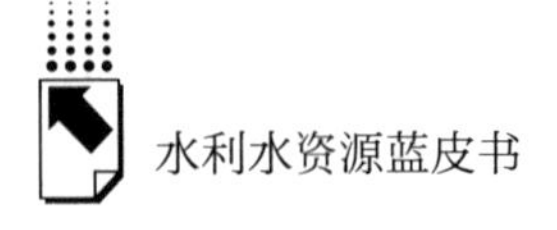

1. 纽约湾

纽约湾位于美国的东北部，湾区上部的纽约港是世界天然深港之一。纽约州是纽约湾的中心城市，也是美国第一大城市。纽约湾是国际三大湾区中金融业发展较为成熟的区域城市群，十分具有经济发展与生态环境协同意识。纽约湾的环境和自然资源保护工作结合了公众、企业、学者、政府官员等多主体的深度参与。纽约湾的四次区域规划在出台前后的工作包含了大量的数据跟踪分析、战略计划和政策报告的制定，以及与合作方的工作会议；组织社团领导、居民、企业主召开社区会议，并与多个设计团队开展合作。纽约湾区建立了政府、企业、社会三方合作机制，主要由独立的非营利性区域规划组织——纽约区域规划协会主导跨行政区域环境保护的统筹协调规划。

纽约湾区以公共利益为导向，对大都市圈进行合理规划，实现了城市间协调发展。纽约湾规划的核心是“建立经济、公平和环境”，实施“绿地方略”等，重视对自然资源和环境进行系统性保护。第四次规划以“经济、包容性和宜居性”为核心，计划组建国际咨询委员会，这一做法的目的在于动员国际联盟的资源，以提升区域可持续发展能力。

20 世纪初，为满足城市发展需要，纽约市颁布了《水供应法》，后经修改的《水供应法》将特拉华州的水供应系统管理从宾夕法尼亚州和新泽西州两地移交至纽约市，进行统筹管理。由此可见，纽约湾区十分注重城市水系统管理水平与城市发展间的统一协调性。不管是推动湾区发展的整体规划，还是保护湾区水资源供应安全的法律条款，都在随着湾区的建设不断调整。

纽约市的水资源量较为充足，但区域内人口密度高，且有大量排污时可造成水质污染的经济活动。截至 2018 年底，纽约常住人口达到了 839 万人，流经纽约的哈德逊河流的年均流量约为 19 亿立方米。纽约的地理位置靠海，又有大型河流，有较好的自然水资源条件。但是由于纽约附近的水域存在许多工厂且人口密集，航道通航量大且频繁，水体受油污、生产生活污水的污染严重，受污染的水源无法直接供城市使用。同时，净化水体的成本又非常高，所以纽约从 18 世纪中后期开始修建水库和渡槽等设施从其北部和西北部的山区引水，逐渐形成多水道并用的供水系统。纽约完善的供水系统为城市发展提供保障，多条引水渡槽并行的举措降低了水源供应的风险。

现在纽约主要有三条引水渡槽（巴豆渡槽、卡茨基尔渡槽和特拉华渡槽），其中最为著名的是特拉华渡槽，长度达到 137 公里，成为世界上最长的人工隧道。特拉华渡槽串联起纽约西北部位于特拉华河流域的四座水库，并向纽约上方的肯西科水库输送淡水。其中卡茨基尔渡槽的大部分水汇入这个水库。多条渡槽中的水流在肯西科水库汇集后又输送到离纽约市区更近的山景水库，最终流向纽约市各处。特拉华渡槽输送的水满足了纽约 50% 的用水需求，每天可引用水量约为 500 万立方米。另外两个渡槽分别满足纽约用水的 10% 和 40% 。由于纽约的地形原因，特拉华渡槽起点与卡茨基尔渡槽起点的海拔高于纽约市区，所以隧道里的水资源可以依靠重力自流到蓄水的水库中，无须借助水泵等外力提取，既能实现水资源的合理调度，又能节约过程中的电耗。上游水库的蓄水能力与地形落差的特点是特拉华渡槽在三条渡槽中突出的优势，因此，特拉华渡槽所供的水占纽约市供水的比例较大。

粤港澳大湾区内也存在过度依靠单一水源的问题，同时，位于大湾区东、西部的地理地形与纽约市也有相似之处，因此，珠江三角洲水资源配置工程的设计和修建可以参考纽约。其规划要注重提升区域内水资源的协调联动性和能源耗费效率。在制度设定方面，纽约在四次规划的制定过程中更为重视加强各方参与性。粤港澳大湾区在水资源制度制定时也应注意提升社会、民众参与度，一则引起民众和社会对水资源的关注，二则向社会和民众传达水资源的重要性，吸引更多的社会资本投入水资源保护工作，激发民众参与水资源保护行动的意愿。

2. 旧金山湾

旧金山湾位于美国，是围绕旧金山湾和圣巴勃罗湾河口的一片都会区。旧金山湾区内包括旧金山和硅谷两个带动区域经济发展的重要城市，总人口数在 700 万以上，与其他以单一城市为中心的大都会区不同的是它有数个独特的城郊中心。

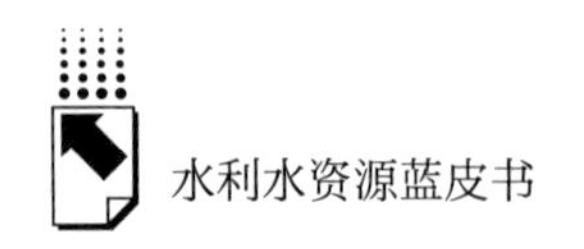

旧金山东面的赫奇赫奇水库（Hetch Hetch Reservoir）在加利福尼亚州饮用水供应系统中占据核心地位。水库储存了多达4.42亿立方米饮用水，为旧金山湾区约80%的人口供水。根据EWG（Environmental Working Group）美国环保组织2017年7月至2017年9月的评估报告，湾区绝大部分地区的自来水符合美国联邦自来水健康标准。但湾区小部分地区在自来水检测中的确发现了潜在的有害物质。2019年3月加州州长盖文·纽森（Gavin Newsom）向众议院提交了《加州饮用水征税细则》（*California Drinking Water Tax*），原因是加州地区有多达100万加州居民使用污染或不洁的水。此项新增税收资金将用于改善加利福尼亚州公共供水系统，支持贫困地区处理受污染的水，以及改善和长期维护低收入家庭水井的水质。水资源水质受污染、南部水资源短缺的情况严重影响了加利福尼亚州的水资源安全。

加利福尼亚州（以下简称加州）位于美国西部，人口数约为2400万人，年均降水量582毫米，径流量876亿立方米。[①] 加州的水资源存在时空分布不均的问题，降水主要集中在每年的11月至次年3月。加州的主要河流大部分位于加州北部，而区域内用水户主体集中在中、南部，旧金山湾的城市也集中在加州中部地区。因此，加州修建了大规模跨区域调水的北水南调工程用于平衡用水需求。美国水资源为州属，加州的水资源管理是以州级的机构负责为主。大规模跨区域调水要求加州地区水资源管理机构具备较强的统一调度能力，州属机构负责的方式便于水资源区域内的分配联调。这种方式将有效提高水资源利用效率。

旧金山湾作为加州内以城市群为发展模式的区域，也相应设有东海湾市政公用事业局作为区域水资源统筹管理的机构。东海湾市政公用事业局负责旧金山湾区15座城市8000平方公里范围内100多万人的供水。早在19世纪末期，就有人提出了合理利用湾区内的淡水资源的建议，但由于当时旧金

① 叶建宏：《浅谈美国水资源及供排水管理的经验与启示》，《西南给排水》2013年第6期，第72页，https：//www.docin.com/p-946122678.html，最后检索时间：2020年1月2日。

山地区的水资源量还未出现短缺情况，相关部门对此建议的重视程度不足。

随着经济社会的发展，水资源和土地资源的紧缺情况加剧，1945 年提出的“雷伯计划”曾预期以 2.5 亿美元在旧金山湾区的上、下两个部分分别建造两个堤坝，把湾区分成上下两个湖泊，分割河水和海水，便于旧金山地区合理地调控淡水资源。计划内容还包括在两个淡水湖泊之间的湾区东部填海造陆，并且在填好的“陆地”中间预留水道，用人工水道连接两个淡水湖泊使船只可以通过闸门进入西部的“咸水区”从而进入太平洋，消除建坝对湾区的影响。

这一计划最终并未实施，主要原因是当地政府担心湾区渔业和制盐产业发展受到影响。此外还有两点原因，一是旧金山湾天然的海港变成人为限制的海港后，湾区北部的斯托克顿和萨克拉门托的海运产业会受到限制。二是科学团队对此计划所需投入近 14 亿美元，远超 2.5 亿美元。由于当时加州地区已经采用了水利工程补水，水资源短缺的情况获得很大程度的改善。这一高成本低回报的计划不具有实施的必要性。

旧金山湾的发展计划数目多，但在多次论证中通过的计划数量却不多。旧金山湾的水资源管理模式也是在经历过多次发展计划的论证后形成的，因此，这一管理模式具备较好的理论基础，并且在实施过程中逐步调整到了更适应当地情况的状态。这其中值得粤港澳大湾区借鉴的是流域内水资源统一管理的模式，其降低了分散化管理中可能出现的各方用水难协调的情况，有利于提升水资源供给的稳定性。同时，粤港澳大湾区在水资源的使用中还要注重生态环境保护，避免水环境受到人为破坏。旧金山的水资源管理发展历程为粤港澳大湾区提供了水资源管理经验，也提示了粤港澳大湾区在经济发展与水资源保护中可能遇见的问题。

3. 东京湾

东京湾区作为目前全球 GDP 规模最大的湾区，2015 年 GDP 总量达 1.8 万亿美元，常住人口达 4347 万。东京湾区聚集了日本 1/3 人口、2/3 经济总量、3/4 工业产值。日本年销售额在 100 亿元以上的大企业半数都聚集于此，如三菱、丰田、索尼等。因此，也被称作三大湾区中的“产业园”。

但是，工业发展带动东京湾区经济增长的同时也曾带来过环境问题。大批工厂排放的“三废”，严重污染了当地的环境。大气遭受污染，海水水质变坏，赤潮频繁发生，海洋生物资源退化，传统海洋产业一落千丈。东京大规模的填海造地，严重破坏了东京湾的生态环境，导致了纳潮量减少，海水的自净能力减弱。据东京湾环境情报中心公布的数据，1979～2003 年，东京湾赤潮的高峰期出现在 1982 年，当年出现了 69 次赤潮，直到 2013 年该数字下降到了 27 次。

海洋资源是湾区经济发展的重要资源，环境问题是东京湾处理难度较大的问题。东京湾既不能放弃经济发展，又不能忽视环境问题，否则，必会对海洋资源造成影响。因此，东京湾在环境保护方面制定了多项针对严重污染环境的细分产业的政策，这些政策采取优惠补贴及奖励等方式鼓励污染产业主动改变其生产和排污行为。为了加大环境管理力度，东京湾管理机构推进环境管理制度立法，依靠法治治理提升环境治理效果。这一做法对海洋水资源保护起到了很好的作用。粤港澳大湾区同样拥有大量产业园区，如果不严格控制生产排污，导致污染物通过河网流进海洋，将造成海洋生态破坏。2019 年，澳门特区也开始了填海造地计划。因此，澳门地区也要重点关注人造海岸线附近的海洋资源保护。粤港澳大湾区的产业发展很大程度上依靠了海洋资源，其要实现长期可持续发展，需要重点保护海洋资源，促进环境友好型主导产业发展。

（二）国际经验对大湾区水资源管理的启示

国际三大湾区的经济发展吸引全球关注，一方面国际三大湾区创造了十分可观的经济效益，带动了区域经济水平的发展，能够为其他国家提供区域型城市群发展的经验和参照。另一方面，经济发展和生态环境的平衡是现代社会发展的难题之一，世界各国都在探寻这一问题的解法。三大湾区建设和发展的过程中对生态环境产生过影响，经济发展也受到过生态环境问题的反噬。自然资源对经济活动的制约，经济发展与生态环境保护间如何平衡，这将是区域城市群面临的问题。具体到水资源利用上主要有两方面的问题需要考虑，一是水资源配置和规划该怎样更好地配合经济发展的需求；二是经济发展对水环境的影响，经济发展过程中需要从哪些方面做准备才能有效减少和避免对水环境产生不利影响。

1. 水资源配置及规划

水资源的配置及规划需要遵循两项基本原则，一是水资源的配置适应当前最基本的需求；二是水资源的规划满足未来可持续发展的需求。因此，粤港澳大湾区的水资源配置有两个基本需求：（1）保障区域内“9+2”城市居民生活用水的基本需求；（2）保障当前粮食生产水平下的基本用水需求。满足以上两个基本需求的水资源配置将使大湾区内人民生活得到最基础的保障。

水资源规划需要考虑大湾区未来的发展，在保障了基本的用水量得到满足后，还需要预留出水量以应对大湾区未来增长的用水需求。由于粤港澳大湾区是我国打造的首个区域性城市群，城市群内有发展方向和城市功能类似于其他国际湾区的城市，未来用水需求的增长与其他湾区有相似性。例如，广州与东京湾区产业园发展形势类似，未来工业制造业的用水需求将增加；香港与纽约湾区类似，以金融业和商业为主，其商业和居民用水量将有抬升；深圳与硅谷类似，以高科技产业为主要发展方向，澳门则类似硅谷以服务业为主，这两地在未来的发展中都将增加用水需求。

各城市的发展重心不同，基础能力和发展速度也有所差异。因此，在水资源配置方面可以依照目前的水资源量和水利设施建设情况，依照城市支柱产业对大湾区经济发展的紧要性排序，分步分类地调整水量分配，在短时间内水利工程不能达到统一调配水资源的情况下，也可以考虑设置水资源分配的阶段性收缩量，配合水利工程建设情况，逐步推进水资源的精细化管理。大湾区在借鉴国外湾区发展经验时，应关注国外遇到过的水资源问题和应对方法，再结合自身情况做调整，制定适合的规则，避免重蹈覆辙。

2. 水环境治理及保护

水环境治理及保护对于区域化发展的益处在于水资源安全的保障，长期效果将会体现在降低后期环境治理的投入上。水环境受到污染和破坏后，水资源的水质就会受到影响。如果水环境受到破坏的程度较为严重，水体丧失自我修复能力，水资源水质将不断恶化。这将造成水环境修复成本和水厂处理成本的增加，反之，当水环境能够长期处于较好的状态，水体的自净能力不仅能够改善水资源水质，还能减少人工处理水的成本。

粤港澳大湾区内人口数量多，经济生产活动种类众多，水环境很难不受到人类活动的影响。因此，在水环境的治理和保护未来发展的行动上要尽可能避免对已经受到较为严重影响的水体再增加压力，而应以治理、恢复、涵养为主；尽可能利用当前的水环境良好、水体恢复力强的水资源作为主要开发对象，并且在开发伊始划定开发利用程度，制定保护机制，避免产生新的水环境问题。在这方面，大湾区可以借鉴东京湾的水资源保护机制，划定水资源开发水系，编制水资源开发规划，建立水源涵养地等。

（三）优化建议

粤港澳大湾区存在的水资源安全问题将会影响到大湾区未来的发展。这些问题产生的原因由自然因素和人为因素共同组成，部分问题在国际上其他湾区型城市发展的过程中也曾经出现过。因此，本报告结合粤港澳大湾区自身情况及对其他城市与地区的经验分析，提出以下几点优化的方向与建议。

1. 提升水资源的规划管理与国情间的适应性

我国的水资源水权归国家所有，各地方政府和流域管理委员会对水资源的取用负有监督和管理的职责。因此，跨区域的水资源管理上会存在行政区域和流域之间的协调性问题。当前我国水资源水权的分配方式在跨省份、跨流域的制度方面还有所欠缺。对粤港澳大湾区而言，水资源分配将受到来自珠江流域其他省份和城市的取用水量划定规则的影响。水利部已经建立了水利部珠江流域管理委员会，广东省水利厅也成立了东江流域委员会和西江流域委员会用于协调水资源分配和取用的问题。

水权管理上同时还需要国家政府加强政策支持。政策制度需要进一步明确水资源取用的权益分配规则、水资源管理的责任归属，以及水环境问题治理的责任主体及其任务，自上而下地推进解决制约粤港澳大湾区水资源实现可持续用水目标的问题；政策制度的设定和完善中，可以参照纽约湾的《水供应法》，明确法律层面的要求，保障水权管理的主体充分明确自身的责任和权利，阐明其权利使用是受到法律的监督和约束，执行中允许其依照法律规定和实际发展水平自主制定合理的分配方案和管理机制，并及时做出相应的调整。

2. 多渠道的资金筹集方式解决资金需求

资金需求较为集中地体现在水利工程建设的花费上。水利工程建设通常会占用较多的资金，单靠政府或是供水企业一方投资是远远不够的。水资源安全保障工作不仅是地方政府，或是供水企业一方的职责，更是所有用水户的责任。水资源间相互联动的特点，在为人类提供方便的同时，也含有潜在危险。一旦某一区域的水资源发生问题，区域内的其他水源在上下联动的作用下也会受到影响，因此，解决关系水资源安全的问题，政府、企业和社会大众更广泛地参与以及多方资金支持均不可少。

粤港澳大湾区位于珠江流域，行政区域包括“一省两特区”。区域内 11 座城市在水资源安全保障上的责任划分既要参照各方对水资源的取用情况，也要考虑各方支付能力。在流域内保障水资源供给安全的水利工程建设资金投入上，大湾区内的城市可以协商出资方式与工程建设责任划归方式，以达到更好更快地实现供水安全保障的目的。例如，珠三角水利工程建设中的大藤峡水利工程枢纽位于珠海供澳水利工程的上游，修建所需的花费中澳门承担了 60%。珠江水质对澳门供水水质的影响大，枯水期长将影响珠江对澳门的供水能力。大藤峡水利工程成功修建后，上游水库就可以提前蓄水，实现“补水压咸”，保障澳门市民在珠江枯水期的饮用水供应。大藤峡水利工程对于澳门地区水资源安全意义重大，远超其对于上游负责工程建设的广西壮族自治区。澳门特区的 GDP 在回归后的 20 年间增长 4 倍多，在支付能力上具备更大的优势，因此，两地协商达成了当前的出资与建设任务划归方式。

3. 利用节水技术减轻水资源压力

我国治水的十六字方针中将“节水优先”放在第一位，表明了我国在水资源管理上首先要做到的一点是节约水资源。“节水优先”需要思想上的重视和技术上的支持。我国十分重视树立全民节水意识，在政策上有《国家节水行动方案》的统领和指导，有《规划和建设项目节水评价技术要求》（办节约〔2019〕206 号）、《大中型水资源开发利用建设项目节水评价篇章编制指南（试行）》（办规计函〔2018〕1691 号）等规章的规范。这些规章制度将引领技术创新方向。

技术的发展与创新将明显助益于节水工作，尤其是在城市供水方面。水厂在水处理过程中使用节水效率更高的技术设备，在制水过程中节约的水量，以及用户使用节水器具节省的到户水量将减少城市供水对水资源的需求量，降低对水资源造成的压力。东京湾在发展的过程中经历过水资源从丰富到短缺的过程，因此，社会整体有较强的节水意识，更是将节水当作发展的重点。集体单位用水的控制、家庭单位对节水的重视将共同促进节水技术的发展；节水技术的研发也将吸引到更多关注和投资，从而形成节水产品研发的良性循环。

4. 发挥价格机制的杠杆作用约束水资源开发

水价与水资源之间的关系不等同于商品与价值之间的关系。水是一种不可替代的资源，用水的权利是一项基本人权。两者之间难以按照一般商品的市场供需关系定价，水价不能完全定义水资源的价值，所以当前的水价并不能明显反映水资源在市场中的供需关系。我国水价监管机制的优势在于可以较为有效地避免城市供水出现大规模的价格垄断。但是，这样的监管机制不符合经济学角度的市场竞争规则，因此，也要考虑将经济学中对商品价值的定义适当应用于水资源定价。

对水资源定价的目的之一是维持水资源开发使用和保护之间的平衡关系，因此，水价制定时需要考虑水资源的开发程度、水资源使用对象的支付能力、开发使用的必要性等因素。粤港澳大湾区内的 11 座城市有各自不同的发展水平和发展方向，因此，各地水价有差异的情况是合理现象。例如，深圳、广州在仅使用东江水源供水的情况下其对水资源的需求大于目前的供给能力。因此，为保证供水安全需要从西江引水作为补充。珠三角水资源配置工程连通东、西江，并向东江沿岸城市洪水。这一供水工程的开发建设符合项目开发的必要性。同时，深圳和广州作为受益程度较高的城市，其总体经济水平也在长期高速发展过程中产生了明显优于其他城市的优势。广深两地大部分用水户的支付能力强于其他经济发展较为落后的城市。因此，这类地区的水价可适当调整以补偿工程建设成本和生态环境补偿的投入。这样的做法为区域水资源保护提供了帮助，同时，还能缓解流域内用水权益受到挤压的城市和地区对大用水量地区的不满情绪。

五　水资源安全保障的未来预期

粤港澳大湾区的发展离不开水资源，也正是水资源将湾区内的“9 + 2”城市串联起来形成了一个区域性的城市群。水资源的安全对于粤港澳大湾区内的每一个城市都很重要，需要各城市协同配合保障水资源的安全。粤港澳大湾区当前的水资源安全形势存在问题，并且这些问题未来可能会对粤港澳大湾区的供水安全保障产生影响。为了保障粤港澳大湾区稳定繁荣发展，以及人民用水的需求得到满足，大湾区需要从水污染防治、洪涝灾害预防、水资源区域联动性提升、流域生态环境治理等方面做出优化和改善。

粤港澳大湾区的“9 +2”城市因为同承一脉珠江水的联系成为区域发展上的共同体，水资源既是大湾区城市间共享共用的资源，也是连接11座城市的重要载体。水资源的安全事关经济发展和区域化建设速度，必然会受到国家和地方及特区政府的高度关注，也会在多方支持下得到提升。

本报告通过对现状的分析和对问题的探索给出了相应的建议，并且从国际三大湾区过往的建设经验中整理了一些可以参考借鉴的方法。在粤港澳大湾区水资源管理相关部门充分考虑大湾区的实际情况，并且适当借鉴其他地区发展经验的行动下，大湾区未来水资源安全的形势将会更好更快地朝着预想的方向发展。

参考文献

Abed - Elmdoust, Armaghan & Kerachian, Reza. (2013), " Incorporating Economic and

Political Considerations in Inter - Basin Water Allocations: A Case Study", *Water Resources Management*, 27 (3): 859 - 870.

Sandoval - Solis, Samuel. (2020), "*Water Resources Management in California*," Integrated Water Resource Management.

广东省水利厅:《近 80 亿元! 珠三角水资源配置工程输水隧洞 9 月密集开工》, 2019 年 7 月 31 日, http://slt. gd. gov. cn/szypzgcjz/content/post_ 2606763. html, 最后检索时间: 2020 年 1 月 2 日。

戴韵、杨园晶、黄鹄:《粤港澳大湾区水资源配置战略思考》,《城乡建设》2019 年第 12 期, 第 42 ~44 页。

杜凯、冯景泽:《广东省珠江三角洲地区水利改革发展存在问题及对策浅析》,《广东水利水电》2019 年第 8 期。

鄂竟平:《坚持节水优先 强化水资源管理——写在 2019 年世界水日和中国水周之际》,《人民日报》2019 年 3 月 22 日, 第 12 版, http://paper. people. com. cn/rmrb/html/2019 - 03/22/nw. D110000renmrb_ 20190322_ 1 - 12. htm, 最后检索时间: 2020 年 1 月 2 日。

顾朝林、辛章平:《国外城市群水资源开发模式及其对我国的启示》,《城市问题》2014 年第 10 期, 第 36 ~42 页。

广东省人民代表大会常务委员会:《广东省东江西江北江韩江流域水资源管理条例(2012 年修订)》, 广东省水利厅, 2018 年 5 月 30 日, http://slt. gd. gov. cn/sdfxslfg/content/post_ 2592777. html, 最后检索时间: 2020 年 1 月 2 日。

金佳绪:《再到广东团 习近平强调三个"第一"释放什么信号》, 新华网, 2018 年 3 月 8 日, http://www. xinhuanet. com/politics/2018 - 03/08/c_ 129825720. htm, 最后检索时间: 2020 年 1 月 2 日。

李俊飞、杨磊三、孟凡松:《粤港澳大湾区面临的水问题探析》,《中国给水排水》2019 年第 18 期。

水利部珠江水利委员会:《珠江委: 将联合集中补水力度确保澳门供水量足质优》, 2019 年 12 月 19 日, http://www. pearlwater. gov. cn/ztzl/ksqds/19ksqds/mtgz/201912/t20191223_ 97264. html, 最后检索时间: 2020 年 1 月 2 日。

水利部珠江水利委员会:《水利部珠江委启动 2019 ~2020 年珠江枯水期水量调度》, 人民日报数字广东, 2019 年 9 月 23 日, http://www. pearlwater. gov. cn/ztzl/ksqds/19ksqds/mtgz/201909/t20190923_ 95471. html, 最后检索时间: 2020 年 1 月 2 日。

《〈珠江 - 西江经济带岸线保护与利用规划〉解读》, 水利部珠江水利委员会, 2019 年 12 月 12 日 . http://www. pearlwater. gov. cn/zwgkcs/slghn/201912/t20191226 _ 97312. html, 最后检索时间: 2020 年 1 月 2 日。

习近平:《推动形成优势互补高质量发展的区域经济布局》,《求是》2019 年第 24 期。

信达、许新宜等:《中日首都圈水资源管理对比——以北京和东京为例》,《南水北

调与水利科技》2012 年第 1 期。

叶建宏：《浅谈美国水资源供排水管理的经验与启示》，《西南给排水》2013 年第 6 期，第 72 页。

国务院：《中华人民共和国国民经济和社会发展第十三个五年规划纲要》，2019 年 1 月 2 日。

中华人民共和国水利部：《2018 年中国水资源公报》，2019 年 7 月 12 日。

宏观视点篇

Macroview Reports

B.2
粤港澳大湾区水资源安全保障政策制度研究与报告

王建华　李　杰*

摘　要： 水资源安全是涉及国家长治久安的大事，是保障粤港澳大湾区重大国家战略高水平实施的先决条件。特殊的区情水情使得粤港澳大湾区新老水问题复杂交织，水安全保障面临严峻挑战，水管理体制机制创新需求迫切。以习总书记“节水优先、空间均衡、系统治理、两手发力”十六字治水方针和“水利工程补短板、水利行业强监管”水利发展总基调为根本引领，聚焦粤港澳大湾区水安全保障问题，围绕最严格水资源管理制度、节水优先治水方针、河湖长制度、水资源产权制度、水生态空间

* 王建华，中国水利水电科学研究院副院长，教授，水利部水资源与水生态工程技术研究中心主任，主要研究方向为水资源。李杰，珠江水利科学研究院资源与环境研究所所长，教授级高级工程师，主要研究方向为水文水资源、水利战略。

管控制度、水资源统一调配、水生态补偿机制、协同共商合作机制等方面进行了探索研究，并提出了创新落实建议。充分发挥政策制度创新的优势，将制度优势更好地转变成治理效能。相关成果可为推进粤港澳大湾区水资源安全保障工作提供参考，以服务粤港澳大湾区生态文明社会建设和高质量发展。

关键词： 粤港澳大湾区　水资源　安全保障

党的十八大开启了生态文明建设新时代，水资源安全保障是其重要支撑，是服务于重大国家战略实施的基石。习近平总书记多次就水资源安全保障发表重要论述，并提出了“节水优先、空间均衡、系统治理、两手发力”治水方针，为我国新时代治水工作提供了根本遵循和行动指南。站在实现“两个一百年”奋斗目标、建设美丽中国的战略高度，以习总书记为核心的党中央相继提出了京津冀协同发展、长江经济带发展、粤港澳大湾区建设等重大国家战略，其成为我国生态文明建设和高质量发展的关键动力源。粤港澳大湾区由香港、澳门两个特别行政区和广东省的广州、深圳、珠海、佛山、肇庆、惠州、东莞、中山、江门九个城市组成，涉及陆域面积5.6万平方公里。作为我国改革开放的最前沿阵地和“一国两制”的最核心区域，粤港澳大湾区建设致力于打造“国际一流湾区和世界级城市群”。新征程新机遇面临新挑战，高质量的发展愿景和高标准的建设蓝图需要优质的水资源、水生态、水环境做保障。为此，《粤港澳大湾区发展规划纲要》要求大力提高粤港澳大湾区水安全保障程度，坚持节水优先，实施国家节水行动，大力实施最严格水资源管理制度，建设全区域覆盖的水安全保障监测、预警、联控系统[①]。

① 《中共中央　国务院印发〈粤港澳大湾区发展规划纲要〉》，http://www.gov.cn/gongbao/content/2019/content_5370836.htm，最后检索时间：2020年3月3日。

机制改革和科技创新是推进水治理体系和治理能力现代化的两大根本动力，是落实习总书记十六字治水方针和“水利工程补短板、水利行业强监管”水利发展总基调的基本抓手。粤港澳三地政治体制、经济水平、资源环境等差异较大，在“一国两制”制度下，协同推进大湾区水资源安全保障，就需要在政策制度方面谋求创新，将制度优势更好地转化为治理效能。为此，本文聚焦大湾区水问题，以流域协同治理为着眼点，对最严格水资源管理制度、节水优先治水方针、河湖长制度、水资源资产产权制度、水生态空间管控、水资源统一调配、水生态补偿、协同共商合作等方面的相关政策制度进行了探索。

一　粤港澳大湾区基本区情水情

（一）粤港澳大湾区水安全保障现状

新中国成立以来，党领导人民坚持不懈开展大规模水利建设，取得举世瞩目的伟大成就。特别是党的十八大以来，以习近平同志为核心的党中央对保障水安全做出一系列重大部署。粤港澳大湾区各级政府在党中央、国务院的坚强领导下，持续治水兴水，不断加大水利建设投入力度，水安全保障各项工作成效明显。

1. 城乡供用水体系初步建成

在国家和地方高度重视下，大湾区城市已全面实现自来水供给，农村饮水也基本实现达标供给。2017 年，大湾区用水总量 199.65 亿立方米。其中，珠三角 9 市用水量为 186.1 亿立方米（不含火核电直流折减和非常规水利用量），农业用水占 38.1%，工业用水占 24.7%，居民生活用水占 22.5%，城镇公共用水占 12.6%，河道外生态环境补水占 2.1%。珠三角 9 市的用水主要依靠河道引提水工程、当地蓄水工程、外调水工程供给，其中，河道引提水工程供水量占总供水量的 70.4%，当地蓄水工程供水占 20.4%，外调水工程供水占 7.9%。香港用水量为 12.58 亿立方米，其中，来自东江水6.51亿立方米，占51.7%。澳门用水量为0.97亿立方米，主要依靠珠海供水系统供给。目前珠三角9市已建大中型水库128宗，已建大中型引提水工程110宗。香港建成各类山塘水库17宗。关系大湾区供水安全保障的西江大藤峡水利枢纽工程、珠江三角洲水资源配置工程已开工建设。总体来看，大湾区城乡供用水体系初步建成，供水安全基本得到保障。

2. 水生态环境状况持续改善

大湾区自然资源丰富，生态条件优越，具备山、水、林、田、湖、草、河口湾、近岸海域等生态系统。西、北、东江主干河道水环境质量较好，Ⅰ~Ⅲ类水质河长占评价河长比例达80%，集中式饮用水源地水质达标率为96%。近年来，珠江委和大湾区各级政府按照国家生态文明建设的要求，开展了一系列水生态修复和水环境治理工作。珠江委在西江干流针对四大家鱼和广东鲂开展了鱼类繁殖期生态调度试验工作，取得了有效成果。加强河口地区红树林保护，为红树林生长和鸟类栖息腾出了更多的空间。按照国家和广东省的要求，各市大力推进“让广东河更美”大行动、河湖“清四乱”“五清”专项行动、水污染防治行动，黑臭河涌得到集中治理，水环境质量逐渐改善。近5年来，珠江三角洲水功能区达标率提高了7个百分点。珠三角地区近岸海域水质整体呈改善趋势，清洁和较清洁海域（Ⅰ类和Ⅱ类海水水质海域）所占比例提高了5个百分点。

3. 防洪减灾体系基本形成

大湾区主要位于西江防洪保护区、珠江下游三角洲防洪保护区和珠江三角洲滨海防潮保护区，具有防洪任务的西江龙滩、北江飞来峡、东江枫树坝、新丰江与白盆珠水库均已建成，大藤峡水利枢纽工程已开工建设，中下游重要堤防、水闸与泵站大部分按照规划标准建设，已建3级以上江海堤防约4140公里，基本形成了堤库结合的防洪（潮）工程体系和截蓄排渗相结合的治涝工程体系，防洪安全基本得到保障。目前广州市可防北江300年一遇、西江50~100年一遇洪水，防洪（潮）标准为50~200年一遇；深圳市防洪（潮）标准为100~200年一遇；肇庆市、江门市、珠海市、中山市与佛山市的城市中心区防洪（潮）标准为50~100年一遇，东莞与惠州城市中心区防洪（潮）标准为100年一遇。珠三角9市主要依靠河涌、水闸、泵站、人工湖、低洼地等综合措施治涝，基本形成截蓄排渗相结合的治涝工程体系，城市治涝标准可达到10～20年一遇，农田达到2～10年一遇。

防洪非工程措施方面，2014年国家防汛抗旱总指挥部批复了《珠江流域洪水调度方案》；珠江委编制了珠江防御洪水方案，研发了珠江洪水预报系统与调度系统，初步形成了支持监测预警、洪水预报、指挥调度、综合决策、应急处置的防汛抗旱信息保障体系；广东省以三防标准化建设为抓手，全面展开三防工作机制体制建设，实现了省、市、县三防指挥全覆盖；珠三角9市均编制了防洪（潮、涝）应急预案，已建成覆盖珠三角9市的防汛预警系统和应急视频会商指挥系统，有效防御了台风“天鸽”“山竹”等自然灾害，将人员伤亡降到最低限度。

香港已基本建成“上截、中蓄、下泄”的防洪治涝体系，市区设计防洪标准排水干渠系统200年一遇，排水支渠系统50年一遇，主要乡郊集水区防洪渠50年一遇，乡村排水系统20年一遇。澳门正逐步完善防潮治涝体系，新城区达到100～200年一遇，老城区大部分为20～100年一遇，其中，澳门半岛内港海旁区、路环岛西侧局部堤段不到5年一遇。

4. 水治理管理能力不断提高

粤港澳三地历来十分重视涉水事务管理工作，水治理能力不断提高。大湾区水利信息化能力不断增强，已初步形成水雨情、水资源、水环境、水生态、水工程运行等监测体系，信息采集初具规模；数据资源得到较大的充实，通信网络、计算和存储资源、视频会商等基础设施得到持续建设，运行环境愈加完善；电子政务、防汛抗旱、水资源管理等业务应用逐步深入，信息化对水利业务的支撑能力逐步加强。流域与区域结合的水管理制度与机制建设逐步加强，流域规划管理体系逐步完善。珠三角9市建立了流域与区域相结合的省、市、县、镇、村五级河长湖长体系，河湖长制度全面建立；基本建立流域大江大河用水管控指标体系，最严格水资源管理制度层层落实；初步探索建立了与香港、澳门的合作协商机制，水利部与澳门特区政府签订了《关于澳门附近水域水利事务管理的合作安排》，广东省与香港、澳门分别建立了粤港合作联席会议、粤澳合作联席会议等合作机制。

在党中央坚强领导和正确决策下，各级党委与政府尽职履责，人民群众奋斗拼搏，大湾区城乡供用水体系初步建成，防洪减灾体系基本形成，水生态环境状况持续改善，水治理管理能力不断提高，现状水安全基本得到保障，为进一步深入做好水安全保障工作打下了坚实的基础。

（二）粤港澳大湾区水安全保障存在的问题

1. 水资源总量丰富，但供水安全保障水平有待提高

粤港澳大湾区地处珠江三角洲，属于亚热带海洋季风气候，年平均降雨量1600～2300毫米，受季风气候影响，降雨量集中在4～9月。丰富的降水使得区域内河网密布，形成了以西江、北江、东江为主体的发达水系。河道总长度1600公里，河网密度高达0.83公里/平方公里，是全国平均水平的5倍多[①]。但是，粤港澳大湾区水资源开发利用存在不平衡、不充分的问题，本地蓄水工程供水量仅占总供水量的21%，供水安全存在较大风险。作为深圳、东莞、惠州等经济发达城市的主要水源，东江的水资源开发利用率多年平均为35.4%。而西江水资源丰富，多年平均径流量为2300亿立方米，径流总量约占珠江流域总量的77.8%，水资源开发利用率仅为1.5%。此外，珠三角枯水期咸潮上溯问题等又进一步加剧了供水风险。

2. 经济社会发展水平高，但水生态环境安全保障亟须加强

粤港澳大湾区2017年总人口6957万人，人口密度超过1200人/平方公里，是全国平均水平的近9倍。城镇化率超过85%，人均GDP达到14.6万元，经济社会发展水平位居全国前列[②]。然而，人口的急剧增长、工业的高度发展与城镇的密集分布，给区域水生态、水环境保护带来巨大压力。据统计，1988～2010年，大湾区建设用地由1765.30平方公里扩展到8790.21平

① 唐亦汉、陈晓宏：《近50年珠江流域降雨多尺度时空变化特征及其影响》，《地理科学》2015年第4期，第476～482页。

② 《中共中央　国务院印发〈粤港澳大湾区发展规划纲要〉》，http://www.gov.cn/gongbao/content/2019/content_5370836.htm，最后检索时间：2020年3月3日。

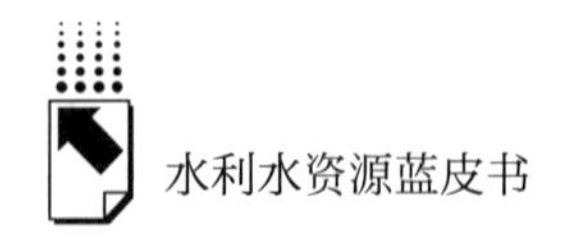

方公里，增长了近4倍，年均增长率达7.57%，占用了大量耕地、林地和水域等生态用地。部分地区河口滩涂湿地减少，生物多样性下降①。内河涌水体污染较为严重，河口局部水体问题突出。截至2016年年底，深圳市污水管网缺口达4600余公里，全市污水收集率不足50%。珠江三角洲水功能区达标率整体不高，各类水功能区国控指标达标率为73%②。

3. 极端气候影响加剧，水灾害防御安全尚待完善

粤港澳大湾区部分区域防洪（潮）标准偏低，除香港城区规划为200年一遇并且达标外，其余城市规划防洪（潮）标准大多为100～200年一遇。受自然地理环境条件制约，加上区域降雨强度大，以及外江洪水与潮水顶托等原因，广州、深圳等城市内涝问题较为严重。受极端气候影响，近年来区域内超强台风频发，2017年8月的"天鸽"台风造成粤港澳大湾区内23人死亡，直接经济损失超过342亿元③。

二　水资源安全保障体制机制现状及特点

（一）水安全保障机制现状

目前全国部分省份开展过水安全保障规划工作，但传统的水安全保障机制是各地方依托国家相关法律法规，根据自身水环境、水资源等状况进行相对独立化的防治，整体而言是相对分散、割裂、缺少合作且较少立足于全流域、全部门、全要素的角度来处理水安全问题的④。

---

① 李胜华、罗欢、吴琼等：《珠江河口水生态空间管控研究意义及研究进展》，《华北水利水电大学学报》（自然科学版）2018年第4期，第56～60页。

② 赵钟楠、陈军、冯景泽等：《关于粤港澳大湾区水安全保障若干问题的思考》，《人民珠江》2018年第12期，第81～84、91页。

③ 赵钟楠、陈军、冯景泽等：《关于粤港澳大湾区水安全保障若干问题的思考》，《人民珠江》2018年第12期，第81～84、91页。

④ 刘润、王润、任晓蕾等：《湖北长江经济带水安全及其协同创新机制研究》，《生态经济》2018年第6期。

山东省2018年1月发布《山东省水安全保障总体规划》，该规划着眼于建立与经济社会发展相匹配、能应对百年一遇特大干旱的水安全保障体系，全面推进节水型社会、现代水网、防洪减灾、水生态保护、水管理改革五个方面建设。水利部海委2019年5月发布《海河流域水安全保障方案》，该方案作为海河流域“十四五”水利改革发展的顶层设计，以服务京津冀协同发展为主线，以高起点规划、高标准建设雄安新区和北京城市副中心为重点，提出了补齐水利工程短板、强化水利行业监管、夯实工作基础等三方面十项工作任务。

粤港澳三地历来高度重视涉水事务管理工作，水治理协同能力不断提高。流域与区域结合的水管理制度与机制建设逐步加强，流域规划管理体系逐步完善。珠三角9市建立了流域与区域相结合的省、市、县、镇、村五级河长湖长体系，河湖长制度全面建立；基本建立流域大江大河用水管控指标体系，层层落实最严格水资源管理制度；初步探索建立了与香港、澳门合作协商机制，水利部与澳门特区政府签订了《关于澳门附近水域水利事务管理的合作安排》，广东省与香港、澳门分别建立了粤港合作联席会议、粤澳合作联席会议等合作机制。近年来，粤港澳“三地”政府着力推进粤港澳大湾区绿色发展。2012年，粤港、粤澳地区已有应对跨界水污染等区域性社会突发事件的合作平台，并且分别签署了《粤港应急管理合作协议》与《粤澳应急管理合作协议》，以加强“三地”之间的应急交流与互助①。

然而，粤港澳三地政治体制、发展特点和资源环境条件存在差异，水资源安全协同保障的相关体制机制还不完善，立足流域整体的协同管理在国内尚无完善机制，“三地”政府难以形成真正的联合水治理体系，这与大湾区建设的五大战略定位不相适应。

国家层面涉及粤港澳大湾区的协作机制，主要有国家发展改革委与粤、港、澳政府于2017年7月1日签署的《深化粤港澳合作推进大湾区建设框

① 何玮、喻凯、曾晓彬：《粤港澳大湾区水污染治理中政府跨界协作机制研究》，《知与行》2018年第4期，第44～49页。

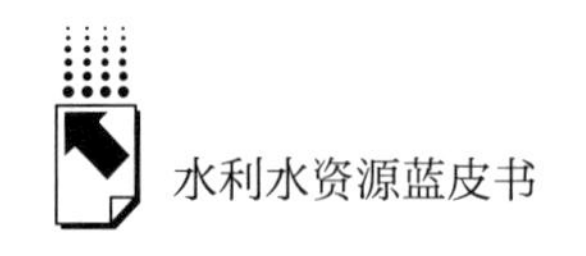

架协议》。未来，可在上述合作协议框架下，建立“粤港澳大湾区水量调度协商机制”，统筹大湾区内外用水需求，协商解决大湾区水量调度及水安全保障的重大事项。

（二）大湾区水安全保障机制特点

改革开放成果为水安全保障工作提供了经济与技术支撑。改革开放以来，大湾区经济发展水平全国领先，产业体系完备，集群优势明显，经济互补性强，香港、澳门服务业高度发达，珠三角9市已初步形成以战略性新兴产业为先导、先进制造业和现代服务业为主体的产业结构。粤港澳三地科技研发、转化能力突出，拥有一批在全国乃至全球具有重要影响力的高校、科研院所、高新技术企业和国家大科学工程，创新要素吸引力强，具备建设国际科技创新中心的良好基础。较强的经济实力和集聚的创新要素，使得大湾区有条件和有能力将供水安全、防洪安全、水生态安全保障能力提到更高水平。

珠江流域上游保障大湾区防洪与供水安全的西江龙滩、北江飞来峡、东江枫树坝、新丰江与白盆珠等骨干水库均已建成。珠三角9市已建大中型水库128宗，已建大中型引提水工程110宗，已建3级以上江海堤防约4140公里，西江大藤峡水利枢纽、珠江三角洲水资源配置等关键性工程正在建设，截污纳管工作正在有序推进，初步形成较完整的水利基础设施网络体系，为供水安全、防洪安全、水生态安全保障能力的进一步提升打下了坚实的基础。

香港、澳门与珠三角9市文化同源、人缘相亲、民俗相近、优势互补。近年来，粤港澳合作不断深化，基础设施、投资贸易、金融服务、科技教育、休闲旅游、生态环保、社会服务等领域合作成效显著，已经形成了多层次、全方位的合作格局。流域层面的水事合作，以及粤港澳相关合作的稳步推进，为共同建设粤港澳大湾区水安全保障机制，解决水资源短缺、水生态损害、水环境污染和水灾害频发等新老水问题打下了良好的基础。

大湾区水安全保障机制应从全流域层面统筹考虑，从强化四大监管制度实施（河湖长制度、水资源监督考核、水工程建设运行管理、水土保持监管制度），到打造两项水管理制度合作示范（水生态空间管控制度、水资源资产产权制度），再以构建协同共商合作机制（水安全事务协商机制、制定《珠江水量调度条例》、水生态补偿机制），提升水安全监管信息化能力，强化水安全科技与基础支撑，着力防范化解重大水安全风险，构建一套完整的水安全保障机制，不断推进水治理体制与治理能力建设，提升大湾区水安全监管和治理水平。

三　水资源安全保障相关政策制度建议

（一）积极推进最严格水资源管理制度

1. 加强水资源开发利用控制红线管理，严格实行用水总量控制

建立覆盖粤港澳大湾区各行政区的取用水总量控制指标体系，实施区域取用水总量控制。粤港澳大湾区各行政区要严格按照取用水总量控制指标，制定年度用水计划，依法对本行政区域内的年度用水实行总量管理。大湾区2025年万元地区生产总值用水量、万元工业增加值用水量较2017年分别下降30%和25%，工业用水重复利用率提高到93%以上，2025年用水总量控制在221.23亿立方米以内。

严格规范取水许可审批管理，对取用水总量已达到或超过控制指标的地区，暂停审批建设项目新增取水；对取用水总量接近控制指标的地区，限制审批建设项目新增取水。对不符合国家产业政策或被列入国家产业结构调整指导目录中淘汰类的，产品不符合行业用水定额标准的，审批机关不予批准。

2. 加强用水效率控制红线管理，全面推进节水型社会建设

全面落实国家节水行动，促进全社会节水意识明显增强，用水效率和效益显著提高，供水设施网络体系更加完整，城乡供水保障能力和应急供水水平进一步提高，非常规水资源利用占比进一步增加。大湾区2025年农田灌溉水有效利用系数提高到0.57，城市公共供水管网漏损率控制在10%以内，

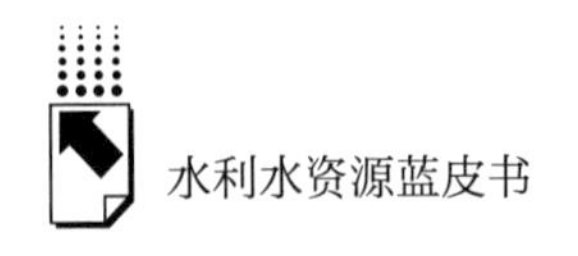

非常规水资源利用占比提高到4%以上，城市供水保证率、农村集中供水覆盖率均达到95%以上。

各行政区要切实履行推进节水型社会建设的责任，把节约用水贯穿于经济社会发展和群众生产生活全过程，建立健全有利于节约用水的体制机制。对纳入取水许可管理的单位和其他用水大户实行计划用水管理，建立用水单位重点监控名录，强化用水监控管理。新建、扩建和改建建设项目应制定节水措施方案，保证节水设施与主体工程同时设计、同时施工、同时投产（即“三同时”制度），对违反“三同时”制度的，由粤港澳大湾区各行政区地方人民政府有关部门责令停止取用水并限期整改。

加大工业节水技术改造力度，建设工业节水示范工程。充分考虑不同工业行业和工业企业的用水状况与节水潜力，合理确定节水目标。有关部门要抓紧制定并公布落后的、耗水量高的用水工艺、设备和产品淘汰名录。加大城市生活节水工作力度，开展节水示范工作，逐步淘汰公共建筑中不符合节水标准的用水设备及产品，大力推广使用生活节水器具，着力降低供水管网漏损率。鼓励并积极发展污水处理回用、雨水和微咸水开发利用、海水淡化和直接利用等非常规水源开发利用。加快城市污水处理回用管网建设，逐步提高城市污水处理回用比例。将非常规水源开发利用纳入水资源统一配置。

3. 加强水功能区限制纳污红线管理，严格控制入河湖排污总量

完善水功能区监督管理制度，建立水功能区水质达标评价体系，加强水功能区动态监测和科学管理。水功能区布局要服从和服务于所在区域的主体功能定位，符合主体功能区的发展方向和开发原则。从严核定水域纳污容量，严格控制入河湖排污总量。粤港澳大湾区各行政区各级人民政府要把限制排污总量作为水污染防治和污染减排工作的重要依据。切实加强水污染防控，加强工业污染源控制，加大主要污染物减排力度，提高城市污水处理率，改善重点流域水环境质量。加强对入河湖排污口的监督管理，对排污量超出水功能区限排总量的地区，限制审批新增取水和入河湖排污口。

粤港澳大湾区各行政区各级人民政府要依法划定饮用水水源保护区，

开展重要饮用水水源地安全保障达标建设。禁止在饮用水水源保护区内设置排污口。对已设置的，由县级以上地方人民政府责令限期拆除。县级以上地方人民政府要完善饮用水水源地核准和安全评估制度，公布重要饮用水水源地名录。加快实施全国城市饮用水水源地安全保障规划和农村饮水安全工程规划。加强水土流失治理，防治面源污染，禁止破坏水源涵养林。强化饮用水水源应急管理，完善饮用水水源地突发事件应急预案，建立备用水源。

水资源开发利用的同时应充分考虑基本生态用水需求，维持河流合理流量和湖泊、水库以及地下水的合理水位，维护河湖健康生态。编制粤港澳大湾区水生态系统保护与修复规划，加强重要生态保护区、水源涵养区、江河源头区和湿地的保护，开展内源污染整治，推进生态脆弱河流和地区的水生态修复。研究建立生态用水及河流生态评价指标体系，定期组织开展粤港澳大湾区的重要河湖健康评估，紧抓、狠抓重要河湖生态流量保障和监管。

（二）贯彻“节水优先”治水方针

为贯彻落实习总书记提出的“节水优先”的治水方针，国家发展改革委和水利部于2019年4月15日联合印发了《国家节水行动方案》，并于7月4日由两部门办公厅联合印发了《〈国家节水行动方案〉分工方案》，作为今后全国节水工作的主要依据。方案包括主要目标、六大重点行动、深化机制体制改革和保障措施等方面内容，确定了36项任务事项。主要目标为确定2020年、2022年和2035年需完成的节水目标及相关指标值。六大重点行动包括总量强度双控、农业节水、工业节水、城镇节水、重点地区节水开源和科技创新，目的在于抓大头、抓重点地区、抓关键环节，提高各领域、各行业用水效率，提升全民节水意识。深化机制体制改革举措，突出政策制度推动和市场机制创新两手发力，要求深化水价和水权水市场改革，推行水效标识、节水认证和合同节水管理等。保障措施包括加强组织领导、推动法治建设、完善财税政策、拓展融资模式、提升节水意识、开展国际合作

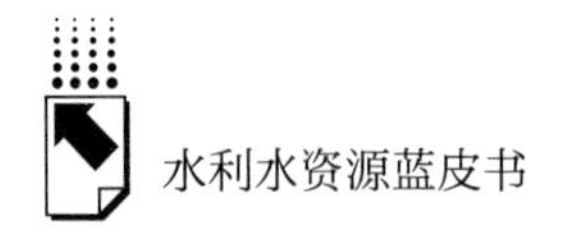

等6项内容。重点要求建立节约用水工作部际协调机制、2022年出台国家节约用水条例、落实节水税收政策[①]。

广东省根据国家节水行动方案要求，编制了《广东省实施国家节水行动方案》，确定的主要任务与国家方案总体保持一致，均部署主要目标、六大重点行动、体制机制改革和保障措施，共38项任务事项。其中主要目标1项，确定2020年、2022年和2025年广东省节水目标及相关指标。六大重点行动包括严控用水总量和强度、加强工业节水减排、推进城镇节水降损、推进农业节水增效、推动节水科技引领、强化节水监督管理，共计27项具体任务。同时，在体制机制改革方面部署了5项任务，其中政策制度建设2项和市场机制创新3项。在保障措施方面，提出建立节水工作领导小组协调机制、完善节水法律法规、健全节水奖励激励机制、加大利用社会节水资金和加大节水宣传教育等5项。

为推进节水型粤港澳大湾区建设发展，大湾区各行政区要严格落实《国家节水行动方案》和《广东省实施国家节水行动方案》。根据以上要求各行政区开展节水型社会建设，制定适合本区特点的"节水行动方案"，落实耗水总量和耗水强度双控，加强工业节水减排，推进城镇节水降损，推进农业节水增效，推动节水科技创新引领，强化节水监督管理主要任务。

实施双控制度，对重点的规模以上工业取水户、公共供水用水户以及灌区用水实行在线监控。2025年农业用水、工业用水、城镇生活用水计量基本实现全覆盖。工业节水减排方面，加强取水定额管理，对超过取水定额标准的企业分类分步限期实施节水改造。建立节水型企业评价考核制度，开展节水型企业建设。2025年大湾区工业用水重复利用率提高至93%以上；2035年提高至98%以上，达到国际先进水平；农业节水增效方面，2025年前完成肇庆马宁水灌区、江大灌区，江门大隆洞灌区、桂南灌区等30项中

① 《国家发展改革委　水利部关于印发〈国家节水行动方案〉的通知》，http：//www.gov.cn/gongbao/content/2019/content_5419221.htm，最后检索时间：2020年3月3日。

型灌区续建配套与节水改造工程，灌区平均灌溉水有效利用系数提高至0.57。2035年完成其他灌区续建配套与节水改造工程建设，灌区平均灌溉水有效利用系数提高至0.62；公共结构和设施建设方面，2025年50%以上的居民小区和政府机构、公共事业单位建设成节水型单位，2035年实现全覆盖。公共建筑和新建民用建筑必须采用节水器具，到2025年节水器具普及率达到100%。推进节水产品企业质量分类监管，以生活节水器具为监管重点，逐步扩大监督范围，稳步推进节水产品推广普及。

推进节水宣传，加强湾情水情教育，逐步将节水纳入中小学教育活动，向全民普及节水知识。利用世界水日、中国水周、全国城市节水宣传周等形式开展主题宣传活动，提高全民节水意识。创建县域节水型社会、节水型载体等活动。

（三）创新完善河湖长制度

进一步建立健全责任明确、协调有序、监管严格、保护有力的河长湖长工作机制体系，强化对江河湖泊（河口）等水域及其岸线的监督管理。

全面落实河长湖长制，压实河长湖长责任，完善部门联动机制，协同推进河湖管理保护各项工作落实。同时，建立公共参与机制，结合地域水域特点设立民间河长，聘请专业组织、第三方机构、社会公众对河长湖长履职情况进行监督评价，鼓励公众参与河湖巡查、监督治理、节水宣传等活动。

西、北、东江均为跨省河流，湾区内部河网密布，纵横交错。加强流域统筹，搭建跨省、跨市合作平台，形成河湖治理上下联动、左右互动、齐抓共管的合力。结合“一河一策”，加强河湖空间及水域岸线监管，加强河湖水资源管理保护。系统考虑经济社会发展与水资源水环境承载能力，建立“正面清单”和“负面清单”管理制度，指导优化粤港澳大湾区经济社会产业结构和布局。

大湾区河湖除了内陆河道湖泊外，还有珠江河口等水域，应纳入河长制范围，协同推进水域－陆域－海域保护治理。通过设立各级河长湖长，全面履行水资源保护、水域岸线管理保护、水污染防治、水环境治理、水生态修复等职责[①]。

深化河湖管理体制改革，明确河湖管护主体、责任，建立健全巡查、保洁、维护等日常管护制度，落实管护人员和经费保障，确保每条河湖有人管、管得住、管得好。

（四）统筹推进水资源资产产权制度改革

按照中共中央办公厅、国务院办公厅印发的《关于统筹推进自然资源资产产权制度改革的指导意见》要求，充分考虑水资源作为自然资源资产的特殊性和属性，研究确定粤港澳大湾区水资源所有权、使用权及使用量，明晰水资源资产产权的所有权人职责和权益、使用权的归属关系和权利义务。

统筹考虑珠三角 9 市城镇化发展、产业布局、粮食安全等因素，将用水总量控制指标进一步细化到生活、农业、工业等主要用水行业，明确经济社会发展过程中各行业的水资源用途。未经批准不得擅自改变水资源用途。若确需变更用途的，必须由原审批机关按程序批准。在符合用途管制的前提下，鼓励通过水权交易等市场手段促进水资源有序流转。

根据用水总量控制指标，明确行政区域取用水权益，科学核定取水许可水量。在水权试点工作的基础上，建立健全水权制度，进一步探索区域之间、行业之间、用户之间的水权交易。按照《广东省水权交易管理试行办法》有关规定，对用水总量已经达到总量控制指标的地区，采取水权交易方式解决建设项目新增取水，并加强水权交易监管，规范交易平台建设和运营。严格控制用水总量，倒逼缺水城市和企业通过水权交易满足用水需求，培育水权交易买方。同时，建立闲置取用水指标认定和处置机制，盘活存量水资源，培育水权交易市场卖方。探索建立“长期意向”与“短期协议”

① 《中共中央办公厅　国务院办公厅印发〈关于全面推行河长制的意见〉》，http：//www. gov. cn/xinwen/2016 - http：//www. gov. cn/zhengce/2019 - 04/14/content _ 5382818. html2/11/content _ 5146628. htm，最后检索时间：2020 年 3 月 3 日。

相结合的水权交易动态调整机制，发挥水权交易与吸引社会资本投入水利工程建设的联动效应①②。

（五）系统构建水生态空间管控制度

划定水生态红线，稳定并扩大水生态空间。以广东省生态保护红线为基础，对于承担重要水生态服务功能的水源涵养、洪水调蓄、生物多样性保护、河湖滨岸带、水土保持等区域，划定水生态保护红线，稳定并适度拓展河道物理空间和自然形态。

基于水生态红线，优化区域空间发展布局。大湾区境内各市在制定空间规划时，需以划定的水生态空间为基础，保护水资源水环境系统敏感区、重要区和脆弱区，控制水资源水环境承载力减弱区域的开发强度，并将水资源水环境承载能力监测预警与入河污染物总量控制、产业结构调整结合起来，为指导优化大湾区城乡空间布局、产业布局、资源开发、项目建设等提供基本依据。

细化水生态空间管控要求，建立权责明晰管控制度。依据划定的大湾区水生态空间范围，明确其权属，加强水生态监管。并针对水生态空间用途管控分类及资源环境生态各要素，制定差异化的保护目标、用途管制、占用补偿和环境准入要求，通过强化部门间的信息共享和协调联动，确保依法保护的水生态空间面积不减少，生态功能不降低，生态服务保障能力逐步提高；落实地方政府主体责任，将水生态空间保护纳入地方政府和领导干部政绩考核体系，严格水生态环境损害责任追究制。

（六）加快推进水资源统一调度和配置

粤港澳大湾区本地水资源可利用量严重不足，可供水量受制于天然

① 《中共中央办公厅　国务院办公厅印发〈关于统筹推进自然资源资产产权制度改革的指导意见〉》，http：//www. gov. cn/zhengce/2019 -04/14/content_ 5382818. htm，最后检索时间：2020 年 3 月 3 日。

② 广东省人民政府：《广东省水权交易管理试行办法》，http：//zwgk. gd. gov. cn/006939748/201612/t20161223_ 686784. html，最后检索时间：2020 年 3 月 3 日。

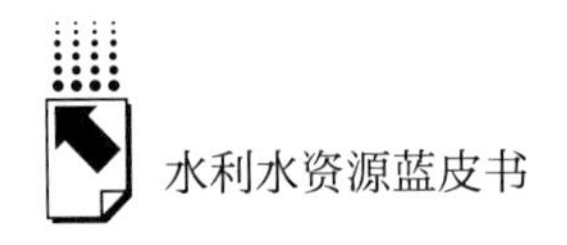

来水以及上游供水。自2004年以来，连续十六年，水利部珠江水利委员会针对珠江三角洲的咸潮上溯实施枯水期水量调度。为保障澳门、珠海等珠江三角洲地区供水安全和生态安全，每年制定枯水期水量调度年度实施方案。

为保障大湾区水资源安全，需按照《粤港澳大湾区发展规划纲要》要求制定《珠江水量调度条例》。《珠江水量调度条例》的实施为粤港澳大湾区水资源安全提供了重要法律保障。该条例设定应包含常规调度、应急调度、监督管理等制度，明确分级管理权限和职责，更好地落实流域管理与区域管理相结合的水资源管理制度，支撑粤港澳大湾区的繁荣稳定发展。

珠江流域水量实行统一调度、分级管理、分级负责，遵循用水总量、主要断面流量和水量控制的原则。珠江水量调度优先满足城乡居民生活用水，统筹生态、生产用水，兼顾发电、航运以及应对突发事件等其他用水需求，充分发挥水资源的综合效益。区域水量调度服从流域水量统一调度，灌溉、水力发电、航运等工程运行调度服从流域水量统一调度，常规水量调度服从防洪调度及应急调度。

（七）探索完善水生态补偿机制

在国家和省生态保护补偿有关政策文件基础上，探索研究珠江流域和大湾区河段上下游、区域受益区与受限地区之间的生态补偿方案与落地措施，推动开展重要河段、区域等的生态保护补偿试点工作。同时，考虑大湾区内水生态环境的重要性和水生态问题的复杂性，可探索饮用水水源地保护、环境敏感河段保护和边界河流生态修复等区域性生态补偿机制；探索政府之间、损害及受益主体之间等多种模式的补偿机制[①]。

① 《广东省人民政府　办公厅印发〈广东省生态保护补偿办法〉的通知》，http：//www.gd.gov.cn/gkmlpt/content/0/140/post_140668.html，最后检索时间：2020年3月3日。

（八）构建协同共商合作机制

完善粤港澳大湾区涉水事务交流、协作和共商机制，加强粤港澳在防汛防台、供水、水资源管理、水生态环境保护等方面对接、合作与交流。共同推进跨界河流与水域的供水、防洪（潮）、水生态环境综合治理，探索制定共同适用于粤港澳界河的供水、防洪（潮）和排涝策略，加强粤港澳在水质、水面漂浮物监控处理以及水污染等方面的协作。

四　结语

在注重人工智能、大数据、物联网等现代科技与水治理深度融合的同时，通过全面深化体制机制改革，强化水资源安全保障相关政策制度实施，打造水管理制度合作示范，构建协同共商合作机制，防范化解重大水风险，不断推进水治理体系与治理能力现代化建设。不断提升水资源安全监管和治理水平，将制度优势更好地转化为治理效能，为粤港澳大湾区生态文明建设和高质量发展提供坚实保障。

B.3

粤港澳大湾区水资源安全现状与对策建议

张文明*

摘　要： 解决好大湾区水安全问题，是贯彻落实粤港澳大湾区国家战略的重要资源支撑。当前，大湾区人均水资源占有量少、时空分布严重不均，用水效率低、水资源浪费严重，局部水资源过度开发，部分河段污染严重等新老问题相互交织，赋予了大湾区水资源安全保障全新内涵、提出了崭新课题。制定粤港澳大湾区水资源安全保障有关政策，要贯彻落实习近平总书记新时期治水思想，坚持“节水优先、空间均衡、系统治理、两手发力”的思路，从促进城乡生活节水、调整工业用水结构、扩大再生水使用量、完善水价政策、加强水污染防治、完善水利设施、健全水资源管理体制等方面持续发力，构建水资源安全保障政策体系。

关键词： 粤港澳大湾区　水资源安全　安全保障政策

习近平总书记指出，随着我国经济社会不断发展，水安全中的老问题仍有待解决，新问题越来越突出、越来越紧迫。老问题，就是地理气候环境决定的水时空分布不均以及由此带来的水灾害。新问题，主要是水资源短缺、

* 张文明，博士研究生，中国宏观经济研究院助理研究员，主要研究方向为生态文明、经济体制改革等。

水生态损害、水环境污染。新老问题相互交织，给我国治水赋予了全新内涵、提出了崭新课题[①]。粤港澳大湾区水资源安全保障问题，同样处于新老问题相互交织的局面。解决好大湾区水安全保障问题，对于贯彻落实粤港澳大湾区建设这一国家战略具有十分重要的意义，且具有迫切的现实性。

一 粤港澳大湾区水资源基本情况

粤港澳大湾区由香港、澳门两个特别行政区与广东省广州、深圳、珠海、佛山、惠州、东莞、中山、江门、肇庆9市组成。总面积为5.65万平方公里，人口6671万人。从水情来看，粤港澳大湾区所属区域为珠江三角洲，其水系为珠江水系。

（一）水资源总量

粤港澳大湾区坐拥东江、北江、西江3条干流，干流之间地表水资源量相差较大。在三条干流地表水资源量分布中，西江最大，地表水资源量为681.8亿立方米；其次是珠江三角洲，为282.6亿立方米；东江最小，仅为249.5亿立方米（见表1）。地表水资源量变化趋势不一致，与常年比较，西江偏多16.9%，北江偏少5.1%，东江偏少8.9%。

表1 2017年珠江片水资源量

单位：亿立方米

水资源分区/行政分区	水资源总量	地表水资源量	地下水资源量	地表与地下水不重复量
西江	682.0	681.8	157.5	0.1
北江	484.1	484.0	122.5	0.1
东江	249.6	249.5	68.1	0.1
珠江三角洲	286.4	282.6	56.1	3.8

资料来源：珠江流域2017年水资源公报。

---

① 鄂竟平：《坚持节水优先 强化水资源管理——写在2019世界水日和中国水周之际》，《人民日报》2019年3月22日。

（二）水质状况

从河段水质监测状况看，粤港河段共2个监测断面，水质类别均为Ⅳ类。2个断面水质均超标，分别为深圳河的罗湖断面和深圳河口断面，超标项目为总磷、氨氮、高锰酸盐指数。粤澳河段共4个监测断面，水质类别为Ⅱ~Ⅲ或Ⅴ类。1个断面水质超标，即湾仔水道的湾仔断面，水质类别为Ⅴ类，超标项目为化学需氧量（见表2）。

表2　粤港澳河段水体水质监测结果（2019年1月）

河段类别	河流名称	监测断面	流向关系	水质类别	超标污染物水质类别及超标倍数	上月水质类别	与上月比较
粤港河段	深圳河	罗湖	港//粤	Ⅳ	氨氮（0.02）、总磷（0.23）	Ⅳ	持平
	深圳河	深圳河口	港//粤	Ⅳ	高锰酸盐指数（0.45）	Ⅳ	持平
粤澳河段	洪湾水道	横琴大桥	粤→澳	Ⅱ		Ⅱ	持平
	澳门附近水域	澳氹大桥	粤→澳	Ⅲ		Ⅱ	上升
	十字门水道	红旗	澳//粤	Ⅱ		Ⅲ	下降
	湾仔水道	湾仔	澳//粤	Ⅴ	化学需氧量（0.72）	Ⅳ	下降

注：流向关系中，//表示左右岸，→表示上下游。

资料来源：珠江流域2017年水资源公报。

（三）水资源利用状况

从供水量上看，在水资源分区中，2017年珠江三角洲供水量最大，达171.4亿立方米；东江供水量最小，为44.1亿立方米（见表3）。

表 3　2017 年珠江片供水量

单位：亿立方米

水资源分区/行政分区	地表水源供水量	地下水供水量	其他水源供水量	总供水量
西江	98. 7	2. 5	0. 1	101. 3
北江	50. 1	1. 8	0. 6	52. 5
东江	42. 9	0. 4	0. 8	44. 1
珠江三角洲	169. 8	0. 9	0. 7	171. 4

资料来源：珠江流域 2017 年水资源公报。

从用水量上看，2017 年珠江片总用水量 836. 2 亿立方米。按水资源分区，经济发达的珠江三角洲用水量最大，达 171. 4 亿立方米；东江最小，用水量 44. 2 亿立方米。珠江三角洲地区，农业用水 42. 7 立方米，工业用水达到 73. 0 立方米（见表 4）。在省级行政区中，广东省用水量最大，达 433. 3 亿立方米。

表 4　2017 年珠江片用水量

单位：亿立方米

水资源分区/行政分区	农业用水			工业用水	生活用水			生态环境	总用水量
	农田灌溉	林牧渔畜	小计		城镇公共	居民生活	小计		
西江	66. 0	8. 7	74. 7	11. 3	4. 1	10. 4	14. 5	0. 8	101. 3
北江	34. 0	3. 8	37. 8	7. 3	1. 7	5. 3	7. 0	0. 4	52. 5
东江	20. 7	2. 0	22. 7	9. 9	3. 4	7. 4	10. 8	0. 8	44. 2
珠江三角洲	28. 1	14. 5	42. 7	73. 0	19. 5	33. 2	52. 7	3. 0	171. 4

资料来源：珠江流域 2017 年水资源公报。

二　粤港澳大湾区水资源安全的内涵与战略地位

准确把握水资源安全的内涵，认识其所处战略地位，是开展粤港澳大湾区水资源安全保障政策研究的关键所在，这也是从“事物的本质和本源出发，重新认识事物”的过程。

（一）水资源安全的内涵

水安全，是指一个国家或地区可以保质保量、及时持续、稳定可靠、经济合理地获取所需的水资源、水资源性产品及维护良好生态环境的能力，包括水资源安全、水环境安全、水生态安全、水工程安全、供水安全等方面内容[①]。其中，水资源安全包括水量充裕和结构均衡。水量充裕，既包括总量的充裕，也包括人均量的充裕。结构均衡包括地区均衡与人群均衡。水资源分布的不均衡，不仅增加了供水时间和成本，还有可能引发取水纠纷和洪涝灾害，是导致水资源安全问题的原因。

水资源安全既受到自然环境影响，也受到经济社会发展影响。自然环境包括水资源总量、降水量、地形地貌等，其中，水资源总量丰富，自我调节能力较强，对水资源安全形成有利影响。经济社会发展因素较为复杂，包括人口、经济发展、体制机制、科学技术、资金、文化等，其中，人口的增长加大水资源需求量，经济结构的不合理对水资源形成超载、发生污染现象，最严格的水资源管理制度有利于水资源节约、合理利用，科学技术的进步能够提高水资源利用效率，对水工程建设持续投入有助于优化水资源配置和防洪减灾体系建设[②]。

（二）粤港澳大湾区水资源安全的战略地位

水资源安全具有基础性、动态性与层次性等特征。其中，水资源安全基础性关系水生态、供水、水工程、水环境等方面，具有“牵一发而动全身”的特性；水资源动态性则受到自然和经济社会影响因素影响，任何国家和地区都会不断出现新的问题，而且水本身的流动性、循环性和水量的利害两重性，也使得水安全问题更为复杂多变。水资源的层次性则是与水的时空布局、受众面有关，产生了国家、区域或地区等层面及大小流域间的水资源安全问题。水资源安全的特性决定水资源安全具有关乎地区经济社会发展决定性作用的战略地位。

---

① 谷树忠、胡咏君：《水安全：内涵、问题与方略》，《中国水利》2014 年第 10 期。

② 谷树忠、李维明：《关于构建国家水安全保障体系的总体构想》，《中国水利》2015 年第 9 期。

三　粤港澳大湾区水资源安全面临的挑战

受水资源时空分布、用水效率、水质污染等因素影响，水资源问题正在威胁粤港澳大湾区社会经济的健康发展。具体表现在以下五个方面。

（一）人均水资源占有量少，时空分布严重不均

粤港澳大湾区汛期雨水集中、枯水期雨水稀少，水资源时空分布极度不均，与生产力布局不匹配。根据2040年需水预测成果，珠江三角洲水资源配置工程受水区南沙区、深圳市、东莞市分别需水8.51亿立方米、26.47亿立方米、24.11亿立方米，合计为59.09亿立方米，珠江三角洲受水区2040年共缺水17.24亿立方米，其中南沙区缺水5.31亿立方米，深圳市缺水8.54亿立方米，东莞市缺水3.39亿立方米（见表5）。

表5　受水区2040年缺水量统计分析

单位：亿立方米

受水区	需水量	可供水量		缺水量
		取水水源	规划可供水量	
南沙	8.51	沙湾水道	1.46	5.31
		咸淡水源（农业、火电）	1.17	
		再生水	0.57	
		合计	3.20	
深圳	26.47	本地水库	1.51	8.54
		深圳两大调水工程	15.03	
		再生水	1.39	
		合计	17.93	
东莞	24.11	本地水库	1.14	3.39
		东江干流取水	18.21	
		再生水	1.37	
		合计	20.72	
合计	59.09	—	41.85	17.24

资料来源：珠江流域2017年水资源公报。

（二）用水效率低下，水资源浪费严重

从用水消耗量及耗水率上看，2017 年珠江片用水消耗总量 356.8 亿立方米，耗水率（消耗总量占用水总量的百分比）42.7%。西江耗水量 47.8 亿立方米，耗水率 47.2%；北江耗水量 24.1 亿立方米，耗水率 45.9%；东江耗水量 16.3 亿立方米，耗水率 36.8%；珠江三角洲耗水量 46.7 亿立方米，耗水率 27.2%（见表 6）。

从废污水排放量上看，珠江三角洲城镇居民生活废污水排放量为 24.7 亿吨，第二产业废污水排放量为 28.3 亿吨，第三产业废污水排放量为 12.4 亿吨，总量达到 65.5 亿吨（见表 7）。

从水资源利用指标上看，受人口密度、经济结构、作物组成、节水水平、气候因素和水资源条件等多种因素影响，各区域用水指标差异较大。其中，西江、北江、东江的开发利用率分别仅为 14.9%、10.8% 和 17.7%（见表 8）。

表 6　2017 年珠江片水资源二级区用水消耗量及耗水率

水资源二级区	南北盘江	红柳江	郁江	西江	北江	东江	珠江三角洲
耗水量(亿立方米)	28.4	41.3	36.1	47.8	24.1	16.3	46.7
耗水率(%)	58.3	45.3	46.6	47.2	45.9	36.8	27.2

资料来源：珠江流域 2017 年水资源公报。

表 7　2017 年珠江片废污水年排放量

单位：亿吨

水资源分区/行政分区	用水户废污水排放量			
	城镇居民生活	第二产业	第三产业	合计
西江	4.4	7.1	2.5	14.0
北江	2.5	5.6	1.0	9.1
东江	4.7	7.9	2.1	14.7
珠江三角洲	24.7	28.3	12.4	65.4

资料来源：珠江流域 2017 年水资源公报。

表 8　2017 年珠江片水资源利用指标

水资源分区/行政分区	人均水资源量（m^3）	万元GDP用水量（m^3）	人均用水量（m^3）	亩均用水量（m^3）	人均生活用水量（L/d）			万元工业增加值用水量（m^3）	开发利用率（%）
					城镇生活	居民	农村居民		
西江	3767	153	559	825	323	194	123	46	14. 9
北江	5000	119	542	708	275	180	120	43	10. 8
东江	1943	37	344	747	255	162	142	15	17. 7
珠江三角洲	610	28	365	741	325	198	152	33	59. 9

资料来源：珠江流域 2017 年水资源公报。

（三）局部水资源过度开发，超过水资源可再生能力

过去一段时间，随着工业的发展和城市人口的增加，粤港澳大湾区一些地方片面追求经济增长，对水资源缺乏有效保护，造成河道断流、湖泊萎缩、生态退化。以东江为例，东江的年均径流总量为 235 亿立方米（博罗水文站），为深圳市、东莞市的主要水源。目前东江供水人口近 4000 万，开发利用率达 38. 3%，已接近国际普遍认可的警戒线（40%），如 2015 年供水总量 90 亿立方米，接近特别枯水年（1963 年 4 月 ~1964 年 3 月）的径流总量 94. 7 亿立方米，其中深圳市用水量已超出东江流域分水指标，又如东莞市 2004 年 11 月至 2005 年 1 月多个水厂多次被迫停止取水，给人民生活和工业生产造成较大损失。

以深圳市为例，2015 年的用水量 19. 85 亿立方米，主要供水水源为东江两大引水工程 16. 38 亿立方米（其中东深供水工程 9. 64 亿立方米，比设计供水量 8. 7 亿立方米多出 0. 94 亿立方米；东部供水工程 6. 74 亿立方米），本地水源及其他供水 3. 47 亿立方米（其中挤占本地河道生态达 2 亿立方米）。目前，深圳市水资源面临的主要问题是用水超东江分水指标，存在挤占本地河道生态用水情况。

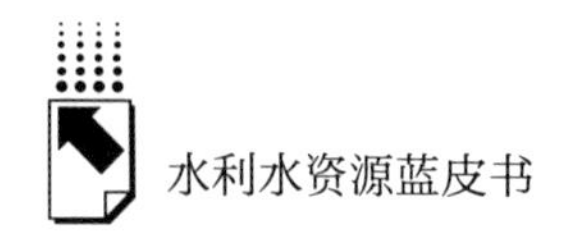

（四）部分河段污染严重，水质性缺水

大湾区水污染防治面临的不平衡、不协调问题仍然突出，水污染防治形势依然严峻，攻坚战任务艰巨繁重。水环境质量达标压力较大，2018 年广东省 71 个国考断面优良水体、劣 V 类水体比例考核评价分别为 78.9%（56 个）和 12.7%（9 个），与国家下达广东省的年度水质目标分别相差 2.8 个百分点（2 个）和 5.7 个百分点（4 个）。城市黑臭水体问题依然严峻，根据生态环境部、住房和城乡建设部黑臭水体专项检查反馈情况，广东省大湾区范围内的 9 个地级市中，有 5 个地级市黑臭水体消除比例低于 72.1%。珠海（47.1%）、江门（41.7%）、湛江（35.7%）、东莞（27.3%）、惠州（11.1%）等城市黑臭水体消除比例不足 50%（见表 9），要完成到 2020 年基本消除城市建成区黑臭水体的目标难度较大。

表 9 大湾区（广东）黑臭水体消除比例低于 80%的城市

地级市	比例(%)	与全国消除比例 72.1% 的差距(%)
惠州	11.1	-61.0
东莞	27.3	-44.8
湛江	35.7	36.4
江门	41.7	-30.4
珠海	47.1	-25.0
中山	66.7	-5.4
佛山	75.0	2.9

资料来源：生态环境部。

（五）气候变化影响水资源格局，水安全问题日趋复杂化

2017 年，珠江片降水深 1679.5mm，折合降水量 9704.8 亿立方米，较 2016 年减少 7.8%，较常年值偏多 8.5%，属平水年。其中珠江流域降水量 7089.6 亿立方米，较常年值偏多 8.9%。珠江片 10 个水资源二级区中，7 个水资源二级区降水量较常年值偏多，其中，西江降水量 1161.4 亿立方米，

较常年值偏多7.4%；珠江三角洲降水量496.2亿立方米，较常年值偏多0.8%；北江降水量787.9亿立方米，较常年值偏少5.0%；东江降水量427.5亿立方米，较常年值偏少9.4%（见表10）。

表10　2017年珠江片降水量

水资源分区/行政分区	降水深(mm)	降水量(亿立方米)	与2016年比较(±%)	与常年值比较(±%)
西江	1744.7	1161.4	-12.6	7.4
北江	1676.5	787.9	-28.6	-5.0
东江	1569.6	427.5	-38.3	-9.4
珠江三角洲	1859.4	496.2	-23.8	0.8

资料来源：珠江流域2017年水资源公报。

四　把握粤港澳大湾区水资源安全保障的基本思路

党的十八大以来，习近平总书记多次就治水兴水、水环境治理等问题发表了重要讲话，提出过许多新的理念，成为习近平生态文明思想的重要组成部分。解决好粤港澳大湾区水资源安全保障问题，要贯彻落实习近平总书记新时期治水思想，坚持“节水优先、空间均衡、系统治理、两手发力”的思路，提升粤港澳大湾区水资源安全保障能力和水平。

（一）坚持节水优先，全面提升水资源利用效率和效益

粤港澳大湾区水资源安全保障要坚持节水优先，全面提升水资源利用效率和效益。治水要良治，良治的内涵之一是要善用系统思维统筹水的全过程治理，分清主次、因果关系，找出症结所在。当前的关键环节是节水，从观念、意识、措施等各方面都要把节水放在优先位置。充分考虑大湾区人口、经济社会发展，科学预测大湾区未来水资源变化情况，着眼粤港澳大湾区可持续发展做出政策部署。

（二）坚持空间均衡，处理好水与经济社会发展的关系

粤港澳大湾区水资源安全保障要坚持空间均衡，处理好水与经济社会发展的关系。空间均衡，就是要从生态文明建设高度，审视人口经济与资源环境关系。目前，粤港澳大湾区对水的需求还没达到峰值，但面对水安全的严峻形势，发展经济，推进工业化、城镇化，包括推进农业现代化，都必须树立人口经济与资源环境相均衡的原则。要加强需求管理，把水资源、水生态、水环境承载力作为刚性约束，贯彻落实到改革发展稳定各项工作中①。

（三）坚持系统治理，处理好水与生态系统中其他要素的关系

粤港澳大湾区水资源安全保障要坚持系统治理，处理好水与生态系统中其他要素的关系。生态是统一的自然系统，是各种自然要素相互依存而实现循环的自然链条，水只是其中的一个要素。系统治理，就是要立足山水林田湖生命共同体，统筹自然生态各要素，理清大湾区水与生态系统中其他要素的关系。要用系统论的思想方法看问题，应该统筹治水和治山、治水和治林、治水和治田、治山和治林等之间的关系。

（四）坚持两手发力，正确处理好政府与市场的关系

习近平总书记强调在治水过程中要“两手发力”，这就需要在治水过程中既要发挥好政府这只“看得见的手”的作用，也要利用好市场这只“看不见的手”，使二者协同发力。同时，分清政府需要做什么、市场需要干什么。水具有公共产品的属性，政府在治水中应当承担主要职责，但也不能包办所有事情，还应发挥好市场合理优化配置水资源的作用，建立符合市场导向的水价形成机制。两手发力需要深化治水体制机制创新与改革，加强合理

---

① 戴韵、杨园晶、黄鹄：《粤港澳大湾区水资源配置战略思考》，《城乡建设》2019 年第 12 期。

的水利服务市场建设，完善水市场的监管机制。建立健全补偿成本、合理盈利、激励提升供水质量、促进节约用水的价格形成和动态调整机制，保障供水工程和设施良性运行，促进节水减排和水资源可持续利用。政府应将水资源管理落实到具体机构，加大治水制度建设的研究力度，尤其是要建立完善科学的治水体制机制，深化水利改革①。

五　构建粤港澳大湾区水资源安全保障体系的政策建议

解决好大湾区水安全问题，是贯彻落实粤港澳大湾区国家战略的重要资源支撑。既要找到既有自然禀赋不足的原因，也要采取有效技术管理手段，提高水资源承载力。综合考虑人口、产业、气候等因素动态变化，因时因地采取更加丰富有效的“开源节流、内引外联”措施，系统构建水资源安全保障体系。

（一）促进城乡生活节水，减少生活用水浪费

在水资源开发利用中，把节约放在优先位置，提高生活生产用水效率，建立节约优先的水资源利用体系，使节水真正成为水资源开发、利用、保护、配置、调度的前提条件，有效保障水资源安全。认真研究节约用水宣传策略，深化节水宣传理念创新、内容创新、形式创新和手段创新，重点在宣传的针对性、有效性和常态化上下功夫，增强宣传的吸引力和感染力。将“节水优先”的理念和思想贯穿用水源头控制、过程管理和终端用水产品消费全过程。号召广大市民增强节水意识，养成科学用水、节约用水的良好习惯，倡导健康绿色的消费模式和生活方式。同时，加大城镇公共供水管网巡检、捡漏力度，改造更新城镇公共供水管网，加快节水器具普及推广。

① 王东、秦昌波、马乐宽等：《新时期国家水环境质量管理体系重构研究》，《环境保护》2017年第8期。

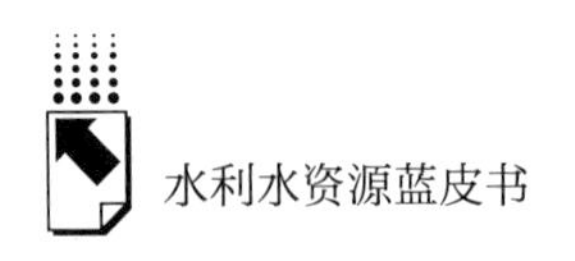

（二）调整工业用水结构，提高工业用水效率

统筹城市空间、人口规模、产业布局三大结构，坚持发展导向明确、要素配置均衡、空间集约集聚的原则，进一步整合优化资源。一个城市要根据水资源承载能力对行业进入设置门槛，在水资源承载能力比较低的地区禁止布置新的高耗水产业，已有的高耗水产业要不断进行调整，不断促进城市发展与其水资源条件相适应。加强工业节水，加快淘汰落后高用水工艺、设备和产品，加大工业节水技术和设备开发推广力度，严格控制新上高耗水工业项目。强化能源资源利用的过程集约，带动生产方式向着低碳、环保、生态的方向调整。高标准引入新材料产业、新能源与节能环保产业等特色产业，形成具有本区域特色的循环经济产业集聚带。加强节能减排指标考核，引导各类资源向绿色循环可持续的资源转换产业、战略性新兴产业等先进产业集中，推动经济高质量发展。

（三）扩大再生水资源使用量，提高循环效率

加快再生水利用工程建设，出台政策鼓励企业利用再生水资源；对现有污水厂进行提标、扩建、改造，通过新建或改建部分再生水库，以提高再生水使用量。将再生水纳入水资源统一配置，将城市污水处理回收利用规划纳入城市总体规划、流域水资源综合规划等规划体系；将城市污水处理回收利用与地表水、地下水、外调水等进行统一配置、统一规划、统一调度，共同纳入传统的水资源统一配置体系。进一步理顺城市污水处理回收利用管理体制，完善建设投入机制，健全城市污水处理回收利用的法规和技术标准体系。进一步完善再生水定价机制。尽快合理确定再生水与自来水的比价关系，逐步建立再生水与自来水的价格联动机制，保持再生水市场的稳步发展。

（四）提高测算科学性，建立生态流量调度机制

加强研究，科学测算大湾区供水量，进一步厘清大湾区生态流量问题。加强研究区分粤港澳大湾区净增供水量的计量算法，并在年度水量调度计划

中确定粤港澳大湾区净增供水量。探明粤港澳大湾区水资源安全保障总体形势，特别是本地地表水资源量、非常规水利用规模、刚性用水需求、河湖生态水量等情况。将生态调度作为大湾区已有水库水坝的调度基本原则之一，制定库群和梯级水库联合调度制度①，综合采取河湖联调、湖库联调、库闸联调等手段，科学调度闸坝，合理安排闸坝下泄水量和泄水时间，保证下游水体生态流量，并建立流域生态流量保障的监督管理机制。在东江流域实施全年水量调度，水库将汛期雨水拦蓄下来，供枯水期使用，实现雨洪资源化，解决水资源在时间分布上的不均衡问题。

（五）完善水价政策，体现资源稀缺性和环境成本

市场是解决资源优化配置最有效的方法。水资源作为一种稀缺性经济资源，同样能够借助市场机制来实现其优化配置和高效利用。水价综合改革是一项复杂的系统工程，涉及供水、用水、管水等环节，资源、价格、产权等领域，工程、技术、政策等措施，需要正确处理当前与长远、公平与效率、政府与市场的关系，寻求兼顾各方利益的最大公约数，形成推进改革的合力。

按照《关于创新和完善促进绿色发展价格机制的意见》（发改价格规〔2018〕943 号）的需求，加快建立和完善利于节水的价格机制。在明晰水权前提下，通过构建水权市场，明确水权交易市场的模式选择、运行机制、构建框架以及政府在水权交易中的作用。其中，水权制度建设关乎水权市场发展，开展水资源使用权确权登记，构建水权交易平台，促进水权流转形式实现。阶梯水价的调整机制对短缺的水资源现状尤为必要。用水量越多，付出的费用越多，这有利于让多用水者付出更高的代价，促进其节约用水。这充分反映供水成本、激励提升供水质量的价格形成和动态调整机制，发挥水价在节约用水工作中的杠杆作用。如加快推行城镇居民用

① 赵钟楠、陈军等：《关于粤港澳大湾区水安全保障若干问题的思考》，《人民珠江》2018 年第 12 期。

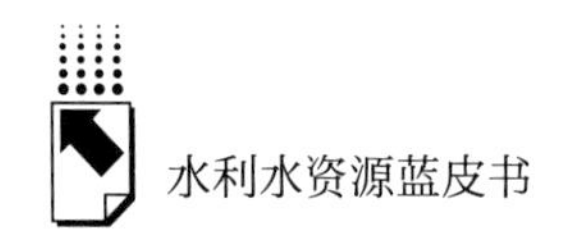

水阶梯水价制度，非居民用水超计划、超定额累进加价制度，推进农业水价综合改革，提高水资源利用效率与效益。通过水价市场化机制体现水资源稀缺程度、生态价值和环境损害成本，建立激励与约束相结合的价格机制，优化水资源配置。

（六）加强水污染防治，保障水质安全

一方面，突出抓好水污染治理。全面落实河长制、湖长制，加强水源地环境保护，完成饮用水水源保护区内环境违法问题清理整治，推进饮用水水源保护区规范化建设，确保饮用水水源安全。加强水陆统筹，强化源头控制，突出上下游、干支流联防联治，推动水生态环境持续改善。全力消除劣V类水体，深入推进“两河”、“四河”等流域综合整治，基本消除黑臭水体。推进近岸海域污染整治，加强入海排污口排查清理和监管，大力整治入海河流，完善重点海域排污总量控制制度。

另一方面，完善流域生态补偿机制，加强水污染防治。全面推进全省黑臭水体治理、山洪沟治理和练江流域综合整治等，促进水生态修复和水土保持治理。加大水土保持生态效益补偿资金筹集力度。推动在集中式饮用水水源地、重要河流敏感河段和水生态修复治理区、水产种质资源保护区、水土流失重点预防区和重点治理区、江河重要蓄滞洪区以及具有重要饮用水水源或重要生态功能的湖泊和水库库区，全面开展生态保护补偿。

（七）完善水利基础设施，扎实推进珠三角水资源配置工程建设

一方面，加快推进珠三角水资源配置工程和对澳门第四供水管道建设。在深入调研和充分论证的基础上，科学谋划、调配、管控珠江流域水资源，将西江水引至珠三角东岸，解决水资源空间分布不均衡问题，为珠三角未来经济社会发展提供水资源保障。力促对澳门第四条供水管道工程、珠海平岗—广昌原水供应保障工程尽快完成建设任务，尽力优化珠海、澳门区域水

资源配置[①]。

另一方面，加强饮用水水源地和备用水源安全保障达标建设及环境风险防控工程建设，保障珠三角以及港澳供水安全。全面排查饮用水水源保护区、准保护区内及上游地区的污染源，建立风险源名录，从源头控制隐患。加大执法力度。定期组织隐患排查活动，督促、指导饮用水水源保护区及其上游河流干支流沿线的企业落实环境安全主体责任和环境风险防控工程建设。加快建立饮用水水源环境监测预警体系。加强对饮用水水源保护区、跨界河流交界断面等重点水域的水质监测，及时掌握水质变化情况。

（八）完善水利防灾减灾机制，健全水资源管理体制

一方面，完善水利防灾减灾机制。建立群防群控的防汛抗旱组织指挥体系，加强防洪除涝工程建设，强化水利工程联合调度，全面提升防洪减灾保障能力。围绕深化安全生产领域改革，建立健全水利风险管控和隐患排查治理双重预防机制，加强水利行业日常安全监管、水利工程建设管理，坚决遏制重大安全生产事故发生。建立健全水事矛盾纠纷排查和协商机制，确保水行政决策依法落实、水利工程良性运行和水事矛盾纠纷及时化解。

另一方面，统一管理水资源使用的全过程。实施最严格水资源管理制度，加快制定珠江水量调度条例，严格珠江水资源统一调度管理。建立以流域为单元的水资源管理体制，积极推进区域水资源统一管理，统筹考虑防洪、排涝、蓄水、供水、用水、节水、污水处理及回用、地下水回灌等涉水事务，统一水资源管理的各种职能。改革流域管理体制，完善流域管理机构的设置，完善流域水资源管理的法律制度建设，强化流域水资源规划的效力。

① 朱秋菊、刘学明：《珠江三角洲水资源配置工程防洪评价要点分析》，《人民珠江》2018 年第 10 期。

B.4
粤港澳大湾区高质量建设面临的水资源约束与应对

李峥嵘　彭绪庶*

摘　要： 粤港澳大湾区水资源约束主要表现为：空间分布不均匀，供需矛盾突出，区域性资源性缺水问题严重，区域性典型水质性缺水状况较为普遍，水资源开发利用率高，水资源安全形势严峻，以及洪涝灾害频繁，防洪抗灾能力不强。针对人口、产业、地理和水资源开发利用等方面存在的原因，本文就强化粤港澳大湾区水资源保障能力提出若干对应措施和建议，包括加强珠江流域水资源统一调度管理和水环境协调监管治理；加快水资源配置工程建设，从根本上缓解大湾区资源性缺水约束；加大废污水治理和水生态修复力度，积极推进次生水利用；加强需求侧和供给侧管理，健全完善并实施最严格水资源管理制度；加快产业转型升级步伐，提升水资源利用效率；提升大湾区防洪抗旱和预防环境风险能力。

关键词： 粤港澳大湾区　水资源约束　水资源管理

---

* 李峥嵘，中国社会科学院大学（研究生院）数量经济与技术经济系技术经济及管理专业硕士研究生，研究方向为绿色发展与技术创新；彭绪庶，博士，中国社会科学院数量经济与技术经济研究所产业技术经济研究室副主任，研究员，主要研究领域为绿色发展与产业技术创新。

规划建设粤港澳大湾区，打造高质量发展的世界级城市群，形成“一带一路”建设的重要支撑和宜居宜业宜游的优质生活圈，深化内地与港澳交流合作，是新时代关系国家发展大局的重大国家战略。水资源不仅是重要的经济资源和环境要素，也是经济社会发展必不可少的基础物质资料。由于水资源和水环境承载力都是有限的，当前国内相当多地方面临“以水定产”、“以水定人”和“以水定城”等现实窘境，表明水资源量和与之相关的水环境容量已成为区域经济社会发展的刚性约束。我国南方地区虽然水资源相对丰富，但并不意味着可以高枕无忧。中央印发的《粤港澳大湾区发展规划纲要》明确提出要“强化水资源安全保障”，为粤港澳大湾区经济社会发展和高质量建设提供有力支撑，必须结合粤港澳大湾区发展实情，科学分析大湾区水资源保障能力，进行科学应对。

一　粤港澳大湾区经济社会发展的水资源保障能力分析

（一）经济社会发展和水资源保障总体概貌

粤港澳大湾区是我国经济发达地区的典型代表，经济发展居于全国领先水平。据统计，大湾区 2018 年地区生产总值（GDP）达 11 万亿元，其中内地 9 市 2018 年 GDP 约为 8.1 万亿元，人均 GDP 超过 12.86 万元，整体相当于中上等收入国家水平（见表 1）。该区域工业发达，是我国重要的制造业中心，拥有具有全球影响力的先进制造业基地。香港和澳门则全部是以服务业为绝对主体，第三产业占比均为 90% 左右。目前该区域整体上已完成工业化，2018 年内地 9 市农业产值占比仅为 1.5% 左右，工业占比约为 41%。同时，粤港澳大湾区也是我国最重要的城市群之一，区域城镇化水平高，平均接近 80%。

表 1　2012～2018 年粤港澳大湾区部分城市经济与社会发展部分指标统计

单位：亿元，万人

区域	项目	2012 年	2013 年	2014 年	2015 年	2016 年	2017 年	2018 年
广州	GDP	13697. 91	15663. 48	16896. 62	18313. 80	19782. 19	21503. 15	22859. 35
	人口	1283. 89	1292. 68	1308. 05	1350. 11	1404. 35	1449. 84	1490. 44
深圳	GDP	13319. 68	14979. 45	16449. 48	18014. 07	20079. 70	22490. 06	24221. 98
	人口	1054. 74	1062. 89	1077. 89	1137. 87	1190. 84	1252. 83	1302. 66
珠海	GDP	1536. 74	1709. 63	1901. 42	2066. 35	2267. 02	2675. 18	2914. 74
	人口	158. 26	159. 03	161. 42	163. 41	167. 53	176. 54	189. 11
佛山	GDP	6677. 17	7117. 48	7561. 37	8133. 66	8757. 72	9398. 52	9935. 88
	人口	726. 18	729. 57	735. 06	743. 06	746. 27	765. 67	790. 57
惠州	GDP	2407. 01	2738. 80	3035. 25	3178. 68	3453. 14	3830. 58	4103. 05
	人口	467. 40	470. 00	472. 66	475. 55	477. 50	477. 70	483. 00
东莞	GDP	5095. 96	5590. 57	5968. 38	6374. 29	6937. 08	7582. 09	8278. 59
	人口	829. 23	831. 66	834. 31	825. 41	826. 14	834. 25	839. 22
中山	GDP	2482. 58	2692. 96	2865. 19	3052. 79	3248. 68	3430. 31	3632. 70
	人口	315. 50	317. 39	319. 27	320. 96	323. 00	326. 00	331. 00
江门	GDP	1899. 14	2020. 13	2104. 80	2264. 19	2444. 09	2690. 25	2900. 41
	人口	448. 27	449. 76	451. 14	451. 95	454. 40	456. 17	459. 82
肇庆	GDP	1477. 78	1685. 15	1857. 61	1984. 02	2100. 64	2110. 01	2201. 80
	人口	398. 23	402. 21	403. 58	405. 96	408. 46	411. 54	415. 17
大湾区	GDP	48593. 96	54197. 64	58640. 12	63381. 85	69070. 26	75710. 14	81048. 50
	人口	5689. 64	5715. 19	5763. 38	5874. 27	5998. 49	6150. 54	6300. 99

注：（1）人口指年末常住人口；（2）大湾区此处统计不包括香港和澳门。

资料来源：根据各城市统计年鉴和 2018 年各城市国民经济和社会发展统计公报计算而得。

粤港澳大湾区位于珠江流域，总体来看，年均降雨量高达 1700 毫米左右，水资源较为丰富。但由于经济发达，人口稠密，人均可利用水资源和单位产出可用水资源并不高。例如，不包括香港和澳门，2017 年大湾区 9 市平均人口密度约为 1148 人/平方公里，平均单位面积产出约为 1. 48 亿元/平方公里。广州、深圳、东莞和佛山人口密度都超过了 2000 人/平方公里，深圳市人口密度更高，达 6272 人/平方公里。因此，这些城市人均水资源拥有量实际上相当低。以深圳市为例，据深圳市水务局统计分析，深圳市人均水资源拥有量仅为 160 立方米，为全国平均水平的 1/12 和广东省平均水平的

1/11，用水总量已逼近水资源供应的极限。至于香港和澳门地区，更是主要依靠内地供水才能维持经济社会正常运转。

另外，有研究[1]预测指出，大湾区仍将是未来一段时间内我国经济最具活力的地区之一，不包括香港和澳门，内地9市人口和经济仍将保持较快增速，预计到2021年，9市常住人口将达到约6842万人，其中深圳市常住人口增长最快，将达到1415万人。9市GDP将超过9.8万亿元。因此，必须将水资源保障问题放到战略高度加以重视。

（二）经济社会发展与水资源承载力分析

在经济社会系统中，水资源主要是作为物质资料维持经济社会的正常运行和社会再生产的扩大。在一定技术条件和经济社会发展水平下，水资源的功能是确定的，必须满足适当规模、科学配置、有效利用和水资源供需平衡以及水生态系统平衡，才能实现经济社会发展的最大供给。水资源承载力（Carrying Capacity of Water Resources）衡量的就是水资源在特定技术经济条件和维持自身良好生态条件下，水资源对区域经济社会发展的最大保障支撑能力，或者说能承载的产业、城乡和人口等规模的能力，也被称为水资源承载能力。

尽管学界对水资源承载力有不同理解，但从可持续发展角度来看，由于水资源承载力不是简单强调单一水资源规模（数量）或水资源质量，而是综合考察区域内人口、经济与水资源的数量、质量及生态环境的协调发展水平，因此水资源承载力无疑是区域经济社会发展所面临的水资源约束综合度量。

范嘉炜等[2]研究了粤港澳大湾区内地9市最新水资源承载力情况，将水资源－经济－环境系统分为5个子系统：水资源数量子系统、社会经济子系统、用水水平子系统、水资源质量子系统和生态环境子系统，将水资源承载

---

① 东童童、邓世成：《粤港澳大湾区经济发展趋势：基于大湾区九市的新城代谢模型预测》，《广东行政学院学报》2019年第3期。

② 范嘉炜、黄锦林、袁明道、张旭辉、谭彩：《基于子系统熵权模型的珠三角水资源承载力评价》，《水资源与水工程学报》2019年第3期。

力分为5级，其中Ⅰ级表示水资源承载力高，即对区域内人口－经济－资源－环境协调发展具有较高承载力，Ⅱ级表示水资源承载力一般，即水资源基本能够保证区域内人口－经济－资源－环境的协调发展，Ⅴ级表示水资源承载力低下，即无法支撑区域内人口与经济社会协调发展，是经济社会协调发展的重要制约因素。该研究发现，除惠州、肇庆和江门外，其他6市水资源承载力均不甚乐观，其中深圳、佛山和珠海3市水资源供给已无法满足经济社会发展需求，深圳、广州、东莞、佛山、珠海等水资源开发利用水平较高，已趋于达到饱和。即便肇庆和江门水资源承载力总体较好，但水资源利用等级却很低，表明水资源利用效率并不高（见表2）。

表2　大湾区9市水资源承载力评价

分类	广州	深圳	佛山	中山	东莞	珠海	惠州	江门	肇庆
水资源数量等级	Ⅳ	Ⅴ	Ⅳ	Ⅳ	Ⅴ	Ⅳ	Ⅰ	Ⅱ	Ⅰ
社会经济等级	Ⅳ	Ⅴ	Ⅳ	Ⅳ	Ⅲ	Ⅳ	Ⅱ	Ⅰ	Ⅰ
用水水平等级	Ⅱ	Ⅰ	Ⅲ	Ⅲ	Ⅱ	Ⅱ	Ⅳ	Ⅴ	Ⅴ
水资源质量等级	Ⅲ	Ⅰ	Ⅰ	Ⅱ	Ⅳ	Ⅱ	Ⅱ	Ⅲ	Ⅰ
生态环境等级	Ⅲ	Ⅴ	Ⅳ	Ⅰ	Ⅲ	Ⅳ	Ⅰ	Ⅲ	Ⅰ
总等级	Ⅳ	Ⅴ	Ⅳ	Ⅳ	Ⅳ	Ⅳ	Ⅰ	Ⅱ	Ⅰ

（三）经济社会发展与水资源脆弱性分析

水资源脆弱性分析是综合考虑在全球气候变化、人口变化与经济活动等背景下，水资源系统容易受到自然与人为因素干扰和调控后恢复到初始状态的能力的性质。与水资源承载力的概念类似，尽管学术界对水资源脆弱性的概念、指标体系和分析评价方法等并未取得共识，但随着研究不断深入，水资源脆弱性分析评价的对象已全面拓展到包括地下水到地表水的全部水资源范围，分析评价的重要性和必要性逐步获得认可。

马芳冰等①从暴露度、敏感性和适应能力三个维度研究了大湾区内地9

① 马芳冰等：《水资源脆弱性评价研究进展》，《水资源与水工程学报》2012年第1期。

市水资源脆弱性状况，其中暴露度主要是指水资源系统受自然和人类活动冲击的影响程度，主要包括人口和经济分布、用水和排污分布、土地利用、水资源短缺状况和极端气候状况；敏感性则指水资源数量、质量、供水和水环境容量等结构和功能特征受环境变化的影响程度，主要体现为对经济和人口的承载状况，包括水资源数量和质量等的水资源禀赋及其开发利用状况；适应能力则是指水资源系统通过工程与非工程措施和手段处理和适应环境变化的恢复能力，主要包括经济、社会、环保和水利条件。

研究[①]发现，深圳、东莞和中山为典型水资源脆弱性上升型城市，2000～2015年，由于房屋建筑面积的比值与人口密度增加，水资源暴露度脆弱性显著上升，水资源脆弱度持续呈上升趋势。深圳更是典型代表，主要是由于经济快速增长，人口密度持续增加，带来高用水、高排水和高住房需求，形成水资源系统的强烈干扰，加剧了水资源供需矛盾。按照国际水资源安全标准，这三个城市都属于极度缺水城市，人均本地水资源数量仅为国际水紧张警戒线的19%。佛山、广州和珠海属于水资源脆弱性稳定型城市。由于人口不断增长，按人均本地水资源计算，这3个城市从轻度缺水城市变为重度缺水城市。肇庆、惠州和江门属于水资源脆弱性下降型城市，主要得益于近年来工业废水达标排放率、蓄水工程保证率等指标的上升。以肇庆市为例，1985～2015年，水利工程建设增加了水库总库容10%，蓄水工程保证率达到60%，增加了22个百分点，工业废水达标排放率达到95%，增加了45个百分点。

二　粤港澳大湾区水资源约束问题的基本表现与原因

（一）水资源约束问题基本表现

由于粤港澳大湾区处于降水和水资源相对丰富的南方地区，在一定程度

① 林钟华等：《变化环境下珠三角城市群水资源脆弱性评价》，《中山大学学报》（自然科学版）2018年第6期。

上掩盖了该区域经济社会发展面临的水资源约束问题，但也从侧面说明大湾区水资源约束问题具有复杂性，需要从多维角度进行分析和正视。

一是空间分布不均匀，供需矛盾日益尖锐，区域性、资源性缺水问题严重。

上述分析表明，大湾区内部水资源保障能力差异较大，广州、深圳、东莞、佛山、珠海和中山等城市都面临不同程度的水资源保障问题。仅从水资源量来看，广州等城市虽然水资源总体丰富，能满足经济社会发展需求，但人均水资源可利用量并不高，低于全国平均水平。水资源利用主要依赖于客水，尤其是要依赖各种水利工程。因此，广州、佛山等城市在枯水等特殊年份，水资源供需的矛盾就会特别突出。这在广州市区和花都、从化等地区表现尤为明显。深圳和东莞两市现在则已经处于资源性缺水状态。如图 1 所示，近年来，深圳市由于人口和经济增长，供水总量已接近或超过水资源总量，供水形势极为严峻。根据现有珠三角地区供水水源布局和水资源供需平衡分析[①]（见表 3），到 2030 年和 2040 年，广州南沙新区、深圳和东莞三地

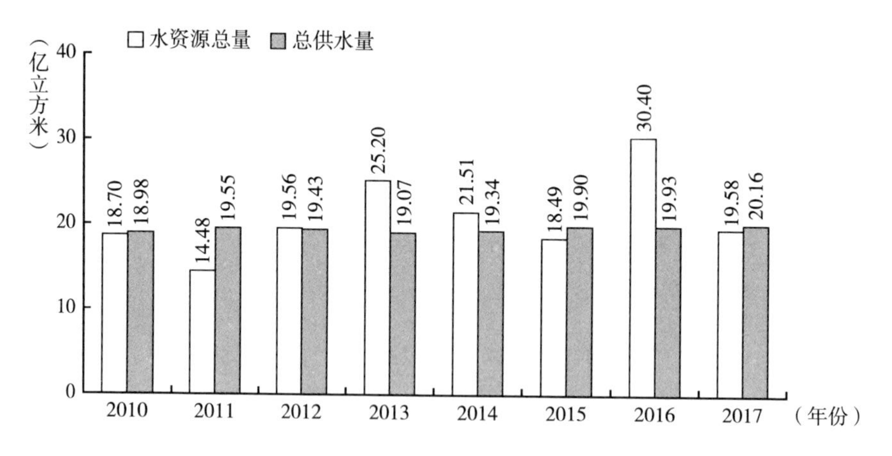

图 1　深圳市水资源保障统计

资料来源：深圳市水务局，http://swj. sz. gov. cn/sjfb/。

① 广东省供水工程管理总局、珠江水资源保护科学研究所：《珠江三角洲水资源配置工程环境影响报告书（公示版）》，http://www. gdwater. gov. cn/xxgk/006939748/201711/t20171121_274746. htm，最后检索时间：2019 年 11 月 30 日。

缺水量将分别达13.25亿立方米和17.68亿立方米。香港和澳门则主要依靠内地供水，本地水资源保障率不足10%。

表3　未来大湾区3地（市）水资源短缺情况估算

地区	2030年			2040年		
	生活缺水量	工业缺水量	总缺水量	生活缺水量	工业缺水量	总缺水量
南沙新区	3.24	0.88	4.12	3.92	0.97	4.9
深圳市	5.81	1.37	7.18	6.96	1.59	8.56
东莞市	1.03	0.92	1.95	2.45	1.77	4.21

注：各指标为多年平均值，数据单位为亿立方米；东莞市2040年另有0.01亿立方米农业缺水。

资料来源：作者根据《珠江三角洲水资源配置工程环境影响报告书（公示版）》整理，参见广东省水利厅：http：//www.gdwater.gov.cn/xxgk/006939748/201711/t20171121_ 274746.htm。

二是现有水资源开发利用高，水资源安全形势日益严峻。

整体来看，粤港澳大湾区供水主要依靠东江。东江流域水资源人均占有率低，仅为西江的8.5%。目前东江水资源开发利用率高达38.3%，接近40%这一国际公认的警戒线，很难继续在现有水资源供给基础上挖掘开发利用潜力。从水资源自然供给来看，不仅大湾区水资源空间分布不均，其所在的珠江三角洲地区水资源供给时间上分布也不均。尤其是近年来，受全球气候变化影响，极端天气和重特大干旱天气频繁，影响威胁水资源安全保障。解决珠江流域水资源空间分布不均匀，开发利用不平衡，优化区域水资源配置，保障粤港澳大湾区高质量建设和经济社会高质量发展，已成为迫在眉睫的重大现实需求。

三是污染减排压力巨大，形成区域特有的水质性缺水状况。

珠三角地区土地面积占全国国土面积的比例不足2%，但该区域化学需氧量排放量和氨氮排放量分别占全国总排放量的7%左右和9%左右，单位地表水资源化学需氧量排放强度和氨氮排放强度远超全国平均水平，水污染减排压力巨大。这也大大压缩了大湾区各城市的水资源保障能力。以深圳市为例，深圳主要河流化学需氧量和氨氮可用环境容量分别为4.74万吨和.24万吨，但目前年入河污染物量分别超过8万吨和0.8万吨，远超河流水环境容量。因此尽管近年来加大水体污染治理，区内重点河流水质不断好转，但截至2019年9月，深圳市内重点河流中观澜河企坪断面、深圳河河口断面、茅洲河洋涌大桥断面水质监测均为Ⅴ类，未达到水质目标；龙岗河西湖村断面、茅洲河共和村（左、右）断面水质均为劣Ⅴ类，水质未达标①。由于工业污染规模大的形势尚未根本扭转，随着人民生活水平上升，人口规模增加，生活废水排放量不断攀升，水污染正加快由以工业源污染为主向生活源污染为主转变，区域特有的水质性缺水状况不仅没有得到根本扭转，相反正呈范围不断扩大的趋势。

四是洪涝灾害频繁，防洪抗灾能力有待提升。

珠江是我国南部最大的河流，流域水资源总量仅次于长江，居我国第二位，其中东江、西江和北江具有珠江独特的“三江汇集，八口分流”水系特征。大湾区在地理位置上位于珠江下游平原，地势低平，极容易受到台风、暴雨和干旱等极端天气影响，导致洪涝灾害较为频繁，给人民群众生产生活和区域经济社会发展造成极大威胁。据统计②，从20世纪90年代开始，珠江先后发生8次大洪水和特大洪水，1990～2011年洪灾造成流域直接经济损失超过5100亿元。以1994年珠江特大洪水为例，造成近300亿元直接经济损失，珠三角受灾农田面积达45.6万亩，受灾人口达378万人，广州也未能幸免。据新华社报道，由于2018年8月末持续性强降雨，包括大湾区9市在内的13个城市受到严重影响，广东全省受灾人口高达123.7万人。与此同时，由于区域经济发达，人口稠密，人地矛盾较为突出，水库和防洪抗灾工程设施建设受到一定影响。防洪体系工程不健全，工程设施标准低，部分地区隐患问题和短板多的现象比较突出，必须要整体考虑，统筹提升防洪抗灾能力。

（二）水资源约束问题的主要原因

在水资源总量相对丰沛的情况下，粤港澳大湾区水资源仍面临各种不同形

---

① 深圳市生态环境局：《2019年9月深圳市重点河流水质状况》，http：//meeb.sz.gov.cn/ztfw/zdlyxxgk/shjyb/201909/t20190930_18239521.htm，最后检索时间：2020年3月4日。

② 中华人民共和国水利部：《珠江防汛抗旱工作情况介绍》，http：//www.mwr.gov.cn/ztpd/2012ztbd/xzjhkfx/ckzl/201206/t20120604_323179，最后检索时间：2020年3月4日。

式约束，反映出其受到了人口、经济、自然地理和管理等多种因素的共同作用。

首先，人口密度高，经济发达，尤其是产业结构中耗水型产业比重相对较高是主要原因。

无论是深圳、东莞等部分城市的资源性缺水，还是多数城市面临的水质性缺水，首先是因为该区域是我国人口密度最高、经济发达的地区之一。即便是在大湾区内部，深圳、广州和东莞面临的资源性缺水和水质性缺水问题，也全部主要是因为城镇化比重高，人口规模和经济规模大，单位面积内的人口密度和产出密度高。

与其他国际著名湾区相比，包括香港和澳门在内，如表4所示，粤港澳大湾区的人口密度和单位面积产出并不高，面临水资源约束表明主要是因为单位产出耗水较高的工业比重高，第三产业发展相对不足。纽约湾区和旧金山湾区分别以金融产业和科技产业为主，被称为金融湾区和科技湾区。这两大湾区第三产业比重均超过82%。东京湾区虽然拥有日本京滨、京叶两大工业带，密集布局了钢铁、石油化工、装备制造等耗水较高的产业，但实际上也是以服务业为主导，第三产业占比超过82%。粤港湾大湾区是我国重要的制造业基地，其中东莞、中山、惠州、佛山等城市都是以制造业为主导的优势产业。包括香港和澳门在内，粤港澳大湾区整体的第三产业占比仅为62.2%。仅看内地9市，如图2所示，尽管第二产业比重不断下降，但占比仍高达41.7%。佛山和惠州两城市第二产业比重均超过50%。

通过进一步分析可以发现，内地9市中，除深圳和东莞等少数城市外，多数城市制造业内部结构中产业结构高端化水平不够，耗水和排污规模大的产业规模和占比较高。例如，2017年，耗水和污水排放规模较大的医药和化学制造业分别是广州市第一大产业，珠海市第三大产业，佛山市第四大产业，惠州市第二大产业，肇庆市第二大产业。由于耗水型产业比重高，即便从高技术产业占比较高的深圳来看，2015年的一份统计显示，深圳市单位面积化学需氧量和单位面积氨氮排放量是珠三角地区平均值的4.7倍和6.0倍，更是全国平均值的18.0倍和27.8倍。在珠三角地区中，造纸、纺织、食品和装备制造四个产业化学需氧量和氨氮排放量分别占区域工业总排放量的 84.9% 和 79.5%，其中仅造纸和纺织两个行业的污染负荷贡献即超过 45%。在东莞和江门，造纸行业化学需氧量和氨氮排放量占区域总排放量的比重分别超过 60% 和 48%①。水资源质量和水质性缺水问题的严峻性由此可见一斑。

表 4　粤港澳大湾区与国际著名湾区比较（2017）

湾区	面积（万平方公里）	人口（万人）	GDP（万亿美元）	人均 GDP（万美元）	第三产业占比（%）	GDP 占全国比重（%）
东京湾区	3.68	4347	1.80	4.1	82.3	41.0
纽约湾区	1.74	2340	1.40	6.9	89.4	7.7
旧金山湾区	1.79	715	0.76	9.9	82.8	4.4
粤港澳大湾区(9+2)	5.60	6671	1.36	2.0	62.2	10.8

注：不同研究对湾区定义和范围不同，不同研究的同一指标不可简单比较。
资料来源：郑宇劼：《粤港澳大湾区：起点、痛点与奇点》，《经贸实践》2017 年第 8 期。

表 5　粤港澳大湾区 9 市制造业大类行业占城市 GDP 的比重

单位：%

城市	医药和化学制造业	矿物制品、金属及金属冶炼制品业	计算机、通信和其他电子设备制造业	仪器仪表、文体办公用品制造业	纺织服装、皮革及鞋业	烟酒、食品制造及食品加工业	专用设备制造业	电气机械和器材制造业
广州	2.08	0.84	1.76	0.41	0.89	1.96	0.30	0.74
深圳	0.70	1.15	21.28	1.18	0.66	0.57	1.59	2.36
珠海	3.79	2.45	7.56	0.72	0.72	1.12	1.51	11.99
佛山	2.31	9.96	1.95	1.10	3.38	2.02	1.79	11.24
惠州	4.56	3.16	19.07	0.97	3.34	0.88	0.68	2.77
东莞	1.08	3.83	17.55	2.34	3.79	1.21	1.75	3.88
中山	2.54	2.70	3.88	1.64	3.12	1.27	0.71	5.67
江门	1.74	6.19	2.46	0.36	2.77	7.20	0.87	3.63
肇庆	2.22	9.95	1.65	0.75	1.76	1.04	0.59	0.55

① 龙颖贤等：《珠三角地区水环境质量变化趋势及成因》，《环境影响评价》2018 年第 5 期。

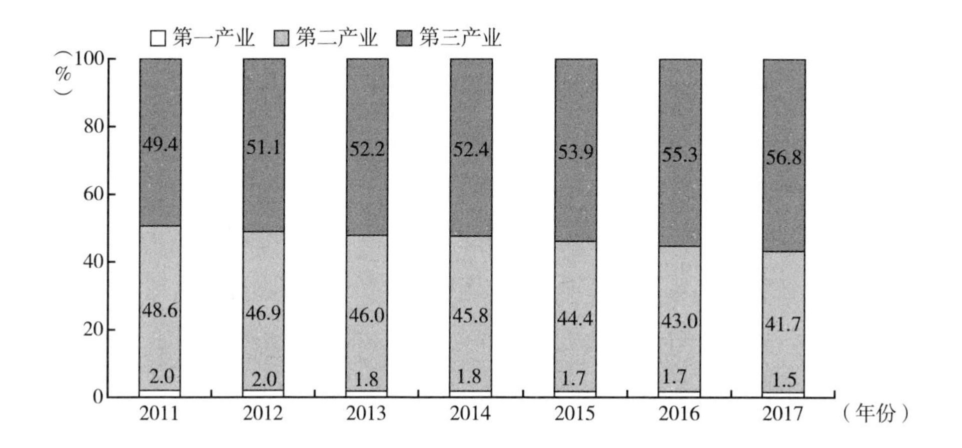

图 2　粤港澳大湾区 9 市产业结构演变

其次，区域地理与气候特征加剧了自然降水利用的困难。

一方面，粤港澳大湾区虽然年降雨量在 1800mm 左右，雨水丰富，但整体均处于季风区，降水季节分配不均，其中雨季（4 ~9 月）比较容易受台风影响，多暴雨，雨季降水量占全年降水量比重在 80% 左右，而旱季降水量只占 20% 左右。地理上，粤港澳大湾区主要是平原，人口稠密，工业发达，土地资源紧张，缺乏建造大型水库的地理条件，主要是以中小型水库为主，自然降水蓄积利用较为困难。部分经济发达城市如深圳、香港等，境内缺乏较大的自然江河，水资源主要依靠工程调度从东江引入。但由于水资源时空分布不均，东江干流水资源开发利用率已近极限，大湾区整体现有水资源调配能力已无法满足水资源配置需要。

另一方面，粤港澳大湾区位于珠江三角洲的感潮河段，面临海水倒灌、盐水上溯的威胁。尤其是近年来受气候变化影响，加上部分地区河道采砂改变河床，珠江河口咸潮上溯频率加快，咸潮持续时间长，影响范围大，危害明显加大。据统计，近 50 年来严重咸潮年份有 10 年，部分年份咸潮甚至影响到了大湾区大部分地区。咸潮问题不仅导致可利用淡水资源减少，影响大湾区供水安全，甚至成为区域经济发展和社会稳定的重要影

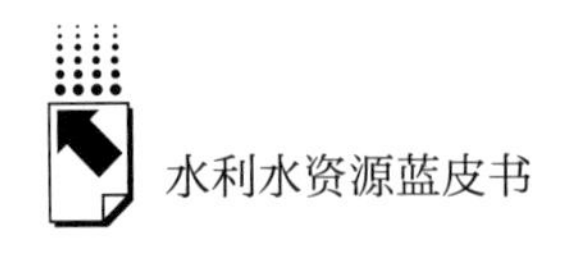

响因素[①]。

最后，节约用水意识和水资源管理有待加强，水资源利用效率整体不高。

以用水定额为例，《广东省用水定额》（DB44T1461－2014）规定，特大城镇（人口100万以上）和大城镇居民生活用水定额分别为200升/（人·日）和185升/（人·日），珠三角地区农村居民定额标准为150升/（人·日）。深圳市生活用水定额则规定，特区内家庭住宅定额标准为280～300升/（人·日），宝安用水定额标准为250～280升/（人·日）。虽然深圳等城市实际城镇居民人均生活用水远低于该标准，但从标准设定远超全国用水定额标准来看，其节约用水意识有待加强。

2015年，珠江区单位GDP用水量和单位工业增加值用水量分别为80立方米/万元和45立方米/万元，其中大湾区（不含香港和澳门）万元GDP约为61立方米，大约相当于美国2012年用水量，相当于2012年日本和德国用水量的2.7倍和3.7倍[②]（见图3）。粤港澳大湾区内地9市不仅和香港等国际性都市存在较大差距，与京津冀等北方高水平节水地区也存在一定差距[③]。近年来，得益于节水型社会建设和产业升级，以深圳为代表的部分城市水资源利用效率提升较快，但粤港澳大湾区整体水资源利用效率仍有较大提升空间。

从产业用水来看，大湾区第一产业占比虽然不足2%，但由于是以水稻种植为主，加之处于自然降水丰沛地区，农业节水缺乏足够动力和足够重视，农业用水占比较高，也挤占了工业生产和生活用水需求。以深圳市为例，2016年深圳市农业用水8030.20万立方米，占总用水量的4.03%，但深圳农业生产总值占比不足1%。农田灌溉亩均用水量超过586立方米[④]。大水漫灌造成水资源浪费，由此可见一斑。

---

① 张旭、李敏、郑冬燕：《珠江流域水资源配置总体格局》，《人民珠江》2013年第Z1期。

② 龙颖贤等：《珠三角地区水环境质量变化趋势及成因》，《环境影响评价》2018年第5期。

③ 张旭、李敏、郑冬燕：《珠江流域水资源配置总体格局》，《人民珠江》2013年第Z1期。

④ 深圳市水务局：《2016深圳市水资源公报》，http://swj.sz.gov.cn/xxgk/zfxxgkml/szswgk/tjsj/szygb/201711/P020171108613385083907.pdf，最后检索时间：2019年12月6日。

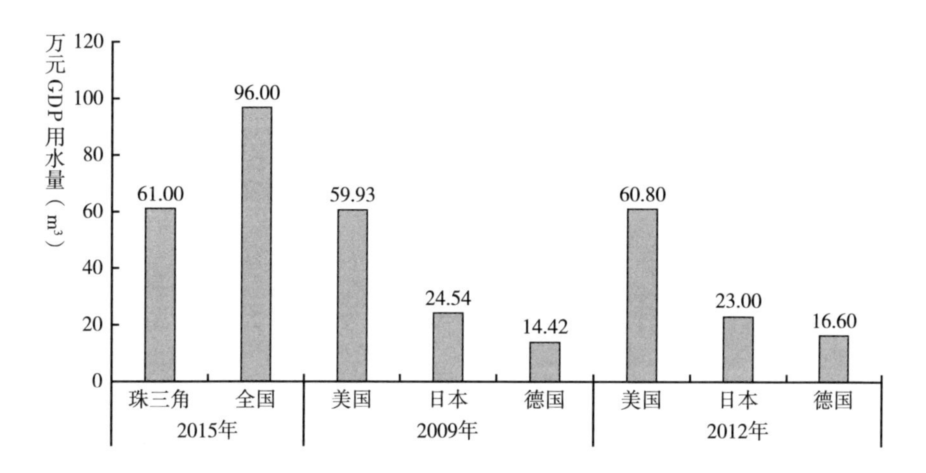

图3　大湾区与部分国家水资源效率比较

三　强化大湾区经济社会发展水资源保障能力的若干应对措施建议

（一）加强珠江流域水资源统一调度管理和水环境协调监管治理

粤港澳大湾区同饮一江水。无论是对水资源的取用还是水生态的破坏，都会影响到区域内其他城市。规划建设粤港澳大湾区，就是要树立全流域一盘棋的思想，从保障饮用水安全出发，综合考虑区域内各城市经济社会发展与流域航运、水电、生态环境等需求，科学探索建立流域水资源统一调度制度。因此，在粤港澳大湾区建设领导小组领导下，广东省政府和香港、澳门两特区政府应与珠江水利委员会协作，共同建立珠江流域水资源统一调度管理的组织机制和管理框架，确保统一调度管理落到实处。同时，加快研究并推动尽快出台“珠江水量调度条例”，使区域内水资源统一调度制度化。

在水资源统一调度的基础上，广东省应协调内地9市建立珠江流域水环境协调监管和水污染防治制度，并研究与东江和西江上游地市（省区）建立环境监管协调制度，共同推动改善流域水环境，缓解水质性缺水难题。另外，单纯从水环境的角度来看，大湾区水环境不仅涉及陆域中的珠江流域，还涉及近海和海域。但由于污染源头在岸上，解决水环境问题不能各自为政，必须从全局角度，建立区域水环境整治和保护的统筹协调机制，才能发挥监管和治理的最大效力。

（二）加快水资源配置工程建设，根本缓解大湾区资源性缺水问题

由于香港、澳门和深圳等都主要是依靠东江供水，而东江径流量小，水资源开发利用率已近极限，未来从根本上破解粤港澳大湾区资源型缺水问题还是需要加快水资源配置工程建设，包括因地制宜在各城市修建拦水工程、水库和调水（供水）工程等。当务之急则是加快研究实施好具有战略性和全局性意义的珠江三角洲水资源配置工程，即研究从西江引水，自西向东通过干线调蓄，依次经过佛山、中山、广州南沙、东莞和深圳，用“长藤结瓜”的方式将沿途水库、地下暗河与河道串联，实现东西江连通。既解决大湾区内地大部分城市面临的水资源短缺问题，又可以通过东江和西江两水相互调度，从根本上实现区域水源性事故调度、枯水期调度和检修期调度[①]。同时，在此基础上，可以进一步提升强化东（江）（香）港供水和澳门第四供水管道建设完成后的供水保障。

此外，由于珠江流域受季风气候影响，雨季旱季分明，且不同年份容易出现洪灾或旱灾，为从根本上保障粤港澳大湾区经济社会发展的水资源需求，还需要从珠江全流域的角度统筹考虑水资源调配体系建设，即在西江上游广西和北江上游江西境内兴建大型水利骨干枢纽工程，承担水资源调配任务[②]。

---

① 戴韵、杨园晶、黄鹄：《粤港澳大湾区水资源配置战略思考》，《城乡建设》2019 年第 12 期。

② 刘喜燕、席望潮：《珠江流域水资源调配骨干体系研究》，《人民珠江》2010 年第 Z1 期。

专栏1　东深供水工程

东深供水工程是为香港、深圳及工程沿线东莞8镇提供水源的跨流域调水工程，是粤港澳大湾区合作促进水资源保障的战略性工程，担负着三地2400多万居民生活、生产用水重任。工程自1965年3月建成向香港供水开始，先后历经1974年、1981年和1990年3次大规模扩建和2003年大规模改造，迄今已安全优质供水50多年，为香港的繁荣稳定、深莞地区的加速发展做出了重要贡献。

东深供水工程北起东莞市桥头镇东江取水口，南至深圳市深港交界处的三叉河交水点，全长68公里。工程主要由6座泵站、2座中型调节水库和配套输水建筑物、分水建筑物、生物硝化站等组成，工程设计流量100立方米/秒，设计供水保证率99%，设计供水能力为24.23亿立方米/年，其中香港为11亿立方米/年，深圳为8.73亿立方米/年，东莞工程沿线8镇为4.0亿立方米/年。自建成运行50多年来，东深供水工程累计供水量接近500亿立方米。目前香港用水的70%～80%，深圳用水的50%以上，东莞沿线8镇用水的50%以上，都来自东深供水工程，供港水质达到国家地表水Ⅱ类标准。

为保障供水水质和供水安全，1998年，工程在深圳水库东江水入口处配套建设原水生物硝化处理工程，设计日处理水量400万立方米，在目前世界上同类工程中规模最大。经过生物硝化处理后，可以使氨氮浓度降低75%，溶解氧增加35%以上，供水水质大大提升。与此同时，工程全线采用计算机监控系统，建设水质监测中心，建成国家实验室认可（CNAS）的专业水质检测实验室，能力覆盖国家地表水环境质量标准、生活饮用水卫生标准和城镇污水处理厂污染物排放标准的全部水质500多项指标，并具备部分世界卫生组织饮用水标准指标等非国标水质指标的检测能力。东深供水工程已成为科技供水和智慧供水的样本工程。

（三）加大废污水治理和水生态修复力度，积极推进次生水利用

水质性缺水是粤港澳大湾区日益面临的突出水资源约束，“治污”是缓解水资源约束的根本，因此必须把改善流域水质作为应对水质性缺水和改善区域宜居条件，推进生态文明建设的必要举措。随着人口增加和人民生活水平提高，废污水正在或将实现从工业废水为主向生活污水为主的转变。城镇居民和服务业生活污水不同于工业废水，由于城镇化建设和城镇更新改造，生活污水呈现点多面广的状况，必须加大力度扩大生活污水回收范围，实现生活污水应收尽收。同时，加强城镇雨污分流设施体系建设，减少生活污水处理压力。

对于工业废水，由于部分城市中小企业较多，需要有针对性地在中小企业集聚地区建设集中污水处理厂。对于现有废水自行处理的企业，加强废污水排放检测，引导和支持提升处理和排放标准。

对于公共水体，首要的是继续加大力度治理黑臭水体，要确定在2020年前彻底消灭黑臭水体。在此基础上，各地要研究制定水生态治理和修复规划，有计划、有步骤地采取针对性措施改造修复公共水体，恢复和增强水生态系统自我修复能力。如改善珠三角地区水网连通性，促进水体和水生态系统循环；加强水库、湖泊、重点河道、河涌等水体的修复工程建设等①。

专栏2　广州东山湖水质提升工程

东山湖公园是广州市四大人工湖公园之一，位于越秀区中心地带。公园以湖景为主，湖面面积约33.5万平方米，库容达50万立方米，1963年就被评为“羊城八景”之一——“东湖春晓”。近年来，由于种种原因，东山湖水体呈现富营养化状态，水质仅为劣V类，水体发绿，透明度不高，逐渐失去景观功能，也对周边环境造成了不同程度的负面影响。为了响应国家

① 钱树芹：《浅谈珠江流域水生态现状及保护与修复措施》，载中国水利协会主编《中国水利学会2013学术年会论文集——S1水资源与水生态》，2013。

“十三五规划”、“水十条”等环保政策对水环境整治改善的总体要求，广州市越秀区建设与水务局决定改善东山湖湖体水质，实施东山湖水质提升项目，并将其列入越秀区治水重点工程。

2017年9月至12月，粤海水务牵头组建强有力的技术支撑团队，联合华南理工大学、暨南大学、同济大学等多家高校，运用各方在水环境综合治理领域的研究成果，同时融入智慧水务技术与理念，通过“水生态修复、水质原位净化、智慧管控”等综合性技术手段，实现了东山湖水质提升到地表Ⅳ类目标。

东山湖水质提升项目的目标是重新构建水体生态系统，恢复水体自净能力，在水质提升的同时满足景观需求。整体治理思路如下。

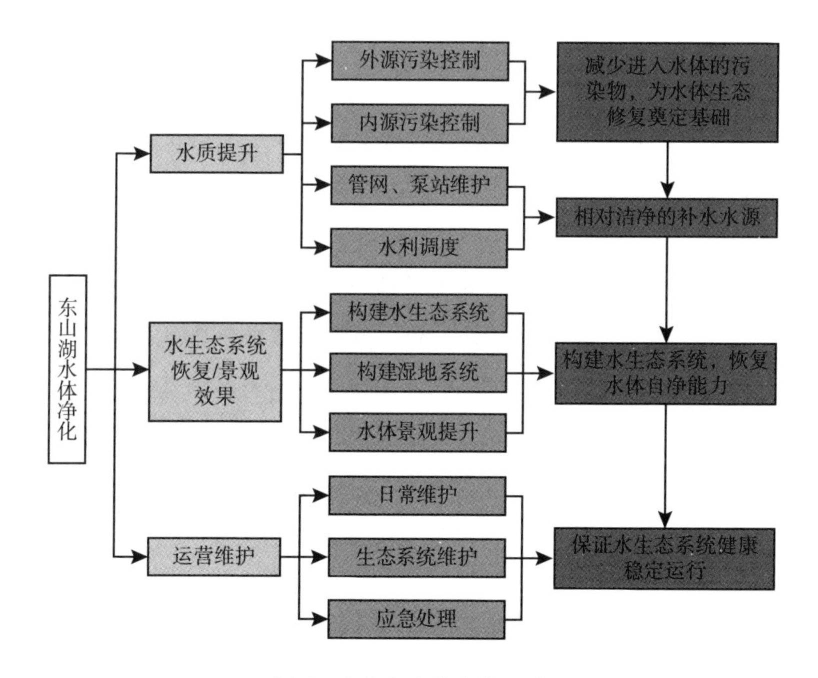

图4　东山湖水体净化思路

该项目的技术核心是构建水体水生态系统。水生态系统恢复方案主要从前期预处理措施、沉水植物种植、食物网构建、湖水循环及曝气系统、主动式浮岛5个方面着手。其中，主要措施为沉水植物种植，通过营建较为稳定

图5　东山湖项目范围

的以沉水植物苦草、黑藻、金鱼藻等为主的生态系统，大幅提升东山湖生态系统稳定性及自净能力。另外，向水体投放土鲮鱼控制蚊虫滋生，并投放白鲢、花鲢、黑鱼、底栖螺、贝类等水生动物，完善水生态系统食物链食物网，丰富生态系统结构，进而实现水生态系统的全面恢复。

在构建水体水生态系统的基础上，进一步开发一体化水质处理设施，达到外源污染应急削减、东山湖水源补给、日常水质提升等效果。为满足景观需求，打造湖体和东岛湖岸景观工程，并建设水生态培训教育基地。为保障东山湖水质提升工程实施效果，配套构建针对一体化应急处理设施运行控制、湖体水质数据监测、湖体生态系统监控三位一体的智慧水务体系，对东山湖项目的智慧管控，实时监控，实时反馈。

项目实施至今已近两年，目前主要水质指标基本可达到地表Ⅲ类标准，湖区水体透明度见底或超过1.5米，整体水生态环境得到根本性改善，得到了周边群众的赞誉，切实改善了河涌水生态环境，实现了还老百姓清水绿岸的愿景。

从水质性缺水的角度看，治污的目的不仅仅是实现水资源的可用性。因此，在废污水处理的基础上，要加大力度发展再生水，有计划地在城市中推广再生水利用，替代淡水。通过提升废污水处理标准，逐步扩大以高标准达标废水作为景观水利用，以多种形式次生水利用扩大水循环使用，减少淡水资源需求。

（四）加强需求侧和供给侧管理，健全完善并实施最严格水资源管理制度

节约用水既是美德，也是大湾区应对水资源约束的内在需要。坚持节约优先的原则，首先是需要加强需求侧的管理，包括完善技术手段和价格手段，强化不同产业、城镇商业服务和居民家庭用水定额管理；其次是要加强节水技术研发，推广先进节水技术和节水设备。研究制定用水效率红线控制管理制度，严格实施取水许可证制度。同时，珠江委要科学制定流域水量和珠江三角洲水资源配置工程的水量分配方案，严格控制各城市取用水量。各地要健全完善水资源费和水污染处理费征收、使用和管理制度，建立水资源有偿使用和阶梯制水价制度，以经济杠杆强化需求管理。

专栏3　香港节水潜力估算和节水计划

近年来，虽然香港人口年均增长0.7%，但人均用水量从140立方米/（人·年）（1999~2008年估算）下降到133立方米/（人·年）（2009~2018年估算），因此香港用水总量仍控制在10亿立方米左右。按现有人口增长估算，到2040年香港人口将增长至820万，用水需求将达到达到11.1亿立方米，比现在多出1亿立方米。但与此同时，根据过去20年降水量变化，以及如考虑气候变化对降水量的影响，按气候变化影响降水量预测下限估算，香港本地可靠降水量将减少约5000万立方米。另外，如果在现有基础上不进一步采取水需求管理措施，到2030年和2040年，香港用水量将分别为10.7亿立方米和11.1亿立方米。

尽管香港家庭人均用水量远低于北京、深圳、新加坡和悉尼等国内外主要城市，但仍有节水潜力。据香港水务署估算，推行市民自愿参与的“用水效益标签计划”，推广家用节水器具，如水龙头、洗衣机、厕所用具等，

扩大用海水和循环再用水冲厕所，以及加强供水管网改造和修复，加大雨水回收和中水回用系统建设，推进采用先进技术加强管网监测用水流失和相关数据分析，建设“智管网”。预计到2030年和2040年，香港用水量需求将可控制在9.6亿立方米和9.9亿立方米。[①]

从供给侧管理入手，重点是落实好“以水定产”，重大项目和产业园区建设要建立水资源论证，根据各区域水资源承载能力建立监测预警机制，严格把关新建和扩建项目新增取、用水许可，严格实施水资源总量刚性控制制度。全区域要加快建设雨水回收利用设施，扩大雨污分流体系覆盖面。公共机构和商业机构加快改造利用再生水冲厕所。有条件的香港、澳门、深圳和东莞等地区，应研究建设海水淡化工程，扩大水资源供应渠道。

（五）加快促进产业转型升级，提升水资源利用效率

针对水质性缺水与高耗水行业和高污染行业密切相关，高污染行业布局与水污染空间分布高度耦合，必须将产业转型升级放在更重要的位置。尤其要加快对造纸、纺织、食品和装备制造等四个重点产业的技术改造，加大力度在这些行业与火电、石化和钢铁等行业推行强制清洁生产审核，加大对落后产能的淘汰力度。严格执行高耗水和高污染行业水资源定额使用制度，以水资源效率为载体和标准推进产业淘汰升级。深圳要发挥先进产业技术创新和战略性新兴产业的引领作用，广州、东莞、江门和中山等地区要加快产业升级步伐，加快顺应新工业革命步伐，培育发展科技含量高、经济效益好、竞争力强的节水型产业和环境友好产业。

（六）提升大湾区防洪抗旱和抗环境风险能力

研究制定珠江流域防洪抗旱体系建设规划，加强对珠江流域防洪抗旱工

① 香港特别行政区政府水务署：《香港全面水资源管理策略2019》，https：//www.wsd.gov.hk/sc/core－businesses/total－water－management－strategy/twm－review/index.html。

作的统筹领导，发挥合力作用。从确保粤港澳大湾区水安全出发，加强重点防洪工程建设与日常监管，提高抗御大洪水、大咸潮和大旱灾能力。同时，针对大湾区石化产业密集的特点，应加强对环境敏感风险点监管，确保水资源安全和水环境安全。针对区内人口密集和经济发达的特点，加快备用水源地建设，确保以双水源供水提升应急保障能力。

B.5
粤港澳大湾区高质量供水对标国际标准研究分析

王建华　汝向文*

摘　要： 供水事关国计民生，安全优质的供水是新时代人民群众幸福感和获得感的重要来源，同时也是支撑经济社会高质量发展的关键基石。粤港澳大湾区建设是重大国家战略，其高质量的发展愿景和高标准的建设蓝图亟须高质量的供水安全保障。本文聚焦湾区、着眼流域、面向国际，在对全球经济发达城市的供水现状进行系统梳理的基础上，通过调查分析，科学评估了粤港澳大湾区现状供水格局和供水水平。深入对标国际高质量供水标准，剖析大湾区高质量供水安全存在的问题，并从全流域水资源一体化配置的角度出发提出建议，提升供水安全保障能力。相关成果可为粤港澳大湾区供水设施完善和服务水平的提高提供参考，助推覆盖整个湾区的时空均衡、生态高效的水资源高质量供给格局形成。

关键词： 粤港澳大湾区　高质量供水　国际标准

水是生命之源、生产之要，供水事关国计民生。新时代我国经济由高速

* 王建华，教授，中国水利水电科学研究院副院长，水利部水资源与水生态工程技术研究中心主任，主要研究方向为水资源。汝向文，高工，珠江水利科学研究院节水与供水安全技术研究室主任，主要研究方向为水文水资源。

增长阶段向高质量发展阶段转变，保障和提升安全优质水供给产品既能显著增加人民群众的幸福感和获得感，也能为经济社会高质量发展提供坚实支撑。粤港澳大湾区建设是国家战略，也是推动形成全面开放新格局、促进“一国两制”事业发展的新实践。2019 年 2 月，中共中央、国务院印发《粤港澳大湾区发展规划纲要》，明确了粤港澳大湾区建设的 5 大战略定位（即充满活力的世界级城市群、具有全球影响力的国际科技创新中心、“一带一路”建设的重要支撑、内地与港澳深度合作示范区、宜居宜业宜游的优质生活圈），并提出了建设国际一流湾区、打造高质量发展典范的目标①。粤港澳大湾区社会经济水平高，产业结构先进。然而，受到区域特殊的地理、气候、水文条件，以及经济社会发展带来的巨大负荷，区域供水格局尚存在诸多隐患，多市水源单一、城市应急备用水源建设不足、枯水期咸潮上溯问题等威胁着湾区供水安全，给全面建成国际一流湾区带来了严峻挑战②。为实现大湾区经济高质量发展和提升居民高品质生活，本文在系统梳理全球供水现状的基础上，分析粤港澳大湾区供水现状，提出大湾区高质量供水的内涵。通过对标国际供水水质标准，本文提出了增强大湾区供水保障能力的一系列建议。

一　全球经济发达城市供水现状

（一）国际发达城市供水现状

1. 欧美国家

美国的供水体系由政府部门主导，美国环境保护署为国家级供水管理者，州级水资源管理机构为州政府供水管理者。另外，美国还建立基于流域

① 《中共中央　国务院印发〈粤港澳大湾区发展规划纲要〉》，http：//www. gov. cn/gongbao/content/2019/content_ 5370836. htm，最后检索时间：2020 年 3 月 3 日。

② 赵钟楠、陈军、冯景泽等：《关于粤港澳大湾区水安全保障若干问题的思考》，《人民珠江》2018 年第 12 期，第 81 ~ 84、91 页。

的水资源管理委员会，以解决跨州的水资源管理和供水管理问题[①]。在管理策略方面，20 世纪 70 年代之前采用供水管理策略，以需定供，主要通过大规模兴建供水工程，来满足日益增长的经济社会用水需求；从 1978 年开始实施需水管理策略，以供定需，通过工程、技术、法律、经济等多种手段强化节水和水循环利用，遏制供水量的增长[②]。需水管理实施效果显著，从 2010 年开始，美国人口由 2000 年的 2.85 亿增长到 2018 年的 3.27 亿，GDP 由 2000 年的 9.82 万亿美元增长到 2018 年的 20.49 万亿美元，但是美国用水量持续降低，近几年基本在 5100 亿立方米左右。

英国供水实行全盘私有化运营，实行技术和经济分开管理体制，分别由独立机构——饮用水督察局和供水服务办公室进行管理。饮用水督察局负责饮用水安全，具有对水质的独立审核权，以确保饮用水安全达标[③]。由于实行私有化运行，在逐利动机的激励下，英国水务企业经营效益良好，各项财务指标健康。

法国的水管理实行分级管理，分为国家级、流域级、地区级、地方级和国际机构 5 个等级。法国供水采用公私合作模式，即政府掌握公共供水资产的所有权，将经营管理的职能外包给私营机构[④]。

2. 日本

日本位于环太平洋地震带，地震灾害十分频繁，灾后极易发生供水中断。因此，日本主要采用应急管理，确保基本用水得到满足，建设完善的应急供水体系，包括建设抗震能力强的供水系统和规范灾后应急供水体制。

日本的城市供水（原水—净水—管网）实行精细化管理，配备专职人

① 卞戈亚、陈康宁、戴兆婷等：《世界供水安全现状及其主要经验对我国供水安全保障的启示》，《水资源保护》2014 年第 1 期，第 68～73 页。

② 胡小凤、周长青：《国外城市供水绩效管理经验借鉴》，《建设科技》2017 年第 23 期，第 82～84 页。

③ 卞戈亚、陈康宁、戴兆婷等：《世界供水安全现状及其主要经验对我国供水安全保障的启示》，《水资源保护》2014 年第 1 期，第 68～73 页。

④ 卞戈亚、陈康宁、戴兆婷等：《世界供水安全现状及其主要经验对我国供水安全保障的启示》，《水资源保护》2014 年第 1 期，第 68～73 页。

员通过计算机联网监控对采集的信息数据进行分析，可实现对次日的需水量精确预测；根据预测结果，通过下达指令调度原水—净水—管网系统，以达到既满足用水需求，又防止供过于求的经济合理状态。同时通过原水输送管网上安装的在线检测仪，及时将指标数据传送至净水厂的控制中心，净水厂根据原水水质的变化随时调整净水处理的相关程序，保证供水水质达标。另外，净水企业每月还要进行一次原水分析，掌握原水水质情况[①]。

3. 新加坡

新加坡水资源由新加坡公用事业局（PUB）统一监督管理，在过去的50年里，新加坡建立了一个强大和多样化的供水系统，被称为“四个水龙头”，这“四个水龙头”分别是进口水、当地集水区的水、新生水和海水淡化。新加坡于2011年提出了水资源长期战略规划，到2060年将90%国土纳入集水区，将再生水和海水淡化供水比例分别提高到50%和30%，在2061年协议到期前完全实现供水自给[②]。新加坡的自来水符合世界卫生组织（WHO）的《2008年饮用水指南》和美国的《2008年环境公共卫生（管道饮用水质量）规例》，满足直饮水的标准。而新加坡的新生水水质更加优良，甚至比水库生产的自来水还要清澈。为了保证水质的清洁及安全，新加坡制定了从源头到末端的全面可靠的抽样和监测计划，会定期收集水样，进行化学及细菌分析。同时，PUB于2009年还发起了一项名为“新加坡无线水哨兵”的供水网络远程监测项目，在供水管道内安装传感器，以便及时应对管道爆裂或水质污染的情况。

4. 澳大利亚

澳大利亚是一个水资源相对缺乏的国家，全境年平均降水只有470毫米。澳大利亚饮用水水源多为水库水，部分采用沼泽地、河水和雪水。由于水资源缺乏，为加强城镇供水的水源保护，各州都有专门机构控制水污染，

① 卞戈亚、陈康宁、戴兆婷等：《世界供水安全现状及其主要经验对我国供水安全保障的启示》，《水资源保护》2014年第1期，第68~73页。

② 胡小凤、周长青：《国外城市供水绩效管理经验借鉴》，《建设科技》2017年第23期，第82~84页。

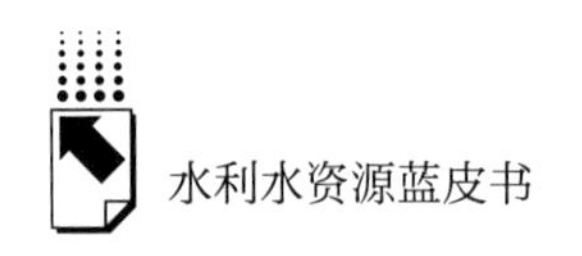

制定了保护水质的法规，并加强全民法制教育，凡饮用水的水源水库，均有严格管理控制措施。

澳大利亚目前正处于历史上持续时间最长的连续干旱期，为节约用水，政府根据供水水库的蓄水量多少制定了 1 ~5 个级别的限制用水标准来控制用水量。另外，澳大利亚各地开展以节水为核心的城市雨水蓄集利用，主要是通过收集雨水利用，减少地下水的开采量，同时利用雨水补充地下水①。

5. 以色列

以色列地处干旱半干旱地区，严重缺乏水资源，并且水资源分布严重不均匀，人均水资源不到 300 立方米。以色列水资源属于国家所有，由以色列水委员会统一管理，为最大限度地发挥水资源利用效率，以色列采取“开源节流”策略：一是开源策略，由于水资源严重短缺，以色列通过污水处理再利用和海水淡化技术，充分利用污水资源和海水资源，污水再利用主要用于灌溉及回补地下水，海水淡化方面现有 5 座海水淡化厂，2015 年海水淡化利用水量已达到全国水利用量的 30%；二是建设全社会高效用水体系，节约每一滴水，同时利用经济作物与粮食作物耗水“剪刀差”，从国际市场置换粮食。通过法律、政策、经济等手段鼓励高效用水技术革新，引导供水向高附加值产业流动，以色列成功地解决了人口增加、经济持续发展与水资源匮乏之间的矛盾②。

（二）国内先进城市供水现状

1. 港澳地区

香港供水水源主要有本地水源、东江供水和海水利用。香港的供水工程建设和运行管理均由香港政府负责。现行的香港供水实行分类分质供水和福利供水政策，在供水水价方面实行居民生活用水一定用水量的免费供应和

---

① 卞戈亚、陈康宁、戴兆婷等：《世界供水安全现状及其主要经验对我国供水安全保障的启示》，《水资源保护》2014 年第 1 期，第 68 ~73 页。

② 胡小凤、周长青：《国外城市供水绩效管理经验借鉴》，《建设科技》2017 年第 23 期，第 82 ~84 页。

低于成本供应，直接利用海水实行免费供应制度。（1）本地水资源开发主要包括水库建设（已建大小水库17座，总库容为5.86亿立方米）、域外引水（将地表水通过集雨渠道大部分靠重力引入水库，小部分通过抽水站抽水进入水库）、保护集雨区（多重法规保护和宣教育传）、完善配水管网（全港已形成了一个“田”字形的原水输水网络，基本实现各水厂与水库及东江来水的双回路供水）。（2）东江供水。香港政府积极拓展从广东省引水。目前广东省对香港最高供水量每年达11亿立方米。（3）海水利用。包括海水冲厕和海水淡化。海水冲厕是香港节约淡水及分质供水的重要项目，香港海水供应系统现已覆盖整个市区及多个新市镇，为大约80%的人口供应冲厕海水，并计划普及90%以上人口。另外，香港水务署正在进行海水淡化厂建设。

澳门三面临海，岛内既无河流，也没有其他可资利用的水源。澳门供水水源为西江磨刀门水道，通过明渠、涵洞和水管送进澳门的水厂。澳门自来水实行分类供水，在供水水价方面实行居民生活用水一定用水量的免费供应和低于成本供应。

2. 北京市

北京市城市供水主要水源为密云水库。

北京市城区共有水厂23个，已初步形成以二、三、四环供水环网为主，沿主要路段向外放射的供水格局；郊区县共有水厂45个，以新城为中心，以“城带镇、镇带村”的模式，基本形成了每个新城拥有一座骨干水厂，分散建设镇村集中供水设施的供水格局。

3. 上海市

目前，上海市主要供水水源包括青草沙水库、东风西沙水库、陈行水库与黄浦江上游，形成两江并举、多源互补的原水供水格局。目前上海供水70%取用长江水源，30%取用黄浦江水源，原水水质有了很大提高。近十多年，上海市关闭了100多家乡镇水厂，为安全供水、提高供水水质发挥了重要作用。上海市水厂45个，供水能力1137万m^3/d。

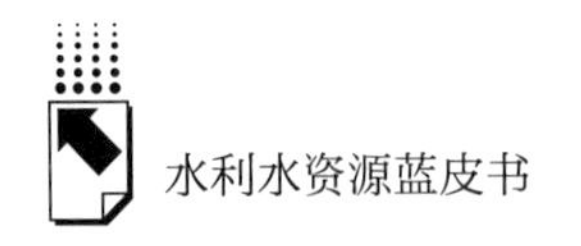

（三）世界三大湾区经济体供水现状

目前，已经形成规模效应的世界三大湾区分别是纽约湾区（“金融湾区”）、旧金山湾区（“科技湾区”）、东京湾区（“产业湾区”）。

纽约湾区由纽约州、新泽西州、康涅狄格州等多个大小城市组成。纽约湾区虽然靠海又有大型河流，但水域附近工厂林立、人口密集，且是非常繁忙的航道，水体受油污、生产生活污水的污染比较严重，无法直接供城市使用。因此，纽约湾区的供水主要是从北部和西北部的山区，通过修建水库和渡槽等设施引水，最主要的是三条引水渡槽（巴豆渡槽、卡茨基尔渡槽和特拉华渡槽），其中特拉华渡槽连续的引水隧道长度为137公里，渡槽串联起点位于特拉华河流域的四座水库，源源不断地把优质的淡水资源输送给用水户，满足了纽约湾区50%的城市用水。而另外两个渡槽分别满足纽约湾区10%和40%的城市用水。

旧金山湾区包括旧金山、奥克兰、圣荷西等多个大小城市，是世界上最重要的高科技研发中心之一。旧金山湾区是一个海湾，金门海峡连通着太平洋和旧金山湾内的海水，不能直接利用；再加上湾区特殊的地貌和气候条件，水资源短缺一直比较严重。因此，湾区供水主要依靠调水，加州调水工程将费瑟河和萨克拉门托圣华金三角洲一带富余的水调往旧金山湾、圣华金流域和南加州需要水的地方，工程设计年输水量为52.2亿立方米，包括29座水库、18座泵站、4座抽水蓄能电站、5座水电站和870公里长的水渠及管道。

东京湾区是世界上第一个主要依靠人工规划而缔造的湾区，聚集了日本1/3人口、2/3经济总量、3/4工业产值，是日本最大的工业城市群及国际金融中心、交通中心、商贸中心和消费中心。东京湾区供水水源都取自河流，其中78%取自利根川河与荒川河水系、19%取自多摩川水系。目前有11座主要的自来水厂，总制水能力大约为686万 m^3/d，自来水厂拥有先进的水处理系统，精心控制从源头到龙头的全程水质，就三氯胺、余氯、带有嗅味的物质与有机物等八项指标制定了“生产好口感自来水的水质目标”，提供安全的自来水。

二　粤港澳大湾区供水现状及规划

（一）大湾区供水现状调查

粤港澳大湾区现存水源地主要分布在东、西、北江干流、三角洲河网区水道等河流及境内的主要调蓄水库。

粤港澳大湾区现已建大中型以上水库 128 座，总库容 66.8 亿立方米，兴利库容 38.1 亿立方米。已建成大中型引水工程 15 个，其中大型引水工程 1 个，中型引水工程 14 个，引水规模总计 273.3m^3/s。已建中型提水工程 13 个，提水总流量为 436.7245.4m^3/s。已建大型跨流域调水工程 3 处，总调水量 116.1 亿立方米。大湾区现状规模以上地下水取水工程仅分布在深圳市和肇庆市，生产井眼数为 5 座，均为开采浅层地下水的水井。

（二）大湾区供水安全保障规划

粤港澳大湾区地处珠江流域下游，濒江临海，河网密布交错，径流潮流相互作用，水沙变化频繁，加上全球气候变化带来的海平面上升、咸潮上溯、短历时强降雨等极端天气的增加，使得大湾区治水任务繁重复杂。随着经济发展和社会主要矛盾变化，水资源节约和利用效率亟待提高、城乡供水安全保障能力有待进一步提升、水环境治理和水生态保护任重道远、防洪（潮）与排涝安全短板依然存在、水管理制度体系与水治理能力亟须完善和加强等新老水问题相互交织，对大湾区水安全提出了严峻挑战。

粤港澳大湾区供水安全保障规划通过节水优先，全面建成节水型社会；通过互联互通，打造一体化高保障的供水网络；通过系统治理，构建全区域绿色生态水网；通过联防联控，构筑安全可靠的防洪减灾体系；通过改革创新，提升水安全监管和治理水平。以整体增强大湾区水安全保障能力为着力点，将大湾区建设成节水的湾区、绿色的湾区、安澜的湾区，

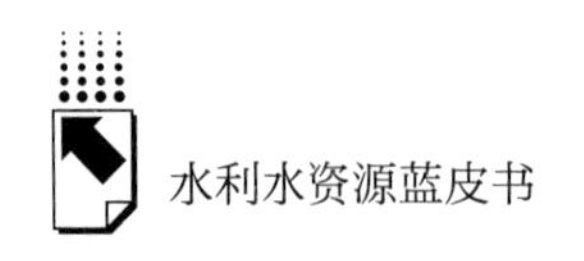

为大湾区高质量发展和人民群众过上高品质生活提供强有力的水安全支撑和保障。

（三）大湾区供水状况评价

粤港澳大湾区城市已全面实现自来水供给，农村饮水也基本实现达标供给。大湾区9市的用水主要依靠河道引提水工程、当地蓄水工程、外调水工程、地下水工程以及其他工程供给，其中，河道引提水工程供水量占总供水量的70.4%，当地蓄水工程供水占20.4%，外调水工程供水占7.9%，地下水及其他工程供水占1.3%。香港有一半以上用水量来自东江水，澳门用水主要依靠珠海供水系统供给。目前珠三角9市已建大中型水库128座，已建大中型引提水工程110个，香港建成各类山塘水库17座。关系大湾区供水安全保障的西江大藤峡水利枢纽工程、珠江三角洲水资源配置工程已开工建设。总体来看，大湾区城乡供用水体系初步建成，供水安全基本得到保障。

三　大湾区高质量供水对标国际标准分析

（一）高质量供水国际标准分析

供水行业属于公共事业行业，对水质、管网输配等有相关的标准。

1. 供水水质标准

供水水质标准是政府主管部门和制水企业检验判定水质质量的依据和准绳，通常是由政府主管部门根据经济技术水平，颁布的各项水质参数的最大限定值或规定值。目前具有国际权威性和代表性的饮用水水质标准主要包括以下三个①。

---

① 卢宁、马娜、江平：《供水标准体系框架构建研究》，《中国标准化》2017年第6期，第38～39页。

第一个是《饮用水水质准则》，该标准由世界卫生组织（WHO）颁布，是世界各国制定本国饮用水水质标准的参考依据，在世界各国和组织制定的饮用水水质标准中具有代表性和权威性。《饮用水水质准则》（第1版）由世界卫生组织于1983～1984年出版，历经三次修订，现行的水质标准为第4版。该标准应用范围广，已成为几乎所有饮用水水质标准的基础。

第二个是《饮用水水质指令》，该指令由欧盟（EC）颁布，先后进行了三次修订。目前已成为欧洲各国制定本国水质标准的主要框架，该指令突出指标值的科学性和与欧洲实际的适应性，与WHO水质准则保持了较好的一致性，同时，该指令体现了标准的灵活性和适应性，欧盟各国可根据本国情况增加指标数，该标准既考虑了西欧发达国家的要求也照顾了发展中国家，同时兼顾了欧盟国家的南北地理气候上的差别。

第三个是《国家饮用水水质标准》，该标准由美国环保局（USEPA）颁布，最早颁布于1914年，先后经历了多次完善修订。与世卫组织和欧盟标准比较，该标准更加重视可操作性和实用性。该标准具有立法的约束性，并针对某些参数制定了相关条例。

2. 供水管网漏损率

供水管网漏损率是衡量一个供水系统供水效率的指标。

根据相关调研发现，城市供水管网漏损率与经济发展水平相匹配，国外发达国家对管网漏损控制极其重视，城市基础建设水平相对较高，并具有非常完善的漏损控制体系。根据相关统计数据，世界发达国家和城市（例如美国洛杉矶、日本东京、新加坡、首尔、荷兰、德国、新西兰、澳大利亚堪培拉等）供水管网漏损率一般控制在5%左右。

（二）大湾区高质量供水标准体系研究

《粤港澳大湾区发展规划纲要》对强化水资源安全保障和推进生态文明建设提出了明确要求。在强化水资源安全保障方面，要求坚持节水优先，实施最严格水资源管理制度，严格珠江水资源统一调度管理等；在推进生态文

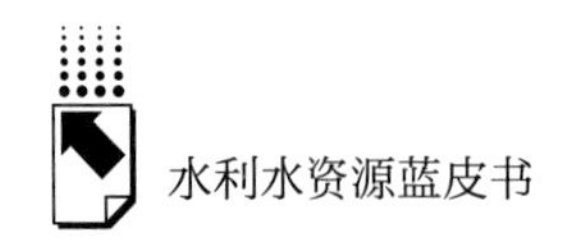

明建设方面，要求保障水功能区水质达标，实施国家节水行动等[①]。这些要求对大湾区供水安全提供了根本遵循。粤港澳大湾区经济发展快速，产业体系完备，集群优势明显，为实现大湾区的高质量发展，使人民群众过上高品质生活，必须发展高质量供水。

本文认为高质量供水的内涵主要包含供水保障程度高、供水水质达到国际标准、节水水平先进、管网漏损严格控制等方面。结合高质量供水的内涵，本文提出粤港澳大湾区高质量供水标准体系，主要包括以下四个方面。

1. 供水保障程度

供水保障程度通过供水保证率反映。由于供水工程的水源不同和用水户不同，其供水保证程度也不相同。城市（特别是重要城市）居民用水的供水保证率一般在95%以上[②]。工业用水的供水保证率在90%以上。

2. 供水水质标准

根据《城市供水水质标准》（CJ/T206－2005）、《地表水环境质量标准》（GB3838－2002）和《生活饮用水卫生标准》（GB5749－2006）要求的水质指标，对标国际水质标准。

3. 节水水平

节水水平指标主要考虑涉及城市供水方面的指标，包括万元GDP用水量、万元工业增加值用水量和城镇居民生活用水量三个指标，反映城市总体节水水平和行业节水水平。

4. 管网漏损控制

管网漏损控制通过城镇供水管网漏损率反映。

（三）大湾区与国际高质量供水标准对比分析

主要从供水水质、节水水平和城镇供水管网漏损率三个方面，与国际高

① 《中共中央　国务院印发〈粤港澳大湾区发展规划纲要〉》，http：//www.gov.cn/gongbao/content/2019/content_5370836.htm，最后检索时间：2020年3月3日。

② 赵新隆：《Z县城市供水系统风险评价与应急管理研究》，河北经贸大学硕士学位论文，2019，第46～47页。

质量供水标准进行对比分析。

1. 供水水质

粤港澳大湾区虽有大量的过境客水补充，但受枯水期咸潮上溯影响，加上大湾区人口密集、工业发达，枯水期大湾区水污染形势较为严峻。根据现状统计数据，大湾区集中式生活饮用水水源地平均水质合格率为93%，主要超标项目有总磷、铁、石油类、溶解氧等。

经水厂处理后，粤港澳大湾区供水水质满足《生活饮用水卫生标准》（GB5749－2006）要求。国内的标准与国际的三大先进标准相比，水质指标没有国际标准那么严格。

根据调查统计，欧洲的饮用水标准是统一的。欧洲各国大都依据欧盟出台的《饮用水水质指令》出台自己的国家饮用水技术标准，有的比欧盟标准还高。日本的自来水法规定自来水水质基准是喝一辈子也不会给人体健康带来危害。在德国，饮用水是作为食品来进行控制和检测的，德国出台的饮用水条例对饮用水标准做了明确而严格的规定。美国对自来水定有标准，要求从水龙头流出来的自来水能够达到直接饮用的标准。因此，国际发达国家的自来水是直接可以饮用的。

对标国际标准，粤港澳大湾区的供水水质满足国内相关水质标准要求，但与国际发达地区直接饮用自来水的现状相比，供水水质还有较大差距，供水水质标准与高质量供水水质标准还有一定的差距。

2. 节水水平

粤港澳大湾区万元GDP用水量和万元工业增加值用水量均呈下降趋势（见表1），随着管网漏损率的降低，居民人均生活用水量也略有下降，反映了历年来节水水平的不断提高。

现状粤港澳大湾区万元GDP用水量平均值为29立方米，在国内属于先进地区，与国外发达国家相比，高于美国、澳大利亚、英国、法国等发达国家，远高于纽约湾区和旧金山湾区的2.5立方米和1.3立方米。现状粤港澳大湾区万元工业增加值用水量平均值为16立方米，与发达国家和地区相比，万元工业增加值用水量平均值处于中等水平。现状粤港澳大湾区城镇居民生活用水量平均值为316升/（人·日），与大部分发达国家的用水水平相比，现状粤港澳大湾区城镇居民年生活用水量也偏大。由此说明，与国外发达国家和地区相比，粤港澳大湾区用水水平中等，还有较大地节水空间和潜力。

表1　粤港澳大湾区与国外地区主要节水指标对比

国家	万元GDP用水量（m^3）	万元工业增加值用水量（m^3）	人均生活用水量[升/(人·日)]	统计年份
美国	5	9	260	2016
日本	24	13	128	2017
德国	18	52	135	2010
英国	7	12	161	2011
法国	3	83	161	2010
意大利	39	71	214	2008
韩国	50	8	152	2011
澳大利亚	4	18	183	2013
丹麦	4	4	176	2012
新加坡	5	10	125	2012
瑞士	7	14	260	2012

资料来源：2010～2017年《中国统计年鉴》。

3. 城镇供水管网漏损率

现状粤港澳大湾区城镇供水管网漏损率平均值为11.4%，在国内属于先进地区。根据全球主要国家和城市供水管网漏损率调查统计结果（见表2），世界发达国家和城市（例如美国洛杉矶、日本东京、新加坡、首尔、荷兰、德国、新西兰、澳大利亚堪培拉等）供水管网漏损率一般控制在5%左右，东京、新西兰和洛杉矶仅为3%。

由此可以看出，对标国际湾区和国外发达国家，粤港澳大湾区城镇供水管网漏损率平均值远高于美国、澳大利亚、英国、法国等发达国家和地区，还达不到国际先进水平。

表 2　世界主要国家和城市供水管网漏损率统计

单位：%

区域	国家/城市	供水管网漏损率	备注	区域	国家/城市	供水管网漏损率	备注
亚洲地区	东京	3	2014～2016 年数据	欧洲地区	荷兰	4	2007～2013 年数据
	横滨	6			德国	4	
	首尔	4			丹麦	7	
	新加坡	5			意大利	8	
	迪拜	11			葡萄牙	9	
	以色列	11			巴黎	9	
美洲地区	洛杉矶	3	2015 年数据	大洋洲	新西兰	3	2015 年数据
	芝加哥	5	2014 年数据		堪培拉	5	
	旧金山	5	2016 年数据		悉尼	6	
	纽约	8	2015 年数据				

资料来源：2007～2016 年《中国统计年鉴》。

（四）大湾区高质量供水存在问题和建议

1. 存在的问题

供水安全保障程度有待提高。由于本地蓄水能力有限，粤港澳大湾区供水主要依赖过境水量。过分依赖过境水一方面导致区域内的调蓄能力低，枯水期主要依靠上游调蓄，供水保证率难以有效保障；另一方面大部分城市的饮用水源地还较为单一，在连续干旱年、特殊干旱季节及突发污染事故情况下，风险度较高的城市备用水源地的建设还不能完全满足城市饮水安全的问题。

供水水质标准有待加强。粤港澳大湾区人口密集、工业发达，污水排放量大，枯水期水污染形势严峻。虽然最新版的《生活饮用水卫生标准》对饮用水水质的要求增加到 106 项指标，加强了对生活饮用水中微生物、重金属和有机污染物的控制要求，基本与国际组织和发达国家的水质标准接轨，但与国外发达国家和地区的自来水可以直接饮用的现状相比，还存在很大的差距。

节水水平有待提升。粤港澳大湾区地处南方地区，降水丰沛，入境水资源量丰富导致民众节水意识不强，除水资源相对紧缺、生产力水平较高的深圳等城市节水水平较高外，其他城市还存在部分用水指标过高的情况，与国际湾区、发达国家城市仍有一定差距，节水水平有待提升。非常规水利用量较低，重开源轻节约的惯性做法尚未根本转变，节水宣传仍需进一步加强。

管网漏损率还有进一步的优化空间，与国外发达国家相比，粤港澳大湾区城镇供水管网漏损率平均值远高于发达国家和地区，还达不到国际先进水平，在今后的城市规划建设中应进一步管控管网漏损率。

2. 建议

基于粤港澳大湾区水资源条件现状，从全流域的水资源配置考虑，需要依托骨干工程调蓄，通过水资源统一调配，保障大湾区供水安全。同时，加强再生水回用力度。

与国际标准接轨，制定更高要求的供水水质标准，提高饮用水水质标准要求，逐步实现大湾区核心城市可直接饮用自来水或进行分质供水。

充分重视“节水优先”的原则，坚持最先进的节水理念和最严格的节水标准，提高节水水平，管控城市供水管网漏损率，建设节水型城市。

四 结语

粤港澳大湾区建设属于重大国家战略，但其供水体系和能力与打造“国际一流湾区和世界级城市群”、“宜居宜业宜游的城市环境”等高标准目标要求尚存在一定距离。为实现大湾区的高质量发展和人民群众的高品质生活，必须建立高质量的供水格局。在剖析大湾区供水现状的基础上，对标国际发达地区供水标准，发现不足并提出针对性建议，为建立健全时空均衡、生态高效的水资源高质量供给格局提供参考，为大湾区高质量发展提供强大后盾。

B.6

分类施策系统治理粤港澳大湾区水环境

周宏春*

摘　要： “水”是粤港澳大湾区的“纽带”，把“9+2”个城市紧密地联系起来。系统治理粤港澳大湾区水环境，具有重大的现实意义和深远的历史意义。有关研究表明，伴随着广东境内城市快速发展而来的排水管网建设滞后、人口密度高、产业及其布局分散等问题突出，水污染治理缺乏系统性和科学性，河流截污手段单一，治理措施系统性不够，未能形成系统的治理思路和治理体系；即使投入了大量人力物力，减少污水排放量依然缓慢，水质改善效果不甚明显。从水环境现实出发，需要对标国际、系统设计、分类施策、协同推进，实现供水、排水、水处理、中水利用和海绵城市建设一体化，形成可复制、可推广的水环境治理模式。只有良好的生态环境，特别是干净的水环境，才能支撑粤港澳大湾区经济社会可持续发展，也才能将粤港澳大湾区建设成为世界级城市群和创新中心。

关键词： 大湾区　水环境　系统治理　粤港澳

* 周宏春，博士，国务院发展研究中心研究员，研究领域为资源、环境、可持续发展、循环经济等。

一 水治理的提出背景

水是经济社会可持续发展和生态文明建设的关键因素，高效的水环境治理体系是经济绿色转型和城市繁荣的重要保障。水治理内涵已经从原来的行政管理拓展至多方参与。从对象看，包括水资源开发、利用、保护、污染治理、中水回用、节约用水、非常规水开发、水生态修复和保护等方面；从政策工具看，包括法律、行政、经济、技术和管理等。水环境治理的目标是以水资源的可持续利用支撑经济社会可持续发展。

近年来，虽然我国水污染治理力度空前加大，水质明显改善，但工业、农业和生活污染物排放仍居于高位，水污染呈现复合型特征，治理难度大。2017 年，在全国地表水国控断面中，近十分之一（8.3%）的水体丧失使用功能（劣于Ⅴ类），31%的监测湖泊（水库）呈轻度和中度富营养状态；在 5100 个地下水水质监测点中，较差和极差级水质占 66.6%；在全国 9 个重要海湾中，6 个水质为差或极差[①]。2018 年，广东 71 个地表水国考断面水质优良率（Ⅰ～Ⅲ类）为 73.2%，劣Ⅴ类断面比例为 12.7%。深圳、东莞和揭阳的水环境质量居后[②]。在调研中我们发现，广东境内一些河流水体仍然存在不同程度的“黑臭”现象。随着水污染治理的深入，需要解决问题的难度加大，从而对水治理技术路线优化升级提出了要求。

加强水治理系统建设，是水资源水环境形势使然。水资源短缺、水环境污染和洪水仍影响我国的可持续发展进程。我国淡水资源占世界的 6%，但用水效率低、浪费严重。据《水污染防治行动计划》的官方数据，我国万元工业增加值耗水量是中高等收入国家平均水平的两到三倍；灌溉水有效利

① 李彪：《去年六成地下水水质监测点位为差级 环境部正抓紧编制长江保护修复攻坚战方案》，《每日经济新闻》2018 年 6 月 1 日。

② 谢庆裕：《1～7 月全省城市地表水环境质量状况发布：地表水国考断面水质 优良率达 71.8%》，《南方日报》2018 年 8 月 13 日。

用系数为0.52，低于中高等收入国家的平均水平（0.7～0.8）。虽然我国供水和卫生设施有了较大改善，但约七千万人口饮水安全问题有待改善，农村居民多数未能获得适当的污水处理服务[①]。洪水、水污染[②]也成为珠三角可持续发展的影响因素。

城市化及其庞大的用水需求，给生态系统造成了巨大压力。传统的城市化和工业化往往以牺牲自然栖息地为代价，造成了湿地、海岸带、湖滨、河滨等生态空间的不断减少，水源涵养等生态服务能力下降。例如，海河流域主要湿地面积减少了83%；长江中下游通江湖泊由100多个减少至仅剩洞庭湖和鄱阳湖，且持续萎缩；沿海湿地面积大幅度减少，近岸海域的生物多样性降低，渔业资源衰退严重，自然岸线保有率不足35%。工业化和城市化仍将推动相关行业的用水需求持续增长，尤其是居民生活用水仍会不断增长，粤港澳大湾区的情形也不例外。所有这些，都需要我们用发展的眼光和办法加以解决。

自古以来，中国把治水当作头等大事。2012年以来，党中央、国务院高度重视生态文明建设和生态环境保护。生态文明建设被纳入“五位一体”总体布局，成为地方各级人民政府的工作重点之一，体现了我国对自然资源管理、污染治理和生态保护的高度重视。2017年10月，党的十九大进一步强调建设美丽中国，以满足人民群众日益增长的对美好环境的需求。2018年3月，国务院宣布了机构改革方案，大刀阔斧地调整自然资源和生态环境保护等机构设置和职能配置，设立自然资源部、生态环境部，优化水利部和其他相关部委职能，显示了中国在自然资源可持续利用和生态环境保护方面的决心。

水多、水少、水脏、水浑、水灾等问题，在粤港澳大湾区不同程度地存在，以洪水和水污染问题尤甚。粤港澳大湾区的水资源丰富，但主

① 国务院发展研究中心、世界银行、本书项目组：《中国水治理研究》，中国发展出版社，2019，第23～39页。

② 刘畅等：《粤港澳大湾区水环境状况分析及治理对策初探》，《北京大学学报》（自然科学版）2019年第6期。

要来自降水，因独特的地理位置和湿润的气候条件，沿海成了台风登陆集中的地区[①]。城市公共安全和应急管理成为大湾区必须认真应对的重大课题。粤港澳大湾区要建成国际性城市群，必须对标国内外。从国内看，与京津冀、长三角等城市群相比，珠三角城市群的生态环境较好，以“广东蓝”为代表的大气环境质量优于全国其他城市群；但城市河道水体污染、农村环境治理以及日益突出的臭氧污染等问题突出，河流有机污染存在明显的人为污染特征，黑臭水体问题在部分河道依然严重，形势不容乐观[②]。从国际对比看，尽管珠三角大气环境质量较好，但与世界其他三大湾区相比差距仍然不小。例如，2015 年，珠三角 PM2.5 年均浓度为每立方米 35 微克，2016 年为每立方米 32 微克；而其他湾区的大气环境质量要好得多，如旧金山约为每立方米 15 微克，纽约约为每立方米 10 微克，东京约为每立方米 13 微克。

鉴此，我国必须建立健全具有中国特色的水治理体系。水治理体系由五个部分组成：①水资源治理，着眼于水资源开发、利用、节约、保护，以确保水资源安全。②水环境治理，着眼于水体污染物减排和水环境修复，以确保水环境安全。③水生态治理，着眼于加强水生态保护与自然修复，实现并维持良好的水生态状况，以确保水生态安全。④水利工程治理，重点促进水利工程的合理建设与良性运行，以确保水利工程安全。⑤水事关系治理，重点是建立健全水事纠纷调处机制，确保涉水关系和谐、健康、稳定[③]。

二　加强粤港澳大湾区水治理的必要性

2011 年中央“一号文件”提出，水是生命之源、生产之要、生态之基。

---

① 卢文刚等：《粤港澳大湾区城市强台风应急管理的实践探索——以珠海市金湾区应对台风“天鸽”为例》，《发展改革理论与实践》2018 年第 4 期，第 47 ~53 页。

② 卢文刚等：《粤港澳大湾区城市强台风应急管理的实践探索——以珠海市金湾区应对台风“天鸽”为例》，《发展改革理论与实践》2018 年第 4 期，第 47 ~53 页。

③ 周宏春、黄晓军：《中国水治理技术创新与信息平台建设》，载《中国水治理研究》，中国发展出版社，2019，第 239 ~251 页。

兴水利、除水害，事关人类生存、经济发展、社会进步，历来是治国安邦之大事。我国水治理系统的改善将有利于促进国家和地区水安全、经济社会可持续发展，增强国家治理能力。加强水治理体系建设的必要性和紧迫性，主要有以下几个方面。

一是有利于国家治理体系建设与治理能力现代化。提升水治理能力与水平，迫切需要加强水治理。统筹山水林田湖草系统治理，形成“水安全、水资源、水环境、水生态、水景观、水文化”协调共生，实现“水清岸绿、鱼虾洄游、环境优美”的景象。治水能力与水平，自古以来就是我国考量官员政绩的一项重要标准。近年来，国家将治水放在了更加突出的位置，治水能力与水平得到较大提升，但对标国际水平和现实需求仍有差距。国务院在《关于实行最严格水资源管理制度的意见》中提出，到2020年，重要江河湖泊水功能区水质达标率提高到80%以上，城镇供水水源地水质全面达标。到2030年，主要污染物入河湖总量控制在水功能区纳污能力范围之内，水功能区水质达标率提高到95%以上。实现国家水治理目标，要求提高水治理能力，实现水治理能力现代化①。

二是有利于生态文明制度的建设。水治理体系的制度建设，是生态文明制度建设的重要组成部分。水利部《关于加快推进水生态文明建设工作的意见》（水资源〔2013〕1号）明确了严格水资源管理制度，要求优化水资源配置，强化节水管理，严格水资源保护。围绕城市水生态文明建设，推动大范围的城市试点，105个水生态文明试点城市针对各自实际，如水生态系统功能退化、残缺和丧失等情形，科学确定建设任务，开展相应工作，并取得了显著效果。设计水治理体系，需要在顶层设计、产权制度、规划计划、开发保护、总量控制和全面节约、有偿使用和生态补偿、环境治理体系、环境治理和生态保护市场体系、绩效评价考核和责任追究等方面，建立健全制度体系，让水治理制度体系成为我国生态文明建设制度体系的重

① 谢庆裕：《粤港澳大湾区应打造优质环境共同体》，《南方日报》2017年9月1日。

要组成部分①。

三是有利于提升国家和区域水安全保障能力与水平。习近平总书记指出，保护生态环境就是保护生产力，改善生态环境就是发展生产力。粤港澳大湾区要迈向世界级城市群，成为更高端的创新中心，需要更高质量的生态环境公共产品供给，需要持续改善环境质量，需要不断提升绿色竞争力。水是基础性的自然资源和战略性的经济资源。从科学内涵角度看，水治理分水资源、水环境、水生态、水灾害和水管理领域；从行为主体看，包括农业用水、工业用水、市政用水、居民用水等方面。与此相对应，技术创新分三个层次：技术思路、技术装备（固化的技术）和综合解决方案。信息平台分为能共享的公共平台、用于决策支撑的政府平台和企业平台等。提升水安全保障能力，必须着眼于水资源安全、水环境安全、水生态安全、水工程安全、集中供水安全、国际水关系安全②。

四是有利于改善民生福祉，汇聚创新资源。群众对生态环境、宜居环境的期待提高，对水环境质量改善的需求越来越多。环顾三大世界级大湾区，即美国旧金山湾区、美国纽约湾区、日本东京湾区，无一不是有着优良的生态环境，并依此建设起高品质的生活圈。而且，优良的生态环境也有利于吸引创新要素。粤港澳大湾区要迈入全面创新发展阶段，创造一个良好的生态环境是必不可少的。事实表明，较差的环境质量会对资本和人才产生“挤出效应”，优质的环境有利于增强区域对人才、资本等创新要素的吸引力和凝聚力。对珠三角水环境治理体系而言，当务之急是要解决污水收集管网系统的建设问题；未来要解决管网的质量以及处理效率等问题，解决污水直排、城市黑臭水体治理问题，并做好污水收集管网、企业入园和污染物排放的严格监管等工作，同时要重视水生态修复，解决河道“三面光”的硬化问题，恢复水流系统的水力联系。此外，要减少台风灾害及其影响，提高城乡居民饮水安全水平。

---

① 国务院发展研究中心、世界银行、本书项目组：《中国水治理研究》，中国发展出版社，2019，第10页。

② 张建云：《城市水环境综合治理目标与技术路径及实践》，《净水技术》2019年7月16日。

五是有利于更好地参与区域与全球水治理。建设世界级大湾区，需要世界级的生态环境质量作支撑。建立健全水治理体系，不仅可以为区域水治理提供经验、模式与能力，还可以为全球水治理提供经验、模式与理念。在对外开放战略和“一带一路”倡议实施的背景下，水治理目标是打造优质生命共同体，并构建一套制度化的合作机制和深度的合作网络，推进协同共治：要求有关各方在水治理事务上共同参与、共同出力和共同安排；同时要相向而行，形成协同和叠加的效果，而不是相互抵消。因此，应该从战略性、全局性、系统性出发，统筹谋划大湾区内水生态环境保护的战略重点，积极推动水治理以更好地引导和服务经济社会持续健康发展，坚持标准先行，共同建立和完善相对一致的水环境质量标准体系和生态环境技术标准体系①，不仅为水生态环境建设的协同共治提供基础支撑，也形成可复制、可推广的水治理模式。

三　建立粤港澳大湾区水治理的思路与原则

建立健全水治理体系，既是从国情水情、从大湾区实际出发，也是《粤港澳大湾区发展规划纲要》提出的水资源保护和水环境治理的客观要求。我国水问题可以表述为：“水多、水少、水脏、水浑、水灾”。解决水问题的技术路线相应为：解决“水多”问题，应当在防洪和水灾害预防上下功夫；解决“水少”问题，需要大力推广应用节水或水资源高效利用、循环利用技术；解决“水脏”问题，必须研发和应用水污染治理技术；解决“水浑”问题，应当采用水土保持和水生态保育技术②，解决“水灾”问题应对洪水、台风等气象灾害，避免因灾害性天气引发人民生命财产的损失。针对粤港澳大湾区水环境问题，需要对症下药，系用综合解决方案，这也是建立健全水治理系统的最大挑战。

---

① 国务院发展研究中心、世界银行、本书项目组：《中国水治理研究》，中国发展出版社，2019，第239页。

② 国务院发展研究中心、世界银行、本书项目组：《中国水治理研究》，中国发展出版社，2019，第239页。

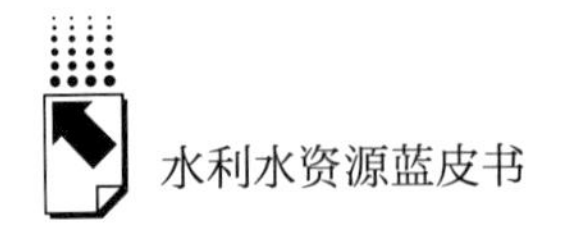

（一）水治理的思路

把增进人民福祉、促进人的全面发展作为水治理的出发点和落脚点，对标纽约、旧金山、东京湾等世界级大湾区，粤港澳大湾区面临的水环境治理任务较重，要着力解决群众最关心最直接最现实的防洪、供水、水污染治理、水生态改善等问题，要求效率更高、见效更快、投资更省，共建共享水治理成果，增加广大人民群众的获得感、幸福感和安全感。

（二）水治理的原则

1. 顶层设计，统筹兼顾

加强顶层设计，分类施策，优化配置水资源，既要保护生态环境又要支撑发展，既要考虑当前也要兼顾长远，既要解决存量又要把握增量，从区域生态系统整体性和水系流域系统性着眼，兼顾陆域海域环境特性和各城市水环境问题，合理设计差异化、系统化防治和解决方案，实施生态修复和环境保护工程。完善水利基础设施，兼顾节水与治水、地表水与地下水、淡水与海水、好水与差水的关系，统筹安排好生产、生活、生态用水，控制用水总量、提高用水效率，全面推进山水林田湖草系统保护、治理和修复。以流域为单元，以强化整体保护、系统修复、综合治理为主，抓好重点污染物、重点行业和重点区域，切实改善水环境质量，维持河湖生态用水，以绿色发展带动粤港澳大湾区建设。

2. 问题导向，精准施策

水污染“表象在水里，根源在岸上”。粤港澳大湾区大小城市连片，工厂密集分布，人口数量庞大，生产废水和生活污水排放量大，造成地表水污染，危及地下水水质，甚至影响饮用水安全。因此，应尊重河湖水系的流域性特征和规律，以水环境质量改善为主线，以全面控制污染物排放为重点，强化工业、农业、生活源协同控制，抓好入河、入海污染物总量削减，以重污染企业达标整治、产业整合入园、养殖业治理和污水处理厂提标改造为着力点，统筹协调城市乡村、上下游、左右岸、干支流和岸上岸下，控源、治理、修复多措并举、分步实施，形成水量、水质、水生态、水灾害、水管理统筹兼顾、协调推进的格局。重视大中型牲畜养殖场的排泄物管理，推进牲畜粪便污水资源化利用；加快农村生态环境综合整治、加强船舶港口污染控制，建成水清岸绿美景。

3. 陆海统筹，区域联动

从监测数据看，粤港澳大湾区范围内江河、湖泊、近岸海域水环境污染较为严重，深圳河、小东江、石岐河等受到重度污染，珠江口、大亚湾、广海湾等水质出现不同程度的污染。要增强各项措施的关联性和耦合性，防止畸重畸轻、单兵突进、顾此失彼。必须综合考虑陆域、近海和海域，将三者统一起来综合施策。加强跨地市河流的上游治理，确保“谁排放、谁治污、谁管理”，保证“清水往下流”。近岸海域是陆地和海洋两大生态系统的交汇区域，近岸海域环境质量状况及变化趋势，综合反映了各类涉海排污行为的强度和污染防治工作的成效，必须给予高度关注。应按照“海陆一盘棋”思路，统筹陆域和近岸海域污染防治工作，优先构建陆海生态安全格局，重点强化陆海生态系统保护，统筹推进陆海水环境联防共治。

4. 依法治水，科学管水

完善水法治体系，强化标准、政策、规划对涉水活动的指引和约束作用。工程措施与管理措施并举，工程措施着眼于“以项目治水洁水”，大力推进雨洪资源利用等节约水、涵养水的工程建设；加快推进珠三角水资源配置工程和对澳门第四条供水管道建设，加强饮用水水源地和备用水源安全保障达标建设及环境风险防控工程建设。管理措施着眼于“用制度管水节水”，实施最严格的水资源管理制度。加强对群众意见大、公众关注度高的小沟小汊的治理，公布黑臭水体名称、责任人及达标期限；依法加强河湖监督管理和水资源水环境管控，消灭劣Ⅴ类水体，保障饮用水安全。以水环境质量改善为导向，树立全流域、系统化理念，强化源头防控，水岸共治，分清轻重缓急，突出针对性、差异性和可操作性，切实改善大湾区水环境质量。

四　开展粤港澳大湾区水治理的重点任务

在大湾区环境治理中，水治理体系摆在了重要位置，珠江流域水治理是重点。《粤港澳大湾区发展规划纲要》提出，开展珠江河口区域水资源、水环境及涉水项目管理合作，重点整治珠江东西两岸污染，强化陆源污染排放项目、涉水项目和岸线、滩涂管理。加强海洋资源环境保护；实施东江、西江及珠三角河网区污染物排放总量控制；加强重要江河水环境保护和水生生物资源养护，强化深圳河等重污染河流系统治理，推进城市黑臭水体环境综合整治，贯通珠江三角洲水网，构建全区域绿色生态水网。下文从大湾区，特别是广东水情出发，重点讨论水资源优化配置、节水、水污染治理、管网智能化管理等内容，并介绍成功经验以资借鉴。

（一）推进水资源的优化配置和节约利用

纲要提出强化水资源安全保障，完善水利基础设施，加快制定珠江水量调度条例，严格珠江水资源统一调度管理。

广东水资源分布在时间上不均，利用上空间错位。汛期雨水集中、枯水期雨水少；80%的降雨量集中在汛期4～10月，且大部分以洪水形式流入大海，属难以利用的水资源；11月至来年3月是枯水期，降雨量很少。水资源利用在空间分布上却是另一种情景：珠三角东岸聚集了深圳、东莞、惠州、广州东部及香港特别行政区等发达地区，是粤港澳大湾区的经济重心，水资源主要来源于东江，水资源开发利用程度超过30%，逼近国际公认的警戒线。而在珠三角西岸，拥有流量排全国第二的西江，水资源丰沛，但开发利用程度只有3%左右。在深入调研和充分论证的基础上，广东水利部门提出建设珠三角水资源配置工程的建议，将西江水引至珠三角东岸，以便为珠三角未来经济社会发展提供水资源保障[①]。

① 张建云：《城市水环境综合治理目标与技术路径及实践》，《净水技术》2019年7月16日。

珠三角水资源配置工程是国家172项重大节水供水工程之一，是继港珠澳大桥后广东省又一“超级工程”：由一条干线、两条分干线、一条支线、三座泵站和一座新建调蓄水库组成。西起西江干流佛山顺德鲤鱼洲，东至深圳公明水库，输水线路总长113.1公里，多年平均年引水量17.87亿立方米，总投资约340亿元。输水线路平均位于地下45米深，穿越珠三角核心城市群，施工建设中要攻克众多技术难题。2018年8月，工程可行性研究报告获得国家发改委批复，初步设计报告已报水利部。广东省还将力促对澳门第四条供水管道工程、珠海平岗－广昌原水供应保障工程尽快施工建设，优化珠海、澳门水资源配置。

在东江流域实施水资源分配制度。将可供分配的水资源分到流域内各城市及香港特别行政区，实施用水总量控制，倒逼各地开展节水行动。在东江流域实施全年水量调度，汛期将雨水拦蓄下来储于水库供枯水期使用，实现了雨洪资源化。到2018年，东江分水运行了10年，供水人口由3200多万人增至近4000万人，水资源供给为流域经济社会可持续发展和粤港澳大湾区建设提供了可靠有力的支撑。供水区每年GDP由3.1万亿元增至6.5万亿元，增长率达到110%，而万元GDP耗水量下降50%以上。广东还将通过各种工程措施优化水资源配置，以满足粤港澳大湾区的用水需要①。

需要指出的是，我们应当将与水有关的工作统筹安排、协同推进。自2013年起，浙江省全面推行“五水共治”战略，将治污水、防洪水、排涝水、保供水、抓节水一体化，收到了水治理的预期效果②。这种做法值得借鉴。应把握空间水资源供需均衡，强化水资源高效利用和刚性约束。从生态文明建设的高度看，应处理好开发当地水资源和工程调水、水源涵养的关系，以水资源承载能力确定人口分布、城市规模、产业布局和发展战略。在城市规划和建设中，严禁盲目兴建不切实际的人造水景，控制高耗水的异地花草

① 粤水轩：《广东：夯实粤港澳大湾区建设的水支撑》，《中国水利报》2019年1月22日。

② 《浙江省“五水共治”网络舆情分析报告》，思想政治工作网，2015年7月17日，http://siyanhui.wenming.cn/xb2015/jclt/201507/t20150717_2738958.shtml，最后检索时间：2020年3月2日。

品种，严格控制高尔夫球场的建设；在城市功能分区、建筑物和道路建设中，将节水作为设计和验收的标准之一，形成节水型的空间布局和产业布局。

把节水贯穿于经济社会发展和群众生活生产的全过程；节水不仅是技术问题，更是文化、伦理和社会风尚。粤港澳大湾区城镇化格局基本形成，全面推进城镇节水势在必行。实施《国家节水行动方案》，并落实到城市规划、建设、管理各环节。减少管网漏损，推进公共场所和高耗水服务业节水。加快供水管网改造、协同推进二次供水设施改造；建设智慧水务平台，提高管网漏损管理的智能化水平。实现优水优用、循环循序利用；结合海绵城市建设，提高雨水利用水平；生态景观、工业生产、城市绿化、道路清扫、车辆冲洗和建筑施工等，要优先使用中水。园林绿化尽可能选用当地品种，并采用节水浇灌方式。公共机构要推广应用节水新技术、新工艺和新产品。深挖城镇居民生活节水潜力，鼓励使用节水龙头、节水洁具和节水洗衣机等。开展节水型公共机构和节水型居民小区创建，建成一批具有典型示范意义的节水型写字楼、校园、医院、商场等公共建筑。

（二）推进水污染防治和污染物减排

实施“水十条”行动方案，推进重点涉水行业清洁生产，大幅降低水体污染物排放强度。推进水环境监测预警、饮用水安全保障、城镇污水处理、农业污染防治、水生态保护和修复技术等方面技术集成，优化水治理方案，支撑水环境质量持续改善。

1. 农业污染防治

重点之一是畜禽养殖污染，按“调布局、建设施、促利用”过程调整思路，实施养殖场清洁生产和粪污资源化利用，减少水环境污染。桑德集团与长沙县政府签订特许经营协议，提供一体化解决方案，值得借鉴（见专栏1）。

专栏1　村镇污水处理的SMART长沙模式

桑德“SMART长沙模式”的特点：S（small）规模小、占地节省，M

(modular) 模块化、多功能，A (automatic) 自动化，R (rapid) 建设周期短，T (technology) 设备化。

在长沙项目中，桑德采取了与政府联合投资的PPP模式，对16个乡镇污水处理厂（规模为29400吨/日）进行投资、建设、运营、移交（BOT）和管网配套建设工程的建设、移交（BT）以及对已建2个污水处理厂（规模为5000吨/日）进行托管运营，为18个乡镇污水处理厂提供从设计、投资、设备采购、安装、运营到维护的“一站式服务”。

桑德集约化、智能化的运营方式，不仅保障了村镇污水处理设施长效运行、节约运行维护资金，而且也便于主管部门对设施运行管理责任主体进行监管。

资料来源：王世汶：《桑德SMART小城镇污水系统解决方案以及长沙项目实地调研》,《中国环境产业》2014年6月3日。

2. 城市黑臭水体整治

一要落实截污优先、治理为本、系统治理等要求。二要坚持问题导向，实施“一河一策”，解决城市建成区污水直排问题。三要坚持工程建设与长效管理两手抓，创新工程运营维护模式。四要严格考核，定期公布城市黑臭水体清单与治理进程。要综合治理措施，包括控源截污、河道整治、水系连通、动力调控、净化强化和生态修复。将污水处理概念厂推广落地。传统污水处理厂是将污染物由一种形态转化为另一种形态；变革的措施是将污水处理厂建成一个资源、能源转化工厂。如戛纳一个污水处理概念厂，配4000平方米的光电板，所发电量除自用外还供周围居民使用；厂房覆盖上绿色植物，配合海滩风光放置一排蓝色太阳伞，组成一个“自然景观”，以满足水质可持续、能源自给、资源回收和环境友好等方面的要求。

污水处理概念厂，由曲久辉院士等提出，并推动在宜兴试点（见专栏2）。在未来的污水处理厂规划建设中，应当重视这种新概念的应用。

专栏2　中国污水处理概念厂的愿景

污水处理概念厂，以绿色低碳理念为指导，集成了已经和即将应用的先进技术。

出水水质满足水环境保护和水资源可持续利用标准。一是在顶层设计、长远规划基础上提出符合当地环境和社会可持续发展要求的出水水质标准。二是对包括新兴污染物在内的有毒有害污染物深度去除，以满足水资源循环利用标准，保障缺水区生态安全。

大幅提高污水处理厂能源自给率，力争做到零能耗。运用新工艺、新技术、新装备创新运营方式，合理利用有机物以满足污水处理厂能耗的1/3到1/2，水处理能耗下降50%；适当发展太阳能，从而有望减少全社会1%的能耗。

物质合理循环利用，减少对外部化学品的依赖与消耗。选择合理的处置方式，使污泥最少化、无害化、资源化，降低化学品的使用对污水处理厂排出水、淤泥的环境风险。

感官舒适、建筑与环境和谐、与社区友好。污水处理厂出水、出料、出气等对生态环境无害，不仅能节约用地，还能对周边土地的使用功能不产生较大影响。这不只是技术专家和工程师的事，还应成为全社会的共识。

注：作者根据相关资料编写。

3. 垃圾渗滤液处理

随着城市垃圾填埋场的建设运行，垃圾渗滤液对地下水污染的问题必须被提上重要的议事日程。对于污染物浓度极高的垃圾渗滤液，碧水源科技股份有限公司处理工艺包括UASB（升流式厌氧污泥床）、两级AO + MBR（膜生化反应器）、DTRO（碟管式反渗透），北京六里屯垃圾渗滤液处理方式见专栏3。

专栏3　北京六里屯垃圾渗滤液处理

碧水源科技股份有限公司利用了UASB（升流式厌氧污泥床）+两级

AO + MBR（膜生化反应器）+ DTRO（碟管式反渗透）工艺处理垃圾渗滤液，流程如下：

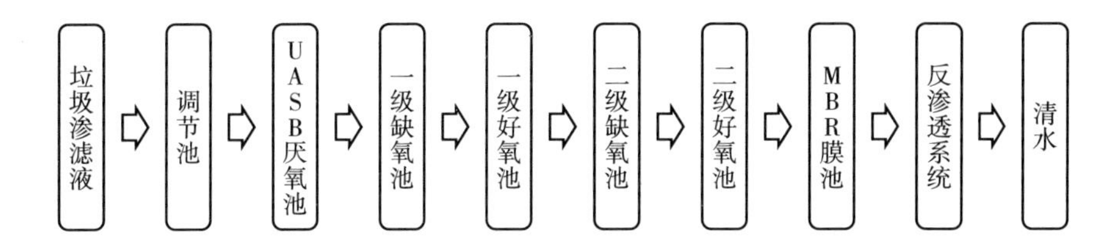

其特点如下：

· UASB 系统容积负荷高、产泥量少，产生的沼气可以作为能源被利用。

· 生化系统碳源利用率高：两级硝化反硝化保证氮的有效去除和充分利用。

· MBR 系统污泥浓度高：有效去除难降解有机物和氨氮。

· DTRO 系统对污染物的截留率高：出水水质优良。

· 系统回收率高：产水回收率大于 80%，浓缩液处理量小。

出水水质达到《生活垃圾填埋场污染控制标准》（GB 16889－2008）、中污染物特别排放限值及北京市的《水污染物综合排放标准》（DB11/307－2013）二级限值。

注：作者根据碧水源介绍资料编写。

（三）利用信息技术建设管网管理智能化平台

应加强水环境监测体系建设，推进陆海统筹、天地一体、上下协同、信息共享的生态环境监测网络建设，实现资料共享。加强水文气象设施和平台建设，优化站网布局，扩大覆盖范围，增强重点地区、重要城市、地下水超采区水文测报能力，提高水资源调控、水利管理和工程运行的信息化水平。在将监测、传输等信息技术用于供排水管网管理方面，许多企业进行了有益的探索。上海浦东威立雅公司管网智能化管理系统在上海世博园的应用，取得明显成效，并被推广到欧洲国家（见专栏 4）。

专栏4　管网智能化管理系统及其在世博园的应用

在2010年上海世博会期间，为确保直饮水供应、供水质量和供水安全，上海浦东威立雅公司提出了“三中心合一”的概念：将控制中心、检测中心和客户呼叫中心整合为一个中心。在世博园区内安装了多个直饮水设备；在长清泵站设立供水保障中心和供水信息化综合管理平台，并成为世博会供水保障的指挥中枢。安装了一套先进的管网智能化管理系统，通过远程监测设备对供水生产、输配进行24小时连续监控，包括水质、水量、水压和漏损等；运用地理信息系统和水力模型对管网系统进行优化管理；实现从河流集水区到客户用水点，包括原水输送、水处理、泵送等环节的全过程跟踪管理；制定了应急预案，以确保对突发事件做出及时响应。

在上海世博会期间，从建立完善组织体系到全面完成保障方案，从启用世博会供水保障指挥中心到组建应急保障队伍24小时待命，从全天候监控世博园区内服务供应安全到实施管网动态预警监测，浦东威立雅公司出色地完成了各项保障任务。184天的会期，供水水质总体安全优质，没有发生1例水质投诉事件。

浦东威立雅公司将这一成功经验运用到了欧洲的一些供水项目中，在提升当地客户服务水平和应急管理能力方面收到了明显效果。

注：根据本人的调研资料管理，案例材料由黄晓军、张啸渤等提供。

五　促进粤港澳大湾区水治理的对策措施

我们需要从战略高度对大湾区水环境治理进行顶层设计，在分析国内外典型地区水环境保护经验的基础上，政府针对粤港澳大湾区水环境现状，编制中长期水环境保护规划，提出水环境保护战略目标、任务和保障措施，并持之以恒地加以实施。

（一）创新发展模式，健全生态经济体系

推动制造业智能化绿色化发展，采用先进节能低碳环保技术改造提升传

统产业，加快构建产业生态化和生态产业化的生态经济体系。推进资源全面节约和循环利用，大力发展循环经济，实施国家节水行动，降低能耗、物耗，实现生产系统和生活系统循环链接。在发展水运、旅游产业方面，鼓励使用岸电、甲醇等清洁液体燃料，减少随手扔垃圾行为，保护相关水体环境。推进能源生产和消费革命，构建清洁低碳、安全高效的能源体系。加强城市绿道、森林湿地步道等慢行系统的建设。推动粤港澳碳标签互认机制研究与应用示范。加强低碳发展及节能环保技术的交流合作，进一步推广清洁生产技术。开展绿色生活行动，推动居民在衣食住行游等方面加快向绿色低碳、文明健康的生活方式转变，鼓励低碳出行。推广低碳城市、园区和社区试点经验，实施近零碳排放区示范工程，加快低碳节能技术研发，挖掘温室气体减排潜力，主动适应气候变化。推动开展大湾区绿色低碳发展评价，力争碳排放早日达峰。实行生产者责任延伸制度，推动企业切实落实废弃产品回收责任，管理居民闲置品的再利用，促进“无废城市”建设。加快节能环保与大数据、互联网、物联网的融合，培育发展新兴服务业态，形成资源效率型、环境质量型的生产方式和消费模式。

（二）创新治理机制，以制度保障水环境改善

加大改革攻坚力度，释放改革红利，推进水价、水权、工程投融资机制和建运管体制改革，着力构建系统完备、科学规范、运行有效的水治理体制机制。建立农业用水精准补贴和节水奖励机制，并有机衔接。实行城镇居民用水阶梯价格、非居民用水超定额累进加价，建立鼓励非常规水资源利用的价格激励机制。建立用水总量控制和效率控制制度。确立水资源开发利用控制红线，建立取用水总量控制指标体系。严格取水许可审批管理，对取用水总量达到或超过控制指标的地区，暂停建设项目新增取水审批；对取用水总量接近控制指标的地区，限制新增取水。严格地下水管理和保护，实现采补平衡，提高水资源利用效率。改变城镇污水排放标准以单一排放浓度或总量为限的做法，对标国际，根据污水处理厂排水区的水环境来选择或确定标准。对水环境容量小的地区，推动污水处理厂提高排水标准。

建立水功能区限制纳污制度。从严核定水域纳污容量，严格控制入河湖排污总量。对于排污量超出水功能区限制排污总量的地区，限制审批新增取水和入河排污口。

（三）加强海陆统筹，推动水环境持续改进

按照“陆海统筹”的原则，加强重污染河流和重点河口、海湾污染整治力度，切实控制陆源污染，减少陆源污染负荷。突破行政区限制，合理规划布局入海排污口；实施入海口生态湿地和生态净化工程，加快主要入海河流河口湿地恢复与建设，提升河口区域河流湿地、浅海滩涂湿地的净化作用。打破片区、行政区限制，区域协调联动；加强水资源水环境水生态共治共保；加强东江、西江、北江等重要江河湖泊水环境保护和水生生物资源养护，强化深圳河等重污染河流系统治理，构建全区域绿色生态水网系统。加强海洋资源开发和环境保护，实施粤港澳大湾区入海污染物总量控制，在水环境质量较差的海域，实施入海总量和环境容量总量双控制。对水环境容量不足和海洋资源超载的区域实行限制性措施，大力减少陆源污染物排放；加快建立入海污染物总量控制制度和海洋环境实时在线监控系统。建立环境污染“黑名单”制度，建立源头预防、过程控制、责任追究一体化机制；健全环保信用评价、信息强制性披露、严惩重罚等制度，推动粤港澳大湾区近岸海域环境持续改善。解决人民群众关心的环境保护历史遗留问题，还自然以宁静、和谐、美丽。

（四）利用信息技术，实现治理能力现代化

践行“山水林田湖草是一个共同体”理念。以自然规律为准则、用系统思路开展生态环境保护修复。河湖治理是一个漫长的过程，需要系统成片治理及各行业、各部门的共同努力和协同。河湖治理并非只在水中，也包括岸线的农业面源污染控制、工业和生活污水处置、河湖中的水生生物链的维护，以及长效的监测、维护和管理等。河、湖长制度是问题导向的制度创新，不仅仅是责任分解，更要落到实处、循序渐进、长效运维。利用互联

网、云计算、大数据、人工智能等新一代信息技术，构建水、气、声、土壤和辐射等基础环境质量数据库，建立“水环境治理的管理云平台系统”，提高水环境治理的能力。加强人才队伍和水治理能力建设，构建完善的基层水治理专业化服务体系。实行严格的空间管控制度，建立清晰明确的责任体系；建立务实高效的监管体系，建立考核评估制度。加大国情水情宣传教育力度，凝聚社会共识，提高全社会惜水爱水亲水护水意识。积极引导全社会参与规划实施和水资源治理，形成治水兴水合力，实现水城共融、人与自然和谐共生。

（五）开展跨区协调，形成生态安全新格局

打造粤港澳大湾区城市群和创新高地，应当将三地合作从以经济领域为主逐渐延展至文化、社会和环境保护等方面。从粤港澳大湾区水环境保护全局角度看，以高效沟通、有效配置为目标，设立水环境整治及保护的协调机制，形成粤港澳大湾区水治理的社会体系。通过全局擘画长远发展，统筹近岸海域、河道等水环境治理，提升水生态环境质量，创造更好的创新创业环境。抓住机遇，变压力为动力，拓宽融资渠道，允许将水利、水电资产及相关收益权等作为贷款、还款来源和合法抵押担保物；鼓励和支持符合条件的水利企业上市和发行企业债券以争取更多资源，同时对河流中下游和整个大湾区水环境进行综合整治和保护，缓解地方政府的筹资压力。建立水生态补偿机制，开展生态服务功能价值核算，并与生态环境保护的绩效挂钩，探索“绿水青山”变“金山银山”的途径，在更广范围、更多地市、更多部门共享水治理的成果，全面建设粤港澳大湾区生态安全的新格局。

行业发展篇

Industry Development Reports

B.7

粤港澳大湾区供水管网现状分析与建设

白　雪*

摘　要： 作为新时代全民开放格局的推动器，粤港澳大湾区在国家经济发展和对外开放方面起着支撑引领的作用。解决水资源问题、优化供水管网建设对于粤港澳大湾区的建设十分重要。水资源时空分布的极度不均匀、严重的水资源浪费、部分河流段的污染严重，以及局部水资源的过度开发，使粤港澳大湾区的水资源在质和量上都受到不同程度的影响。本文从供水管网的改造、水资源优化配置、标准制定以及智慧管网建设四个方面对管网建设优化进行讨论，从而推

* 白雪，博士，中国标准化研究院研究员，全国节水标委会秘书长，从事节水标准化及相关政策研究。

动建设高质量的供水管网系统，实现更高效的水资源利用管理。

关键词： 城市供水管网　粤港澳大湾区　管网改造　水资源优化配置　智慧管网建设

粤港澳大湾区包括广州、珠海、深圳、佛山、惠州、东莞、中山、江门、肇庆、香港和澳门11个城市或特别行政区，占地面积为5.6万平方公里。根据上海易居研究所的分析预测，到2020年其人口将超过7300万。作为目前开放程度、经济活力以及战略地位都稳居前列的大湾区，《粤港澳大湾区发展规划纲要》（以下简称《规划纲要》）明确要求其到2035年，在资源、生态环境、居住、旅游等方面建设成为国际一流湾区。

《规划纲要》明确指出，在水利方面，需要完善各种基础设施，坚持做到节约用水，并推进各种节约水资源、涵养水资源的工程建设，例如，对雨水洪水等水资源的利用。对水资源配置、供水管道建设、饮用水水源地的安全保障以及环境风险防控等都制定了相关标准，规划了相关工程，在供水安全方面对大湾区进行保障，同时加强大湾区水资源的交流合作。

作为城市发展的基石，城市供水管网是社会发展、人民生活必不可少的物质基础。城市供水管网具有结构复杂、规模大等特点。目前，城市管网的设计包括排水、供水和排污等，是以50～100年的使用寿命、未来30～50年所能预测的城市水基础设施为主要驱动力来进行设计的。但城市环境的改变、气候变化、城市供水系统技术的提高给城市供水系统带来了许多不确定性，从而导致某些设计和决策存在问题。城市供水管网的管理建设在城市发展的过程中扮演着极其重要的角色，不仅可以推动城市经济的发展，还可以协调供需水的平衡，如何有效地进行城市供水管网的管理和建设将是未来研究的热点问题。

本文将讨论粤港澳大湾区水质水量情况以及其供水管网现状，并从大湾区的水资源状况出发，通过管道网络的改造、水资源分配的合适性、标准制定以及智能化的管道网络等来阐释水资源的状态，通过建立高质量的供水网络来实现有效的水资源管理。

一　粤港澳大湾区供水管网现状

（一）粤港澳大湾区水资源情况

粤港澳大湾区水资源丰富，独特的地理位置与气候条件使其成为台风登陆的集中地区，降水是其水资源的主要来源；与大气环境相反的是，其城市河道水体污染、农村环境污染以及臭氧污染问题突出。

粤港澳大湾区属于珠江水系，拥有东江、北江、西江 3 条干流，干流之间地表水资源量差异较大，其中西江水量最大，东江最小（见表 1）。就水资源承载力来说，深圳、佛山和珠海的水资源供给已无法满足社会的发展需求。虽然有的城市水资源得到高度开发利用，例如广州、东莞、佛山、珠海等，但是也已经处于饱和状态。肇庆和江门虽然水资源承载力好，但是在水资源利用方面程度不高。水资源脆弱性增加的典型城市包括深圳、东莞和中山，这三座城市同样也是水资源量不足的城市。根据国际水资源安全的标准，粤港澳大湾区人均的本地水资源量仅为国际警戒线的 19%。水资源脆弱性的城市包括佛山、广州和珠海；对水资源不太敏感的城市包括肇庆、惠州和江门。

表 1　2017 年珠江片区水资源量

单位：亿立方米

水资源分区/行政分区	水资源总量	地表水资源量	地下水资源量	地表与地下水不重复量
西江	682. 0	681. 8	157. 5	0. 1
北江	484. 1	484. 0	122. 5	0. 1
东江	249. 6	249. 5	68. 1	0. 1
珠江三角洲	286. 4	282. 6	56. 1	3. 8

资料来源：《中国统计年鉴 2017》。

表 2　2017 年珠江片区供水量

单位：亿立方米

水资源分区/行政分区	地表水源供水量	地下水供水量	其他水源供水量	总供水量
西江	98. 7	2. 5	0. 1	101. 3
北江	50. 1	1. 8	0. 6	52. 5
东江	42. 9	0. 4	0. 8	44. 2
珠江三角洲	169. 8	0. 9	0. 7	171. 4

资料来源：《中国统计年鉴 2017》。

表 3　2017 年珠江片区废污水排放量

单位：亿吨

水资源分区/行政分区	用水户污废水排放量			
	城镇居民生活	第二产业	第三产业	合计
西江	4. 4	7. 1	2. 5	14. 0
北江	2. 5	5. 6	1. 0	9. 2
东江	4. 7	7. 9	2. 1	14. 7
珠江三角洲	24. 7	28. 3	12. 4	65. 5

资料来源：《中国统计年鉴 2017》。

粤港澳大湾区汛期雨水集中、枯水期雨水稀少，与生产力分布极不协调的水资源时空分布导致人均水资源的占有量少。2017 年，珠江地区用水量为 356. 8 亿立方米。由于人口密度、经济结构、作物组成等影响，各区域的用水指标差异较大，水资源遭到极度浪费。气候变化、局部水资源的过度开发都使粤港澳大湾区水资源面临巨大的挑战。

（二）粤港澳大湾区供水管网现状

为满足发展需要，粤港澳大湾区大力建设供水管网等基础设施、扩大自来水供水范围，并连通使用新旧管网。这一系列措施归因于管网建设的缺点：布局不科学、线路复杂、铺设冗余等。另外，管道的年代、材质也带来一系列的管理问题。如果管网设计不合理，就会造成有的地区水压过高而有的地区水压过低。为保证管网压力而设置的加压减压装置会使管网的运行管理费用相应地增加。发展与配套设备建设的不一致将会出现管网流速、压力分布不均等问题，从而导致爆管事故的发生。目前大部分城市管网已步入老化期，其设计与实际的偏差导致水滞留的时间过长，易产生水垢从而影响水质。

正是由于供水管道的存在，城市的供水工作才能正常进行。每个终端客户分布复杂，在出水厂以供水管道这个媒介进行供水时，水源发生各种物理变化及化学反应，从而导致水质恶化。常见的导致水质恶化的原因有以下几种：①金属腐蚀和一些沉淀物对水质的影响；②管道材质带来的二次污染，以往主要是将钢管和铸钢管作为供水管网的主要材料，虽然现在应用较为广泛的是塑料钢管，但是口径较大的管道依旧需要金属材料，金属一旦发生化学反应就会造成“红水”“黑水”等事故；③供水调节设备造成的水质二次污染。作为城市供水的重要组成部分，调节设备主要有高位水箱、水塔、蓄水池等，它们能够对管网中的水进行存储或传输调节，这些设备内的水流速度比较慢，水中的氯逐渐消耗，从而造成水质污染；④管道施工造成的二次污染，在日常的管道维护、抢修突发事故、对新安装管道并网等过程中需要断开管道、停水，容易造成二次污染；⑤二次增压有可能造成水资源的二次污染，由于人口的增加，建设用地规模日益扩大，为了充分利用空间，楼层越来越高，但是高层建筑的供水难度大，一次增压已无法满足需求，需要二次增压来解决压力不足的问题，地下水池、加压泵和高位水箱等增压设备中很容易产生死水，从而对水质造成污染。

二　粤港澳大湾区供水管网建设

（一）供水管网改造

目前关于供水管网改造的研究主要集中在以下四个方面：①针对管段老化提出模型进行模拟研究；②对于管网运行现状进行分析；③针对

运行成本进行研究；④对于管网的改造决策进行研究分析。其中管段的年龄、管网的运行以及更改管网成本可用于创建决策模型，在管网优化的基础上进行管网的改造，目前运用水力模拟管网现状是最有效的方法之一，可以发现现存问题，从而优化管理，并使用管网水力模拟验证问题的完善度。

供水管道网络的优化主要从以下两方面进行：①管网布置；②管径设计。管道网络的布局是管网设计的基本前提，有许多因素影响管道网络的布局，如管线的总长度、附件管件用量、施工管理的难易程度等，管网布局还与工程投资、水力性能、系统运行等方面直接挂钩。管网及其布置的最佳解决方案是管径优化设计的基础，其研究内容主要有：①水力计算确定相关技术参数；②研究管径的最佳组合；③研究系统年费用的最优解等方面。

初期对于最佳类型的管网布置研究表明，管道和排水管的布局在很大程度上取决于实际的工程地形条件以及技术经验。1979 年，Clement R. 提出，可通过单位矢量对管网布置进行改进。Morgan 等人使用两步法，先使用线性变成仿真，再以最小成本确定组件的尺寸。董文楚等人根据矢量计算，将最低建筑价格设定为目标函数，并优化网络配置。林性粹等人认为应该在考虑布置优化的同时考虑管径设计，通过正交试验确定相关方案，使用微分法分别对方案进行相应优化，结果对比，从而确定最优方式。魏永耀等使用最小生成树来确定管网总长度，从而在管道长度方面创建最合适的方案，提出较为完整的管网系统优化设计方案。

管道的最佳设计和布局会影响管道网络。关于管道直径优化的研究可以追溯到 20 世纪 60 年代。这些包括设计模型和算法类的工具，可以提高设计水平以及系统的效率。确定性与随机性优化算法是目前主流的方法。常见的确定性优化算法有模拟退火算法、神经网络算法、遗传算法等。其中，线性配准法常用于解决简单的优化问题，并且影响最大。但是随着人工智能等技术的探索与发展，采用遗传算法等逐渐成为主流方法，并且其研究结果更接近城市供水管网的实际情况。

目前管网优化设计模型模拟主要从管网基础建设费用、管网年算值、管网安全可靠性这几个方面着手。主要的研究模型有：①单目标单工况优化模型。目标函数具有经济性，常选择最高日最高时对管网工程状况进行研究，然后校核其他工况。②单目标多工况优化模型。多工况优化模型常与计算机技术结合使用，有学者将该优化设计与传统的优化方案进行对比，单目标多工况优化设计在经济性和可靠性方面更具优势。③多目标单工况优化模型。伴随着研究的深入，人们不再一味地追求经济性，而是综合考虑经济性、可靠性、安全性等问题，经济性的单目标不再能满足实际需求，所以多目标单工况模型孕育而生。

（二）水资源优化配置

优化水资源配置是建设城市管网的重要目标。20 世纪 40 年代相关学者建议使用水资源系统作为一种分析方法，以水资源合理配置为目的进行相关研究。1960 年，科罗拉多的联合大学开始对水需求的估算进行研究。随着计算机技术的发展，对水资源分配的研究越来越多，例如基于线性规划的多源供水模型，基于非线性规划的城市供水规划模型和联合污水处理、更加客观的水资源问题、多目标的规划模型，基于随机控制原理探索最优灌溉水分配的最大化经济效益研究、优化利用不同水质、地表水和地下水的最佳和多阶段优化管理模型，基于分解和主要系统聚合算法的非线性规划模型，废水排放不确定性模型，基于遗传算法的不确定性水资源配置多目标分析模型，合作博弈模型，非合作博弈模型，空间分配模型，等等。

20 世纪 60 年代，我国开始研究最适合本国国情的水资源分配方案。最初，最适合的水资源分配集中在大多数水库上，华士乾等人对北京地区水资源利用系统的探索，初步构成我国水资源水量合理分配的基础；曾赛星等对内蒙古河套地区的最优运输研究采用水利工程单元的水资源优化配置方法；吴泽宁等建立了水资源优化分配系统，主要由目标模型以及二阶分解协调模型组成；唐德善则是利用客观的规划方法，建立黄河流域的多目标分析模型；邵东国建立自由化模拟决策模型；翁文斌等使用多层次、多目标、群体决策等方法，从宏观经济的角度进行水资源配置的研究，实现了水资源分配与区域经济的结合；吴险峰等从社会效益、经济效益以及生态效益三方面入手，进行水资源优化配置的模型设计；王劲峰等从时间、部门以及空间上对水资源进行分配，并提出三维优化分配理论体系；冯耀龙等提出的水资源优化配置模型从可持续发展的角度出发，综合考虑水资源的整体效益；陈南祥等利用多目标遗传算法对水资源进行优化配置模拟。

水资源优化配置可以考虑社会效益、经济效益、环境效益这三方面。最佳的水资源分配模型具有复杂、大规模的结构，涉及许多影响因素。已有研究多采用多目标综合分析法、多关联和非线性计算方法，在一定的水资源分配系统和社会经济系统条件下，计算整个区域用户的缺水程度等，通过供需平衡分析，结合当地情况提出相应的解决办法，为实现区域经济、环境、社会的利益最大化提供数据参考。

水资源优化配置，既要从保护生态环境的角度出发，也要从发展的角度出发，既要兼顾当前也要考虑以后，解决存量，把握增量，兼顾海陆环境特性和城市水环境问题，合理设计实施生态修复和环境保护工程。

广东省水资源分布存在时间上的分布不均，汛期集中，枯水期降雨量少，其中大部分的降雨量以洪水的形式流入大海，属于难以利用的水资源。经过调查，广东省水利部提出一项分配珠三角水资源的项目，该项目由一条干线、两条分干线、一条支线、三座泵站和一座新建蓄水库组成。这将为珠三角未来的经济发展提供强有力的水资源保障。

（三）供水管网相关标准制定

经济社会活动的有序运行离不开标准。国务院在 2015 年发布的《深化标准化工作改革方案》中提出的新型标准指标体系包括政府主导制定的标准和市场制定的标准。城市供水系统关系到饮用水质量，想要高效地管理城市供水系统，相关标准的制定尤为重要。截至 2019 年，国内外关于供水管网的标准主要分为对管道的要求，供水设施用装置和设备，饮用冷水、热水水表，塑料给水排水管道系统，等等。

表 4　国内外相关标准

分类	标准号
管道系统	ISO 1452:2009、ISO 2531:2009、ISO 3114:1977、ISO/TR 4191:2014 ISO 4427:2019、ISO 4633:2015、ISO 8795:2001、ISO 1010508:2006 ISO 10639:2017、ISO 15874:2013、ISO 15875:2003、ISO 15876:2017 ISO 15877:2009、ISO 16422:2014、ISO 16631:2016、ISO 21003:2008 ISO/TS 21003 –7:2019、ISO 22391:2009、ISO 25780:2011、ISO/TR 27165:2012
供水设施用装置和设备	ISO 3822:1999、ISO 23711:2003、ISO/TS 24520:2017
饮用水水表	ISO 4064:2014、ISO 22158:2011
测试	ISO 13059:2011、ISO 13844:2015、ISO 13845:2015

我国目前有 263 项与供水有关的标准，包括 72 个国家标准、105 个行业标准和 86 个地方标准，但是尚无成熟的框架结构，需建立标准化的体系。

标准体系的构建方法有分类研究法和过程研究法等。分类研究法是目前主流的一种标准体系的研究方法，是在不同的基准上对标，然后进行分类研究，该方法可以得到一个比较全面的标准体系表，有利于标准自身的系统管理，但难以与实际较为密切地结合。过程研究法是把与活动相关的资源作为过程进行管理，系统识别管理组织应用的过程，特别是过程之间的相互关系。

制定健全的城市供水管网标准可以规范城市的供水市场秩序、大幅度提高城市的供水效率、实现供水市场的可持续发展。城市供水管网的相关标准应该结合有关的法律法规、管理的现状和行业发展特点进行构建，选择适当的方法进行标准的制定。图 1 给出了一个初步的城市供水管网系统标准体系框架，大湾区可根据此体系框架进一步细化，用于指导大湾区供水管网的建设和管理。

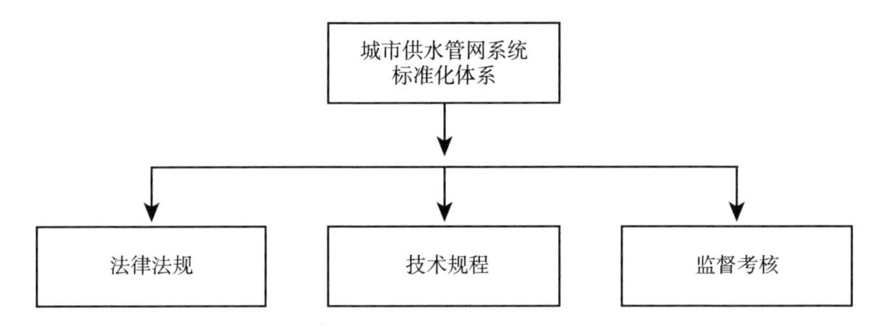

图1　城市供水管网系统标准化体系构建

（四）供水智慧管理信息系统建设

智慧城市的提出和5G时代的来临促使信息技术在各个领域得到应用。对于大湾区的城市管道网络建设而言，信息化必不可少。为此，应加强水环境监测系统建设，促进整合陆地、海洋信息交流的生态环境监测网络建设。同时，应加强水文气象设施和平台建设，优化站网布局，扩大覆盖面，增加对重点城市和地区的地下水开采、对超采区域进行水文预报的可能性，提高水资源调控能力。与地理信息技术、物联网、互联网和人工智能等技术结合，进一步提高大湾区水资源城市供水管网建设的合理性，从而为大湾区的经济发展提供水资源保障。管网GIS、管网SCADA系统、管网水力模型系统、管网优化系统组成了供水智慧管理信息系统。

1. 给水管网地理信息系统

地理信息系统是一种结合计算机图形与数据库来存储和处理空间数据的技术，它将地理信息与相关特征和数据结合起来，可根据实际情况将信息准确输出。给水管网地理信息系统主要包括：①管网地理信息，例如管道、阀门、水表、水泵和其他管道网络，进行数字化存储和查询。②编码和记录水表的位置和用户的地理信息，并创建用水量的统计。③对管网进行空间分析，比如事故发生时针对阀门关闭的策略设计、道路施工对管道的影响分析等。

大部分的系统基于商业GIS平台，主流的有ArcGIS、MapGIS、SuperMap等，数据库则以Oracle、SQL Server等为主。

2. 供水管网SCADA系统

将采集到的给水系统中的各种实测数据以无线或有线的形式传输，然后进行组态的系统即为供水管网SCADA系统。每个环节的实际运行参数可通过该系统被调度人员实时掌握，同时该系统可以为调度数据、优化调度提供科学依据。水厂的进出水泵房、水库及泵站、管网的压力监测点和水质点等的水量、水质、水压等实时数据都可作为该系统的数据来源，这些数据被存储在数据库中，可通过客户端或网页界面进行实时监控。

作为给水行业信息化建设中应用最为广泛的系统，SCADA系统的数据对于用水预测、供水调度等有着十分重要的作用，目前已被应用在国内外许多城市建设中。作为管网模拟计算系统以及管网优化调度决策系统的纽带，前者通过读取SCADA系统数据进行模型校核，后者使用其水量数据来预测水量，同时用验证数据来优化进度表的计算，根据计算结果，通过SCADA系统，控制水泵的起止，从而实现在线优化控制。

3. 供水管网水利水质模拟计算系统

该系统借助水力水质分析、结合图形技术，建立计算机仿真模型模拟给水管网实际运行状态，将全网范围内的压力、流量、流速、余氯变化等指标信息提供给相关的管理控制人员，从而为其决策提供相关依据。管网模拟系统的建立依赖于管网数据的准确收集，建模所需的管道、节点、阀门等静态数据都可通过管网地理信息系统进行收集，SCADA系统则提供模型校核所需的节点用水量、压力等动态数据。相关技术，如管道测流、数字化水表等开发应用则为管网的建模提供了准确且可靠的数据支持。

4. 供水管网优化调度系统

自来水行业一直十分重视供水系统的正确供水、供水管网蓄水量的预测、水力管网模型分析以及计预算优化等，从而提出最为经济的包括水泵的启停、水库蓄放水等在内的供水管网的运行方案。

充分利用计算机并将其作为给水系统的辅助工具，用数学模型以及算法对给水系统的调度管理进行优化，在一定程度上促进优化调度的发展。一些学者将线性理论应用于供水网络，并使用计算机进行输配。一些科学家使用双极优化方法为宏观的供水系统创建供水模型。国内学者王训俭等对系统的优化调度以及管理等方面进行研究；吕谋等使用宏观和微观两个调度模型来分析国内外供水现状；崔建国等使用建模方法对供水系统进行分析，从而为供水管网的优化调度方法的选择提供了相关依据；王荣和等从供水分析的角度出发，采用了延迟水力模拟技术来改善供水系统；杨芳等建立的城市供水管网优化调度模型则是在节水的状态下从有限的供水量、适度的降压以及最佳效益的角度进行的研究。

5. 指挥系统与管网漏损控制

基于供水管网的水力模型，系统分析整个管网系统的安全性和可靠性，在水力水质的可靠性方面重点针对供水管网进行评价，针对阀门、泵站等设备分析其运行状态，对于管网的漏损识别进行的分析和对爆管等事故的应急措施等就是供水管网的状态分析。

在供水行业中，供水管网漏损控制技术极其精准地应用了智慧水务的理念。目前的主要研究有：①DMA 分区管理，以地理信息系统和水力模拟为基础；②漏损分析以及爆管的漏点定位；③管道与阀门的状态辨析，以水力模拟和 SCADA 数据分析为基础。现阶段，管网运行状态的分析和调查主要基于管网的水力模拟和 SCADA 数据，主要集中在管网模型的校正上，从而发现存在异常的管道以及阀门，结合 SCADA 以及现场的测压测流数据，进行问题的定位。随着技术的不断发展及 SCADA 的逐渐完善，主要运用软件的管网检测定位方法越来越得到国内外学者的关注，以其为核心的技术越来越成熟。主要依靠某类算法或者建立某种模型进行漏损检测的方法被称为软件分析法，该方法是把可能漏损的区域缩小到最小范围。除了对漏损管网的检测以及定位进行研究外，针对供水管网的压力进行管理，可在一定程度上延长管网设施的使用寿命，在供水能耗、爆管频率、爆管漏水量等方面起到一定程度的抑制作用，减少损失。目前，已经成功开展压力管理的国家及地区有英国、日本、澳大利亚、巴西、丹麦、中国香港等。查阅英国的相关资料可以发现，实施压力管理，调查地区的漏水量从 1994～1995 年的最高峰值 511 万立方米/天降低到了 324 万立方米/天，在符合服务压力的条件下，整体的管网压力降幅约为 7MPa，在保证正常供水的条件下，管网的日供水量减少了 23%。

三 对粤港澳大湾区水资源优化的建议

粤港澳大湾区水资源人均占有率低，时空分布不均，用水效率低下，水资源浪费严重，局部水资源过度开发，部分河段污染严重，气候变化影响其水资源格局，从而导致大湾区水资源安全受到严重威胁。粤港澳大湾区经济发展迅速，基础设施得到大力建设，新旧管网的连接暴露了管网布局不科学、管线复杂、铺设冗余等缺点，且大部分管网老化，水质污染严重。

管网改造的研究主要围绕以下几方面进行：检查管段年龄研究；分析管道网络的运营现状；分析管段运行成本经济效益；建立管网的决策模型。适当地优化水资源配置是在城市中建设管网的基本目标，必须从三个方面考虑：社会效益、经济效益和环境效益。对比国际有关标准，应架构粤港澳大湾区供水管网相关的标准体系。各地区的供水行业发展都不相同，应结合地方的管理现状，深入分析所存在的问题，并提出规范化的目标，促进供水行业标准的全面改革，加大供水行业的标准化建设力度。随着计算机技术的不断发展、人工智能技术的不断进步、智慧城市的进展加快，供水智慧管理信息系统在城市供水管网的利用方面将越来越有效，应加强对信息技术的应用，合理运用云计算、物联网等技术，建立新型的城市供水系统智慧运营信息平台，保证在有效提升运维效果的同时，还能从整体上推动粤港澳大湾区的进步。

参考文献

Karen Noiva, John E. Fernández, James L. Wescoat, "Cluster analysis of urban water supply and demand: Toward large - scale comparative sustainability planning", *Sustainable Cities and Society*, 2016: 27.

Hargreaves Anthony J., Farmani Raziyeh, Ward Sarah, Butler David, "Modelling the future impacts of urban spatial planning on the viability of alternative water supply", *Water research*, 2019: 162.

D. Su, Q. H. Zhang, H. H. Ngo, M. Dzakpasu, W. S. Guo, X. C. Wang, "Development of a water cycle management approach to Sponge City construction in Xi'an, China", *Science of the Total Environment*, 2019: 685.

蒋一:《城市供水管网二次污染的原因及其处理对策》,《黑龙江科学》2018 年第 20 期, 第 112 ~ 113 页。

魏广艳、王佳鑫、孙静克等:《城市供水管网二次污染的原因分析及对策》,《城市建设理论研究》(电子版) 2017 年第 3 期, 第 202 ~ 203 页。

宁伟:《城市供水管网二次污染的原因及对策分析》,《中国新技术新产品》2016 年第 7 期, 第 133 ~ 134 页。

邱金亮、田琳、张瑞、王静、李阳:《基于灰色关联度分析法的云南某市供水管网漏损因素评价》,《科技资讯》2019 年第 22 期, 第 57 ~ 58、60 页。

王皖琼:《城市供水管网二次污染的原因分析及对策》,《智能城市》2019 年第 12 期, 第 142 ~ 143 页。

阿依努尔・米吉提:《基于综合水龄指数评价的供水管网优化调度研究》,《陕西水利》2019 年第 6 期, 第 114 ~ 116 页。

郭勇超:《对供水行业标准化管理体系构建的思考——以东莞市为例》,《广东建材》2013 年第 7 期, 第 91 ~ 93 页。

胡梦婷、白雪、蔡榕、张逦嘉、朱春雁:《水资源消耗总量和强度"双控"标准体系研究》,《标准科学》2019 年第 8 期, 第 69 ~ 74 页。

马悦:《关于城市供水体系建设的探析》,《科技创新与应用》2015 年第 13 期, 第 141 页。

S. R. Mounce J. B. Boxall and J. Machell, "Development and Verification of an Online Artificial Intelligence System for Detection of Bursts and Other Abnormal Flows", *Journal of Water Resources Planning and Management*, 2010, 136 (3): 309 - 318.

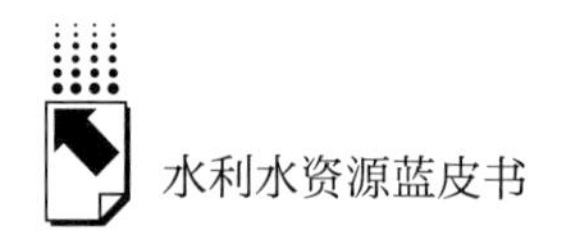

Stathis J. A., Loganathan G. V., *Analysis of Pressure - Dependent Leakage in Water Distribution Systems*, 2015: 296 - 300.

王智尧、石郡儒、谭鑫、林赣秀：《基于实时 GIS 的智慧管网管线监测系统的实现》，《办公自动化》2014 年第 S1 期，第 345 ~ 348 页。

杜朋卫：《智慧管网在智慧城市中的重要应用》，《智能建筑与智慧城市》2019 年第 1 期，第 77 ~ 78、100 页。

李力南：《改进遗传算法在城市多水源供水联合优化调度中的应用》，《水利技术监督》2019 年第 1 期，第 146 ~ 149 页。

吕茜彤：《城市供水系统优化调度的研究》，西安科技大学硕士学位论文，2019。

王秦飞：《城市智慧水务优化调度系统的设计与实现》，西安科技大学硕士学位论文，2019。

焦洋：《基于 SCADA 的供水调度管理系统的设计与实现》，哈尔滨理工大学硕士学位论文，2019。

张瑱：《基于遗传算法城市供水管网优化调度与漏损定位模型研究》，安徽建筑大学硕士学位论文，2019。

于冰：《缺水城市多水源供水管理的系统分析方法与应用研究》，大连理工大学博士学位论文，2019。

刘畅、林绅辉、焦学尧、沈小雪、李瑞利：《粤港澳大湾区水环境状况分析及治理对策初探》，《北京大学学报》（自然科学版）2019 年第 6 期，第 1 ~ 14 版。

戴韵、杨园晶、黄鹄：《粤港澳大湾区水资源配置战略思考》，《城乡建设》2019 年第 12 期，第 42 ~ 44 页。

B.8
智慧排水助力粤港澳大湾区打造新型智慧城市

杨 博 眭利峰*

摘 要： 城市公共排水设施是城市基础设施的重要组成部分。我国的排水设施历史久、类型多、运行状况多样复杂，且管理模式传统，排水系统已经难以有效应对城市内涝、水环境污染等问题，排水管理的发展已经到了亟须创新和突破的阶段。特别是党的十九大以来，伴随着“两山经济”、“三去一降一补”、改善生态环境、黑臭水体治理等政策和措施的出台和实施，“排水”开始受到了更高的关注，许多城市开始对排水管理的新模式进行探索和实践，“智慧排水”作为建设智慧城市的先导应运而生，是排水管理需求和信息化进程并行发展到一定阶段的产物。《粤港澳大湾区发展规划纲要》的出台，也意味着粤港澳大湾区智慧城市建设将驶入快车道。本文系统研究了如何把排水管理体系打造为数据资源化、运营智能化、管理精准化、决策科学化的智慧管理体系，从生态环保和城市保障两方面为智慧城市建设奠定基础，以进行科学化、数字化、网络化、智能化的管理。

关键词： 粤港澳大湾区 智慧城市 智慧排水 排水变革

---

* 杨博，广州市达蓝市政设施管理有限公司总经理，给排水中级工程师，主要研究方向为市政工程；眭利峰，鼎蓝水务工程技术（北京）有限公司董事长兼总经理，给排水高级工程师，主要研究方向为市政工程。

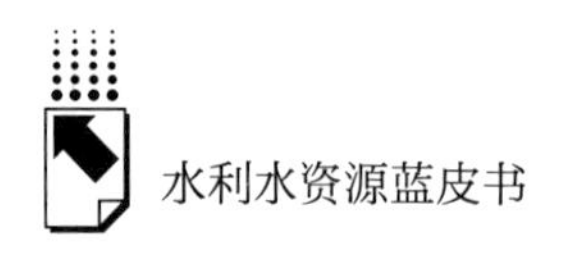

一　智慧排水的概念

（一）智慧排水的概念

智慧排水是通过数采设备、传感器、物联网络、水动力模型在线感知和判断城市排水系统运行状态，把与排水系统有关的人、地、物、事、组织、时间（以下简称“六要素”）有机整合，建立排水物联网络，对海量的信息进行收集、分析与处理，利用水动力模型根据实时数据做滚动计算，不断地更新预测结果，并将结果及时传输、预警和响应，实现排水系统管理的“精准决策、精益管理、精确生产、精美服务”，并通过大数据可视化展现出来，从而达到真“智慧”。

（二）智慧排水建设的意义

改革开放以来，我国现有的城市排水管网建设虽然取得了很大的进展，但在管网总量、人均占有量和管网密度等方面与发达国家相比仍有差距。相对其他基础设施而言，我国城市排水设施陈旧，信息化水平较低，城市排水管理粗放、手段落后，难以应对城市内涝、黑臭水体外源污染等问题，严重影响人民美好生活和社会稳定。

新一代信息技术的发展使排水管理的信息收集、信息处理、信息共享和集中控制等需求得到满足，各类数据分析工具的研发和创新使排水信息管理由日常数据的收集汇总向数据处理、分析、建模、可视化功能进行迭代，并逐步开始为管理决策提供科学的数据支持，弥补了以往管理手段的各种缺点，对城市排水在“变革、创新、保障、服务”四个维度上搭建“可视、可知、可控、可预测”的科学管理模式具有重要意义（见图1）。

（三）智慧排水发展的四个阶段

本文我们结合新一代信息技术的应用将智慧排水的发展分为四个阶段。

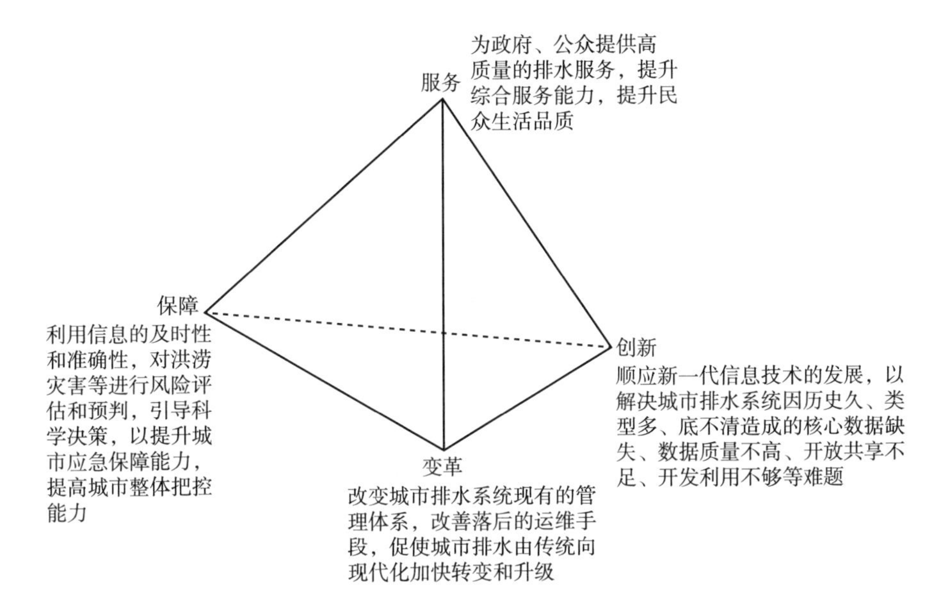

图1　建设智慧排水的意义

第一阶段，业务自动化。利用 IT 优势将管理、生产、服务标准化、规范化、流程化，并通过业务流程对“六要素”数据进行收集、汇总、整理、分类、统计。该阶段的主要特征为基础信息自动化采集。通过业务自动化，排水系统将逐步实现生产、工艺、设备等的远程控制或自动操控，进而代替排水艰苦工作环境下的人工操作，提高管理水平和效率。

第二阶段，管理信息化。利用无线传感器网络、数据库技术和 4G/5G 网络，将各个业务系统及数据库集成和融合，通过数据标准化来提高数据质量和数据处理能力，解决信息孤岛问题，以推动排水管理的体系建设，为管理者提供统一的数据来源，促使业务流程持续改善，实现行政与业务相结合。目前，我国绝大部分城市的智慧排水发展正处于该阶段。

第三阶段，评估智能化。利用水动力模型、数据驱动模型和机器学习技术，系统自动从海量数据中提取有效信息进行数据共享和交换，对数据进行分析、判断和评估，辅助管理者完成决策指挥。该阶段将形成数据中心，并形成数据自组织、自学习、自进化的机制，使各个体系在数据中心实现系统集成、资源整合和信息共享，提高了对事态评估的精准度。

第四阶段，指挥智慧化。成熟运用人工智能、大数据、云计算、区块链及未来即将出现的新一代信息技术，对数据进行深度处理和应用。“会思考的数据”将为城市排水管理带来创新和突破，实现“智慧生产、智慧调度、智慧运营、智慧服务”，从而形成战略性、前瞻性、全局性的指挥系统。

二　智慧排水发展趋势分析

（一）政府对信息化的关注度增强

随着全球信息技术的加速发展，信息技术在国民经济中的地位日益突出。2006 年 5 月发布的《2006 ~ 2020 年国家信息化发展战略》指出，信息化是当今世界发展的大趋势，是推动经济社会变革的重要力量。大力推进信息化，是覆盖我国现代化建设全局的战略举措。2016 年 12 月，国务院印发了《“十三五”国家信息化规划》，旨在贯彻落实“十三五”规划纲要和《国家信息化发展战略纲要》，是“十三五”国家规划体系的重要组成部分，是指导“十三五”期间各地区、各部门信息化工作的行动指南。加快信息化发展，已成为我国“十三五”时期践行新发展理念、破解发展难题、增强发展动力、厚植发展优势的战略举措和必然选择。

下文通过对 1997 ~ 2019 年国务院历年《政府工作报告》内容进行分析，可以发现政府对信息化的关注具有以下三个特征（见图 2）。

1. 整体呈曲折上升的趋势

进入 21 世纪后，信息技术创新日新月异，以数字化、网络化和智能化为特征的信息化正深刻改变着世界。政府对信息化越来越重视，并积极推进其发展。通过对历年《政府工作报告》中有关信息化表述的字数进行统计分析，可以发现，信息化相关表述的字数及其在全文中的占比整体呈现曲折上升趋势，这说明政府对信息化的重视程度日益提高、关注度逐步增强（见图2）。

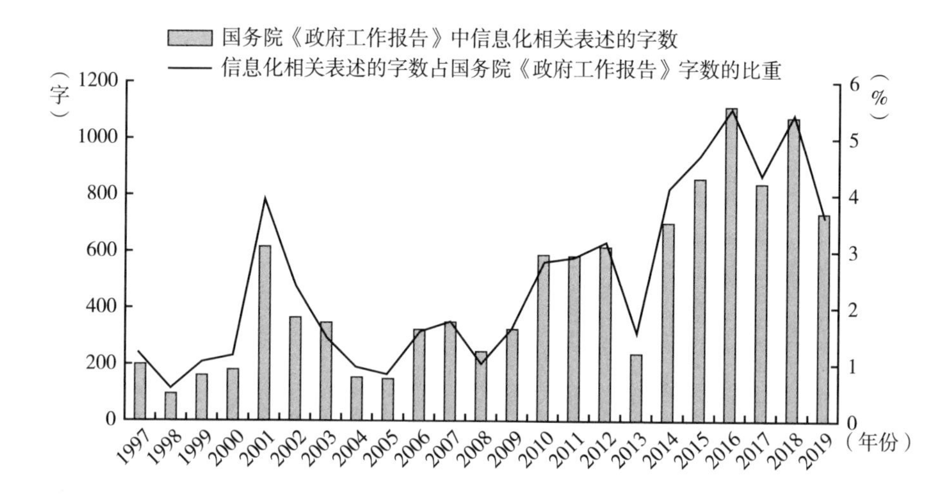

图2　1997～2019年国务院《政府工作报告》中信息化相关表述的字数及其占比统计

资料来源：王洛忠、陈宇、都梦蝶：《中央政府对信息化的注意力研究——基于1997～2019年国务院〈政府工作报告〉内容分析》，《理论探讨》2019年第5期，第177页。

2. 从单一领域向多个领域转变

对国务院《政府工作报告》中在信息化方面提到的关键词进行统计（见表1），可将政府对信息化的注意力按照时间维度划分为四个阶段：第一个阶段为1997～2000年，该阶段政府的注意力在信息化发展能力上。第二个阶段为2001～2003年，该阶段政府的注意力在社会信息化水平上。第三个阶段为2004～2013年，信息化发展能力和社会信息化水平并重，同时，政府开始关注信息化发展环境。第四个阶段为2014～2019年，中央政府的注意力不仅放在社会信息化水平上，同时还兼顾信息化发展能力和信息化发展环境。此外，还可以看到2014年以后，“大数据”“网络化”“数字化”“智能化”“互联网+”“智慧城市”等词语相继进入国务院《政府工作报告》中。

表 1 1997～2019 年国务院《政府工作报告》中信息化表述年度关键词汇总

序号	年份	关键词
1	1997	电子信息产品;信息产业;电子信息
2	1998	信息技术成果
3	1999	信息技术;电子信息产业
4	2000	信息产业;信息技术
5	2001	信息化;信息技术;数字化;网络化
6	2002	信息网络;信息化;电子商务;电子政务
7	2003	电子政务;信息化;信息服务;互联网
8	2004	信息化;互联网;信息技术
9	2005	信息化;电子政务;互联网
10	2006	信息化;信息技术
11	2007	信息化;信息服务;电子政务
12	2008	信息技术;信息化;电子政务;互联网
13	2009	信息技术;电子信息;信息咨询;三网融合
14	2010	电子商务;信息网络;三网融合;信息技术;物联网
15	2011	信息化;电子商务;网络购物;智能电视
16	2012	云计算;物联网;电子政务;网络购物
17	2013	信息化;信息基础设施;信息技术
18	2014	大数据;跨境电子商务;宽带中国;网络安全
19	2015	信息消费;网络化、数字化、智能化;互联网 +;智慧城市
20	2016	网购;互联网 + 政务服务;电子商务进农村;中国制造 + 互联网
21	2017	政务服务平台;数字家庭;数字经济
22	2018	互联网 + 农业;网络教育;移动支付;共享经济;智能生活
23	2019	互联网 + 监管;互联网 + 教育;互联网 + 医疗;互联网 + 督查;互联网 + 各行业各领域;智能 +

资料来源：王洛忠、陈宇、都梦蝶：《中央政府对信息化的注意力研究——基于 1997～2019 年国务院〈政府工作报告〉内容分析》，《理论探讨》2019 年第 5 期，第 177 页。

3. 各领域注意力分配不均衡

通过对1997～2019年国务院《政府工作报告》中信息化涉及的政策领域比重进行统计发现，政府对信息化所涉及的政策领域的注意力主要在经济、社会民生领域，而在政治、文化、生态和其他领域的注意力较弱（见图3）。

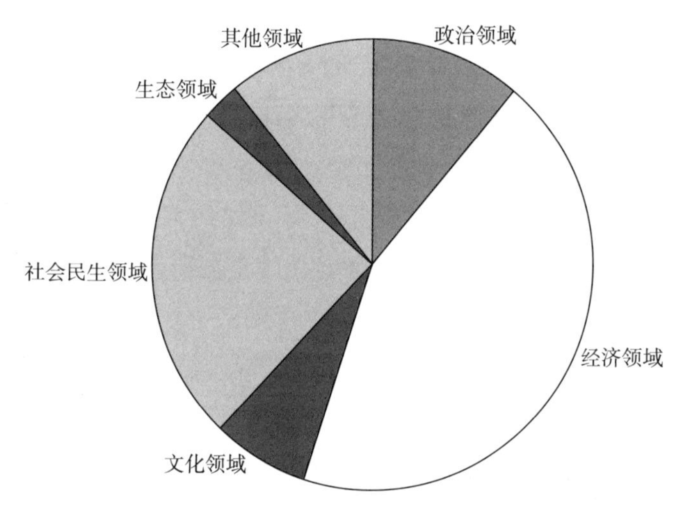

图3　1997～2019年国务院《政府工作报告》中信息化涉及的政策领域比重统计

资料来源：王洛忠、陈宇、都梦蝶：《中央政府对信息化的注意力研究——基于1997～2019年国务院〈政府工作报告〉内容分析》，《理论探讨》2019年第5期，第177页。

（二）排水行业正处于快速成长期

城市排水设施是衡量城市现代化水平的一个重要标志，是城市投资环境的重要组成部分，是实现社会经济可持续发展的一个重要因素，是保障自然环境、提高人民生活水平的重要前提。

1. 我国城市排水设施建设情况

新中国成立以来，特别是改革开放后，我国经济快速发展，城市规模越来越大，我国也逐步将发展城镇化作为重要战略目标，在相关的会议、报告及文件中均提及了城镇化发展的重要性。随着城镇化的快速发展，城市排水系统的建设也大量增加。图4是1978～2015年全国城市排水和污水处理情况，可以看出，我国城市排水设施建设快速发展的第一个阶段为改革开放初期，尤其是1984～1987年。第二个阶段为1995年前后，该阶段城市发展迅速，从表2中可以看出，该阶段同步加大了排水设施的建设，可能主要是为了解决排水发展滞后和历史欠账问题。第三个阶段为2001～2010年，这十年的污水处理率快速提高，从36.43%上升到82.31%。经过37年的建设，截至2015年，全国排水管道长度达到539567公里，污水处理厂1944座，日处理能力14038万立方米，年处理量4288251万立方米，污水处理率91.90%。

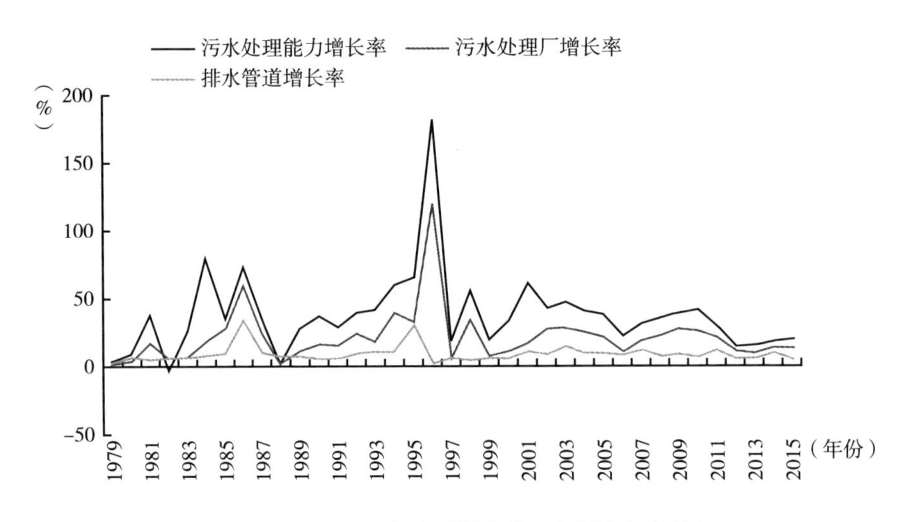

图4　1978～2015年全国城市排水和污水处理情况

资料来源：历年《中国城市建设统计年鉴》。

另外，在“十二五”期间，为推动市政基础设施领域供给侧结构性改革，拓宽市政基础设施投融资渠道，国家陆续出台了政府和社会资本合作（PPP）的相关政策，在建设海绵城市、治理黑臭水体领域鼓励开展政府与社会资本的合作，提高了社会资本参与市政基础设施投资、建设和运营的积极性，排水设施的建设再次突飞猛进。

表2　全国历年城市排水和污水处理情况（1978～2015年）

年份	排水管道长度（公里）	污水年排放量（万立方米）	污水处理厂		污水年处理量（万立方米）	污水处理率（%）
			座数（座）	处理能力（万立方米/日）		
1978	19556	1494493	37	64	—	—
1979	20432	1633266	36	66	—	—
1980	21860	1950925	35	70	—	—
1981	23183	1826460	39	85	—	—
1982	24638	1852740	39	76	—	—
1983	26448	2097290	39	90	—	—
1984	28775	2253145	43	146	—	—
1985	31556	2318480	51	154	—	—
1986	42549	963965	64	177	—	—
1987	47107	2490249	73	198	—	—
1988	50678	2614897	69	197	—	—
1989	54510	2611283	72	230	—	—
1990	57787	2938980	80	277	—	—
1991	61601	2997034	87	317	445355	14. 86
1992	67672	3017731	100	366	521623	17. 29
1993	75207	3113420	108	449	623163	20. 02
1994	83647	3030082	139	540	518013	17. 10
1995	110293	3502553	141	714	689686	19. 69
1996	112812	3528472	309	1153	833446	23. 62
1997	119739	3514011	307	1292	907928	25. 84
1998	125943	3562912	398	1583	1053342	29. 56
1999	134486	3556821	402	1767	1135532	31. 93
2000	141758	3317957	427	2158	1135608	34. 25

续表

年份	排水管道长度（公里）	污水年排放量（万立方米）	污水处理厂		污水年处理量（万立方米）	污水处理率（%）
			座数（座）	处理能力（万立方米/日）		
2001	158128	3285850	452	3106	1196960	36.43
2002	173042	3375959	537	3578	1349377	39.97
2003	198645	3491616	612	4254	1479932	42.39
2004	218881	3564601	708	4912	1627966	45.67
2005	241056	3595162	792	5725	1867615	51.95
2006	261379	3625281	815	6366	2026224	55.67
2007	291933	3610118	883	7146	2269847	62.87
2008	315220	3648782	1018	8106	2560041	70.16
2009	343892	3712129	1214	9052	2793457	75.25
2010	369553	3786983	1444	10436	3117032	82.31
2011	414072	4037022	1588	11303	3376104	83.63
2012	439080	4167602	1670	11733	3437868	87.30
2013	464878	4274525	1736	12454	3818948	89.34
2014	511179	4453428	1807	13087	4016198	90.18
2015	539567	4666210	1944	14038	4288251	91.90

资料来源：历年《中国城市建设统计年鉴》。

2.《全国城市市政基础设施规划建设“十三五”规划》

2017年5月，住房和城乡建设部等印发了《全国城市市政基础设施规划建设“十三五”规划》（以下简称《规划》），其中，黑臭水体治理、排水防涝、海绵城市建设被列为排水行业的规划重点（见表3）。

表 3 “十三五”时期城市市政基础设施相关发展指标

设施类别	指标名称	设市城市		县城	
		2015 年	2020 年	2015 年	2020 年
水资源系统	污水处理率	91.90%	95%，其中地级及以上城市建成区基本实现全处理	85.20%	85%，东部地区县城力争达到90%
	海绵城市建设	—	20%的城市建成区达到海绵城市建设要求	—	—
	黑臭水体治理	—	地级及以上城市建成区黑臭水体均控制在10%以内	—	—
智慧城市	市政基础设施监管平台覆盖率	—	地级及以上城市全覆盖	—	—
	智慧市政基础设施占基础设施投资比例(%)	—	1	—	—

注：东部包括北京、天津、辽宁、上海、江苏、浙江、福建、山东和广东。

资料来源：《全国城市市政基础设施规划建设“十三五”规划》。

（1）城市黑臭水体治理工程

《规划》提出，要以黑臭水体治理带动城市水环境改善，按照因地制宜、一河一策的原则，综合采取控源截污、内源治理、生态修复、活水保质等措施，科学整治城市黑臭水体，并定期公布水体整治效果，避免“一年一治、反复治理”。在全国36个重点城市开展初期雨水污染治理行动，新增污水处理能力831万立方米/日。全国地级及以上城市治理黑臭水体2026个，新建污水管网9.5万公里，改造老旧污水管网2.3万公里，改造合流制管网2.9万公里，新增污水处理能力3927万立方米/日，污水处理设施升级改造4220万立方米/日。

（2）排水防涝设施建设工程

《规划》提出，要建立排水防涝工程体系，破解“城市看海”难题，保障排水防涝安全，构建“源头减排、雨水收排、排涝除险、超标应急”的城市排水防涝体系，并与城市防洪做好衔接。要加快对城市易涝点整治。在城市易涝点汇水区范围内，建设雨水滞渗、收集利用等削峰调蓄设施。对城市易涝点的排水防涝泵站进行升级改造或增设机排能力，配套建设雨水泵站自动控制系统和遥测遥控及预警预报系统。建设城市雨水管道 11.24 万公里、大型雨水管廊/箱涵 0.99 万公里，机排泵站建设总规模 2.87 万立方米/秒，调蓄设施总容积 2.37 亿立方米，行泄通道整治与建设总长 1.74 万公里，临时（应急）排水装备总规模 2996 立方米/秒。

（3）海绵城市建设工程

《规划》提出，要转变传统的城市建设理念，按照规划引领、生态优先、安全为重、因地制宜的原则，综合采取“渗、滞、蓄、净、用、排”等措施，建设自然积存、自然渗透、自然净化的海绵城市。要统筹推进新老城区海绵城市建设。城市新区建设要以目标为导向，全面落实海绵城市建设要求。通过海绵型建筑与小区、海绵型道路与广场、海绵型公园与绿地、雨水蓄排与净化利用等设施建设，满足海绵城市建设要求的城市建成区达到 11 万平方公里。

（三）新一代信息技术发展推动排水行业创新

随着物联网、大数据、云计算及移动互联网等新技术不断融入传统行业，各行各业对“智慧”理念的认知逐渐加强，作为城市重点基础设施的排水行业也开始了“智慧”的改革创新。在这个日新月异的新经济时代，城市排水管理效率和服务水平只有顺应大势，全面运用最新科技与互联网思维才能获得长足发展，利用智慧排水解决人们对排水安全的诉求与城市内涝、水环境外源污染等现状间的矛盾。目前已经应用到排水行业的信息技术有以下几种。

（1）互联网技术的发展和在排水行业的应用状况

1994~1996 年，互联网技术从实验室走向了社会，这也是我国互联网发展的起步阶段。1994 年 4 月，中关村地区教育与科研示范网络工程进入互联网，这标志着我国正式成为有互联网的国家。之后，Chinanet 等多个互联网络项目在全国相继启动，互联网开始进入公众生活并在我国得到迅速发展。1997 年至今是互联网技术社会化应用发展阶段，也是互联网在我国发展最为快速的阶段，其在工业制造、交通物流等领域得到应用，促进了社会服务管理模式的创新发展，使“智慧城市”建设迈出了第一步。

“互联网 + 排水”将传统排水企业的生产调度、监控预警、行政管理、应急保障、决策指挥等过程进行信息化和数字化处理，生成新的数字资源，为管理者提供动态的、准确的、全面的信息，以便管理者优化工作流程、精准成本分析、合理配置企业资源，促进传统排水企业向智慧排水企业转型。

（2）物联网技术的发展和在排水行业的应用状况

在我国，物联网概念的前身是传感网。自 2009 年开始，国内出现了对物联网技术进行集中研究的浪潮。2010 年，物联网被写入了政府工作报告，物联网建设上升到了国家战略高度。2010 年 10 月，《国民经济和社会发展第十二个五年规划纲要》出台，指出新一代信息技术产业将是未来扶持的重点。同时，我国还将物联网列入《国家中长期科学和技术发展规划纲要（2006 ~ 2020 年）》和 2050 年国家产业路线图中。但中国的物联网发展仍然处于初级阶段，其相关技术、标准、产品都不够成熟。

目前，物联网技术主要应用在城市防涝应急保障、水质监测、排水巡查管理、污水处理等方面，通过无线网络、互联网及数据采集平台建立网络传输及通信，实现感知层数据的采集、传输、存储，使城市排水运行状态通过感知层及网络层实时传输到公司运营管理中心，各类运行情况一目了然，实现有效运行、有效调度、有效监管、有效指挥。

（3）云计算技术的发展和在排水行业的应用状况

2008 年 3 月 17 日，Google 公司全球首席执行官埃里克·斯密特（Eric

Schmidt）在北京访问期间，宣布在中国大陆推出“云计算”（Cloud Computing）计划。同年，IBM 公司与无锡市政府合作建立了无锡软件园云计算中心，开始了云计算在中国的商业应用。同年 7 月瑞星推出了“云安全”计划。2009 年，VMware 公司在中国召开云计算与企业数字化大会，第一次将开放云计算的概念带入中国。2010 年 10 月 10 日，《国务院关于加快培育和发展战略性新兴产业的决定》发布，将云计算定位为“十二五”战略性新兴产业之一。18 日，工信部、发改委联合印发《关于做好云计算服务创新发展试点示范工作的通知》，确定在北京、上海、深圳、杭州、无锡 5 个城市先行开展云计算服务创新发展试点示范工作。

目前蓬勃发展的云计算为排水管理相关的系统建立应用层的云计算架构体系，通过部署基于云计算的各个系统实现综合管理应用，从而形成完整的基于云计算的城市排水综合运营管理系统。

（4）地理信息技术的发展和在排水行业的应用状况

我国地理信息产业发展经历了一个比较曲折的过程。20 世纪 90 年代之前，我国测绘和地理信息的发展注重于为政府管理和国家安全提供服务。到了 20 世纪末，卫星遥感、卫星定位和地理信息系统等技术在各领域中的应用不断深入，地理信息产业快速发展的条件基本具备。在这一背景下，国家测绘地理信息局开展了第一次测绘发展战略研究，正式提出发展地理信息产业。此后相继开展各项促进地理信息产业发展的政策研究，形成了一系列促进我国地理信息产业发展的具体思路和措施。目前，我国各行各业对地理信息需求旺盛，应用和服务已延伸到了社会大众衣食住行的各个方面。

城市排水管道的管材、管径、形状、埋深、建设年代等特征错综复杂，且其铺设于地下难以观测运行状况，再加上在几十年的管理过程中管道数据分散、丢失等问题，我国排水管理信息缺失，精准度不高。将地理信息技术应用于城市排水系统，可实现对排水系统信息进行采集、管理、运算、分析等精准化管理和操作，从而解决排水系统复杂的数据问题。

三　智慧排水为粤港澳大湾区打造新型智慧城市奠定基础

（一）历史机遇助力粤港澳大湾区智慧城市建设驶入快车道

2019年2月，中共中央、国务院发布《粤港澳大湾区发展规划纲要》（以下简称《纲要》），重点强调粤港澳三地要紧密合作，建设世界级城市群，进一步深化改革、扩大开放，建立与国际接轨的开放型经济新体制。其中，《纲要》明确提出建成智慧城市群，这标志着大湾区世界级城市群和国际一流智慧城市群建设即将驶入快车道。

为应对城市化带来的挑战，过去十年间，世界各国不断加大对智慧城市研究和建设的投入力度，而“智慧城市”所蕴含的智能互联、协同创新、宜居宜业等理念，亦是粤港澳大湾区建设的应有之义。权威数据显示，目前全球已启动或在建的智慧城市达1000多个，中国以500个试点城市居于首位。其中，广州、深圳、珠海、中山、佛山、江门、肇庆、东莞、惠州、香港、澳门所在的粤港澳大湾区，无疑走在了国内智慧城市建设的前列。

从智慧城市项目建设数量来看，位于湾区之首的香港、澳门在智慧城市建设方面已走在世界前列。香港是世界上WiFi无线热点最密集的区域之一，同时港澳在海关、金融、服务业、民生行业信息化应用方面也走在世界前列。根据2018年德勤会计师事务所发布的《超级智能城市》（*Super Smart City: Happier Society with Higher Quality*），大湾区内的深圳、广州等城市在智慧城市建设的技术能力、创新能力等方面均走在国内乃至世界前列。而珠海、东莞、佛山、中山、香港、澳门都有很完善的智慧城市建设目标和规划。惠州、肇庆、江门作为国家智慧城市建设的试点城市，也正在加快建设之中。数据显示，珠三角9市全社会研发投入占GDP比重已达2.9%，与美国部分城市处于同一水平。可以说，粤港澳大湾区建设智慧城市优势明显，有望成为“智慧城市群”建设的典范。

（二）粤港澳大湾区内陆城市排水设施建设情况

1. 建成情况

截至2015年，粤港澳大湾区内陆城市（主要指广东省）排水设施建设颇有成效，主要体现在以下几方面。

（1）海绵城市建设方面

依据广东省出台的《广东省人民政府办公厅关于推进海绵城市建设的实施意见》（粤府办〔2016〕53号），深圳、珠海、佛山、东莞、中山等市相继组织编制了海绵城市建设专项规划和试点实施方案。深圳、珠海两市入选我国第二批海绵城市建设试点城市。广州、深圳、珠海、佛山等市结合“排水分区”明确了试点建设区，组织开展了海绵城市试点区域及示范项目建设。

（2）排水防涝方面

各地级以上市建成区的排水管渠总长度超过35000公里，能正常运行的排涝泵站超过400座。排水防涝能力得到进一步加强，排水理念逐渐由“以排为主”向“渗、滞、蓄、排”相结合的模式转变。各地不断强化应急管理，制定、修订相关应急预案。江门市等5个地级市和佛山市顺德区建立了城市排水防涝数字信息化管控平台。

（3）污水处理设施方面

各城市加大污水处理设施及配套管网建设，提高污水厂运行负荷及进水浓度，切实提高了污水厂削减污染排放的能力。截至2015年底，广东省建成污水处理厂449座，建设配套管网总长2.3万公里，全省城镇生活污水处理能力达2283万吨/天，总量居全国第一。设市城市和县城生活污水处理率分别达到93.7%和83.5%，新增化学需氧量（COD）削减能力40.6万吨，新增氨氮削减能力4.5万吨。

2.《广东省城市基础设施建设“十三五”规划》

2018年7月，《广东省城市基础设施建设“十三五”规划》（以下简称广东省“规划”）发布，主要规划对象为与城市基础设施相关的行业，包括城市公交系统、道路桥梁、海绵城市、排水防涝、黑臭水体、生态绿地、地下管线与综合管廊、供水、燃气、垃圾、污水、电力、通信等。广东省“规划”制定的目标指标共11类，涉及排水行业的有4类，可见“十三五”期间，广东省将排水行业的基础设施建设视为重点，具体指标内容见表4。

表4 “十三五”时期广东省城市排水设施发展目标指标

<table>
<tr><th>指标序号</th><th>类别</th><th>核心目标</th><th>2015年</th><th>2020年</th></tr>
<tr><td rowspan="2">3</td><td rowspan="2">海绵城市</td><td>年径流总量控制率</td><td>—</td><td>城市建成区20%以上面积达到70%</td></tr>
<tr><td>水域面积率</td><td>—</td><td>珠三角及沿海地区城市的水域面积率不低于10%（非河网城市除外），其他城市不低于6%</td></tr>
<tr><td rowspan="4">4</td><td rowspan="4">排水防涝</td><td>雨水管（渠）重现期2年或以上的达标率达60%</td><td>22%</td><td>≥40%</td></tr>
<tr><td>新建地区综合径流系数≤0.5</td><td>20%</td><td>≥90%</td></tr>
<tr><td>新建地区的硬化地面中透水性地面的比例不应低于40%</td><td>50%</td><td>100%</td></tr>
<tr><td>建立较为完善的城市排水防涝管理体系，基本建成城市排水防涝信息化管控平台，制定城市排水与暴雨内涝防范专项应急预案</td><td>20%</td><td>80%</td></tr>
<tr><td>5</td><td>黑臭水体</td><td>黑臭水体控制率</td><td>—</td><td>广州、深圳市基本消除；
其他地级以上市10%以内</td></tr>
<tr><td rowspan="4">10</td><td rowspan="4">污水处理</td><td>城市污水处理率</td><td>93.70%</td><td>96%</td></tr>
<tr><td>县城污水处理率</td><td>83.50%</td><td>87%</td></tr>
<tr><td>污泥无害化处理处置率</td><td>80%</td><td>90%</td></tr>
<tr><td>再生水利用率</td><td>—</td><td>15%</td></tr>
</table>

资料来源：《广东省城市基础设施建设“十三五”规划》。

（三）智慧排水是智慧城市建设的基础支持

建设智慧排水就是从生态环保的角度对智慧城市的建设进行支撑，为带动城乡建设、保护生态环境提供行之有效的方式方法。通过智慧排水的落地，将“智慧”用于排水安全、排水防涝、生产运行、应急保障、客户服务等方面，实现全局的、统筹的、科学的管理，为城市排水保障和水环境可持续发展奠定基础，从而引领城乡建设与水环境的绿色发展。

1. 保障城市安全运行

排水设施肩负着保障城市雨水、污水排放的重要使命，是城市安全运行的“生命线”。随着城市建设步伐的不断加速，污水外溢、城市内涝、水环境污染问题日益突出，为确保城市排水安全，最大限度地减少排水安全事故的发生，控制安全事故与突发事件造成的损失，最大限度地保证国家财产和人民生活免受经济损失及影响，各级政府应摒弃以往“重地上、轻地下”的城市建设思路，开始从战略性高度认识排水设施在城市发展中的作用和地位，并积极探索、创新排水设施的智慧管理模式。在政府和企业的共同推动下，智慧排水管理系统不断发展，其功能日益强大且完善，为排水管理提供了科学的手段和工具，充分发挥了信息技术的优势。

2. 提升城市排水综合管理水平

智慧排水的建设将对“排水”进行全过程跟踪和管理。排水的载体是“排水户—管网—泵站—污水处理厂—自然水体”的结合，通过“互联网、物联网、云计算、大数据、移动应用”等新一代信息技术串联各业务环节，完成数据采集、数据处理、数据分析、数据运用、数据可视，实现闭合管理，全面提升城市排水行业的综合管理水平。

3. 提升服务效能，增强城市竞争力

智慧排水建设能够对排水设施的规划、设计、建设、运维、服务实现全流程闭合式管理，精准确定建设规模，进一步规范管理机制、绩效指标和考核制度，促进优化和降低成本。通过资源整合、科学调度，提高政府服务效能，提高企业执行力，树立排水行业企业在公众心中的形象，为城市优化营商环境做好基础工作，创建良好的投资环境，提高城市综合竞争力。

（四）智慧排水建设的社会价值体现

1. 政府、企业双受益

作为智慧城市建设的先导，智慧排水有助于改善城市投资环境、促进城市转型，使外部投资商有效认识城市基建领域投资环境，进而提高招商引资成功率。

通过建设智慧排水，促进企业降低经营管理成本，提高企业经营效能，从而加快企业反应速度，树立企业形象，增强企业竞争力，排水企业都会从中受益。

2. 盘活排水行业存量资产

通过智慧排水建设，对城市排水管网进行全面的普查和数据入库，政府和企业充分了解并掌握排水管网信息，使排水管网作为城市的存量资产得以盘活。

3. 提高环境效益

智慧排水的建设可以更加有效地监测污染物的排放，有效防治水污染。如对排污企业、排污口的污染物排放总量进行监督监控，能够严格分清污染责任，有针对性地制订污染物排放总控制方案，对水污染实行有效的防治，从而明显改善生态环境，实现“绿水青山”。

4. 促进信息技术产业链发展

智慧排水是互联网、物联网、大数据、云计算、人工智能等信息技术有效落地的产物，必然导致软件与硬件的融合，平台与平台的融合，政府、企业、公众之间的相互融合。同时在市场上也必然会形成相关的产业链，培育和孵化大批上下游企业，将极大地推动新兴产业的持续增长，创造“金山银山”。

（五）智慧排水建设存在的问题及建议

1. 智慧排水建设目前存在的问题

我国对智慧排水已探索和实践了一段时间，虽然在排水管理创新方面收

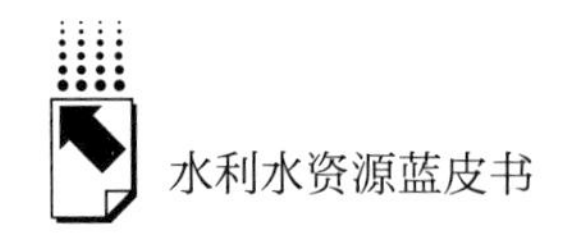

到了一定的效果，但仍然处于发展的初级阶段，目前存在以下问题。

（1）对智慧排水建设认识不足

大部分城、乡排水管理信息化发展落后，部分排水管理部门或排水企业对新一代信息技术了解不足，在管理观念上也还未认识到信息化建设的重要性和必要性，体制、机构、人才与信息化建设要求不相适应，生产安全性低、事故应急能力差、资产利用率低、管理成本高等问题得不到解决。

（2）智慧排水建设较为初级

有些城市的智慧排水建设只搭建了传统的业务流程系统，并未实现真正的信息化管理，未改变和创新管理模式，也未实现全过程跟踪监管。另外，有些虽然通过建设基础系统积累了一定的数据，建立了数据库，但不重视数据的整理、挖掘和应用，没有达到信息化带动企业运营现代化的目的。

（3）缺少顶层设计

部分城市、地方排水信息系统往往聚焦于某一个业务，存在与顶层设计脱节、建设目标不清晰、顶层设计不落地等问题。

（4）数据标准不统一

有些虽已建立了管理系统，但各系统的数据格式设定不同，类型不全面，没有统一的标准和规范，造成数据在各系统之间互联互通性差，数据交换难以开展，无法实现数据共享，形成信息孤岛。

（5）数据整合不足

现有的日常业务管理工作，主要以结果数据记录为主，缺乏过程数据，无法有效进行更高层次的决策支持和信息挖掘。没有建立有效的指标体系评估工具，对于数据的分析处理能力还不够。此外，对数学建模和大数据等智能辅助决策等工具预留接口不重视，仅仅利用 GIS 数据和 SCADA 数据对业务进行人工经验判断，未真正利用数据实现科学、客观的决策，系统性应用和决策支持能力较为初级。

2. 粤港澳大湾区智慧排水建设发展建议

（1）建立互联互通机制

粤港澳大湾区各城市均已设立排水相关机构，对排水设施进行管理，但部门与部门、企业与企业、流域与流域、数据与数据之间缺少统一性和互通性。应在各城市间建立互联互通机制，建设统筹各城市的智慧排水平台，形成覆盖整个粤港澳大湾区排水行业的“大数据”，打造全局性、战略性、前瞻性的管理体系。

（2）基于系统思维的智慧排水顶层设计

系统性，是事物普遍存在的特征。系统思维的突出特点是将事物作为一个系统进行整体分析，组成系统的各个要素不是相互孤立存在的，而是相辅相成的。顶层设计是智慧排水的总体规划，是一项系统工程，包括各项业务开展的分系统和体系建设。将系统思维用于指导智慧排水顶层设计，根据排水发展的中长期战略目标，系统性、目标性、整体性地来设计智慧排水方案，最终实现上层系统整合运行效果超越各子系统单独运行的效果之和，在排水管理的体系建设、组织管理、技术标准、数据生产和增值服务等方面发挥更高的价值，即实现“1 +1 >2”。

（3）建立统一的数据标准体系

制定统一的数据标准的目的是确保在概念理解、发布共享、对象表述与地理定位等方面数据语义和处理技术方法的互操作，将“9 +2”城市群组织起来形成一个数据标准工作网络，有利于集中和协同开展工作。

（4）加强人才培养

智慧排水需要大批专业领域素质高的管理人才，也需要高技能以及多学科的专业人才，还需要大批了解客户需求、生产工艺的项目管理和市场营销人才。这些人才培养需要经过较长时间的多专业学习和工作实践经验的积累。

四　总结

粤港澳大湾区智慧城市群建设的东风已至，这无疑成为改善城市投资环境、提升城市信息化水平、促进城市转型的新引擎，而“智慧排水”正是智慧城市建设的先导。伴随着信息技术的发展和排水管理要求的不断更新，

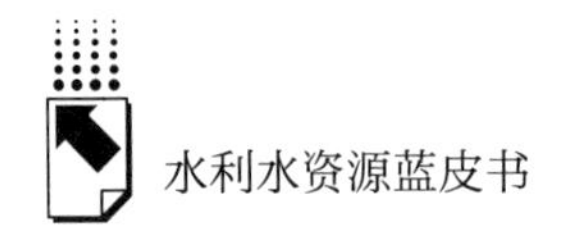

“智慧排水”经过近几年的探索和实践已经开始体现其价值，初步实现了自动化、信息化、数字化、网络化的管理模式，使排水管理在现实条件下有亮点、有重点。

随着下一步人工智能技术、虚拟现实技术、大数据、5G通信技术、北斗卫星导航技术以及图像识别技术的普及，“智慧排水”技术也将继续进行技术升级，建立反馈更加自动化、感知更加多元化、运营更加智能化、决策更加科学化的智慧管理体系。

国家建立粤港澳大湾区，无疑给信息化产业提供了创新原动力，在体制、经济、信息技术和人才得天独厚的优势下，粤港澳大湾区应顺势而为，紧紧抓住工业互联网这一战略制高点，牢牢把握第四次工业革命带来的战略机遇，将提升人民的生活幸福指数作为智慧城市建设的核心目标，为新时代我国经济高质量发展培育新的增长极。

参考文献

王洛忠、陈宇、都梦蝶：《中央政府对信息化的注意力研究——基于1997～2019年国务院〈政府工作报告〉内容分析》，《理论探讨》2019年第5期。

陈雄、王志超：《系统思维在信息化顶层设计中的应用》，《系统科学学报》2020年第1期。

B.9

粤港澳大湾区供排水领域智慧水务发展现状与市场前景分析

马成涛　刘保宏　毛茂乔*

摘　要： 当前我国社会经济发展与资源环境的矛盾突出，人均水资源短缺，粤港澳大湾区城市缺水问题突出，迫切需要新一代信息技术应用带动水务行业整体生产运营管理水平提升。智慧水务是生态文明建设的重要组成部分，是一个系统性工程，为水资源优化配置与水环境科学治理提供了重要支撑，对实现国家节水型城市建设和水务行业新旧动能转换意义重大。本文分析了我国智慧水务的现状、问题及政策支持，研究智慧水务系统的组成及国外发展情况。以粤港澳大湾区（简称大湾区）先进水务公司的智慧水务建设为例，探讨了智慧水务在生产管理、管网控漏、供水服务、运营管控等业务管理环节中的具体应用与实践，从而展望智慧水务的未来发展趋势，以及其对水务企业、行业主管单位现实的借鉴意义。

关键词： 水资源短缺　智慧水务　生产管理　管网控漏　供水服务　运营管控

* 马成涛，粤海水务信息中心主任，工程师，研究方向为水务水利自动化、信息化；刘保宏，E20 环境平台供水研究中心总监，主要研究方向为供水行业改革、供水服务与营商环境、农村供水、水价等；毛茂乔，E20 环境平台供水研究中心经理，主要研究方向为水价、智慧水务、城乡供水一体化等。

一 智慧水务概况

（一）智慧水务简介

近年来，智慧水务备受关注，不仅有多年来深耕于传统水务领域的企业，更有诸多摩拳擦掌的跨界者，所以各家对智慧水务的定义众说纷纭。我们认为，智慧水务将物联网、大数据、人工智能、区块链等先进的信息通信技术与水环境、水动力、水生态等水务管理技术深度融合，对水资源的获取、加工、供应和回收利用全过程实行智慧化管理，让供水更安全、生产更高效、服务更优质、响应更及时，通过水务数字化、智能化管理，助力国家节水型城市建设，促进城市与社会生态文明的可持续发展。

智慧水务依托智能设备感知并采集水量、水压、水质、水位及设施设备运行等基本信息，形成海量的数据，再通过通信技术将收集到的数据传输至云端，对其进行储存、整合、清洗、处理、分析，获得解决实际问题的算法或模型，集成到相应的系统和平台上，用网络化、系统化、数字化、智能化的方式为水务企业的生产、运营和公共服务提供决策支持，从而达到“智慧”的状态。智慧水务是涵盖原水、自来水、排水、水环境和水利工程在内的大水务。本文所讨论的智慧水务主要聚焦于粤港澳大湾区供排水领域。

根据维基百科的定义，“智慧”是指生物所具有的基于神经器官的一种高级综合能力，包含感知、记忆、理解、联想、计算、分析、判断、决定等多种能力。那么水务领域的“智慧”可以简化看作感知、计算、分析和执行，其中最核心的环节是计算和分析。能否对得到的海量数据快速响应、精准计算和深度分析，能否利用数据分析的结果指导解决实际问题，像神经中枢和大脑一样运转，成为是否属于“智慧”的判断标准。

（二）智慧水务发展的必要性分析

当前，我国社会经济发展与资源环境的矛盾突出，人均水资源短缺，粤港澳大湾区城市缺水问题突出，迫切需要新一代信息技术应用带动水务行业整体生产运营管理水平提升。智慧水务为水资源优化配置与水环境科学治理提供了重要支撑。

智慧水务作为传统水务行业与信息技术相结合的产物，涉及水务行业、政府部门和公众的三元关系。智慧水务的高速发展，是水务企业转型升级的有效通道，是政府部门监管水务行业的有力抓手，是公众参与水务管理的新兴平台。

1. 对水务行业

对水务行业而言，智慧水务可以提高生产服务效率，降低运营成本，优化管理水平，促进水务事业发展。智慧水务能有效增强对城市供排水管网压力、流量、水质、水位和降雨、地面径流等水环境的监测及预警能力，为水务行业智能化管理和科学决策提供及时、准确的信息，促进城市水资源过程化、精细化管理及可持续循环利用。并且，智慧水务与传统的自动化控制、信息化建设相比，更具先进性和系统性，可以实现水库、水厂、管网、河道、泵站的联动控制，实现供排水一体化、厂网一体化，从整体的角度出发解决实际问题，智慧水务已经成为水务行业的必然趋势和发展选择。

2. 对政府部门

智慧水务是体现城市智能化管理水平的重要标志之一，关系到政府能否高效行使职能、能否顺利完善公共服务。行业主管部门可以通过智慧水务平台和系统对重点区域和企业进行全方位、不间断的监控，排查企业是否有违规排污的行为，实时搜集证据。此外，如有突发事件，可以利用智慧水务的模型模拟受影响的范围和情况，有利于政府部门快速响应，避免事态进一步恶化。

3. 对公众

智慧水务软件可以极大地提高公众城市管理的参与感和获得感。得益于现代科技，人们可以随时随地通过电脑、平板电脑、手机等终端设备查询、缴费、保修，令生活更加方便快捷。另外，智慧水务给涉水信息公开带来渠道和保障，公众可以及时了解水质信息、雨量信息甚至排污信息，能激发公众对环境保护的热情，提高对城市管理的参与度。

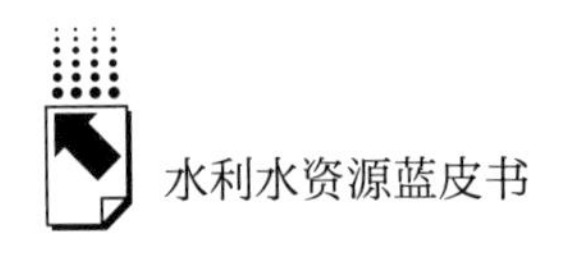

4. 对全行业

水务行业保持着高速发展态势，行业规模不断增长，经济效益增速加快。但相对电力等其他能源行业，国内水务企业对信息化的投入普遍偏少，信息化整体水平相对落后，亟待借助先进的信息技术进一步提升管理水平。

随着我国工业化、信息化的快速发展，智慧水务涉及大数据、云计算、物联网、移动互联网等新兴产业，还会对现有的基础设施进行广泛的更新和替代，将有效拉动产业链上下游的经济发展，例如智能感知设备（智能水表、智能消防栓、智能管件），硬件（芯片、边缘计算、机器人、图像处理），软件（管理系统、基础平台、SaaS 应用），通信技术（NB - IoT、5G），等等。同时，水务行业带来的海量数据有望带来不可估量的商业价值。这些都会成为未来新的经济增长点。

（三）智慧水务系统组成

智慧水务的核心参与者主要为两大产业主体，分别是水务企业和智慧水务解决方案提供商，前者是智慧水务的主要使用者和受益者，后者包含设备和工控系统集成商、行业软件开发商、信息咨询服务商及云服务商等。例如工控类厂商（如施耐德、艾默生、罗克韦尔、亚控）、水表类厂商（如宁波股份、三川智慧、福水智联、杭州山科）、水泵类厂商（如格兰富、南方泵业）、水管类厂商（如新兴铸管）。行业软件开发商提供软件、模型或行业应用（如 Bentley、I2O、科荣股份、东深电子、和达科技）。数据服务商、云服务商提供云计算、云存储和云桌面，如阿里、华为、腾讯。其他参与方包括通信技术（如华为、展锐、有方、移远）和通信运营商，以及高校科研机构、咨询公司、设计院等（见图 1）。

目前，得到比较广泛认可的智慧水务架构分为感知层、传输层、数据层、系统层、应用层。感知层是指在涉水区域和环境中感知、监测、采集信息的基础物理设备，为后续的环节提供准确、丰富的数据支撑，包括智能水表、流量计、压力计及各类传感、监控装置等。传输层是连接前端物理感知设备和后端数据系统的重要保障性网络集群，具有低时延、低功耗、安全可靠、

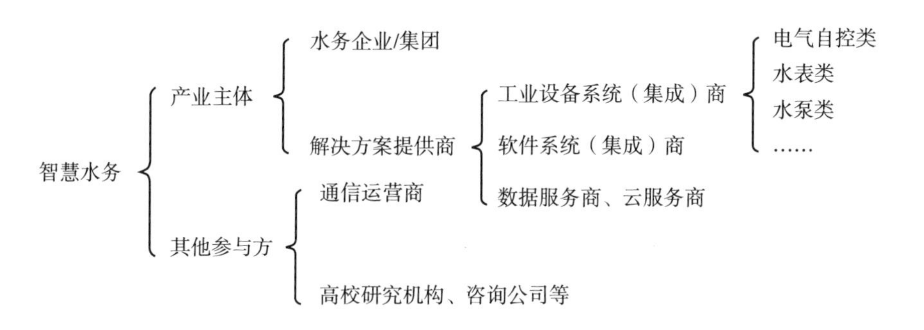

图1 智慧水务的参与者

全方位覆盖的特点，目前常见的传输方式有有线网络、长距离无线网络（如2G/3G/4G/5G）、短距离无线网络（NB－IoT、WiFi）。采集和传输到的各式各样的数据汇合形成数据层，并对数据进行统一的存储、加工、处理、分析。不同的数据组合得到不同的系统，系统再形成具体的应用，以解决实践中水厂能耗高、管网漏损高、管理效率低等各种问题。由于智慧水务系统类别繁多，功能划分细致，可按输配流程将其划分为智慧生产、智慧管网、智慧服务、智慧管控四大类（见图2）。从智慧供水的角度上说，生产主要包含泵站、水厂、污水处理厂生产过程管理；管网主要包含对供排水管网的输配水管理；服务则是企业售水、服务公众、自身管理的过程；管控站在水务数字化运营管控角度，通过信息资源集成共享，促进精细化管理，提升管控效率。

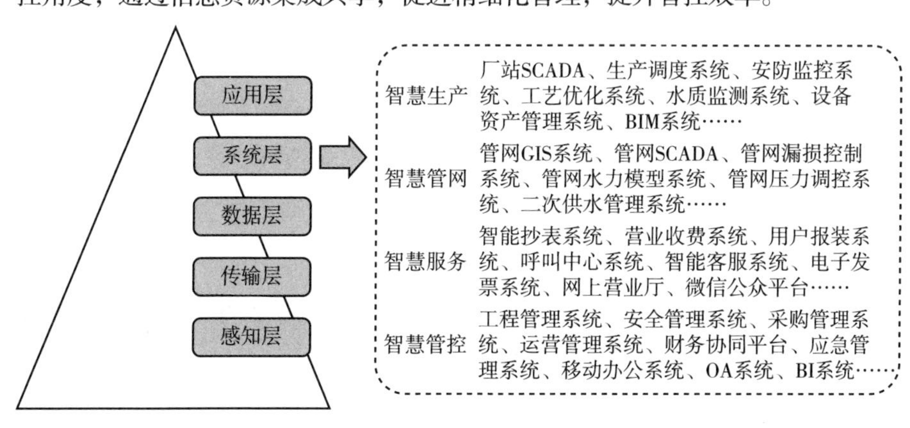

图2 智慧水务架构和系统组成

二　智慧水务政策分析

（一）《全国城镇供水设施改造与建设“十二五”规划及2020年远景目标》

2012 年 5 月，住建部和国家发改委联合印发《全国城镇供水设施改造与建设“十二五”规划及 2020 年远景目标》，指出“加大科技对城镇供水发展的支撑力度，增强科技创新能力，推进生产运行自动化、业务管理信息化，提升城镇供水行业的现代化水平”。这对供水企业技术进步提出较高的要求，智慧水务无疑在实现上述目标中扮演着举足轻重的角色。

（二）《国家新型城镇化规划（2014～2020年）》

2014 年 3 月，国务院印发《国家新型城镇化规划（2014～2020 年）》，提出“发展智能水务，构建覆盖供水全过程、保障供水质量安全的智能供排水和污水处理系统。发展智能管网，实现城市地下空间、地下管网的信息化管理和运行监控智能化”，着力强调了水务基础设施的智能化发展方向。

（三）《城镇供水管网运行、维护及安全技术规程》

2014 年 6 月，住建部发布《城镇供水管网运行、维护及安全技术规程》，指出“供水单位应进行管网优化调度工作，在保证城镇供水服务质量的同时降低供水能耗。优化调度工作包括建立水量预测系统，建立调度指令系统，建立管网数学模型，建立调度预案库，建立调度辅助决策系统。”这一要求反映出对未来智慧管网的期许，突出了智慧水务的重要作用。

水务企业在编写管网漏损方面的书籍上也做了积极的尝试。2017 年 12 月，粤海水务出版《城镇供水管网漏损控制技术》（清华大学出版社，2017），以管网漏损控制项目实施为主线，从行业面临的漏损共性问题入手，对漏损控制项目开展基础、漏损分析与控制技术、漏损控制项目实施管理进行了详细阐述。在漏损控制措施方面，结合国内项目实施经验，详细介绍分区管理、压力管理、表计管理等技术措施，系统地阐释了城镇供水管网漏损控制技术。

（四）《城镇供水信息系统工程技术标准》

2019 年 2 月，住建部发布《城镇供水信息系统工程技术标准》（征求意见稿），对我国城镇水务信息系统的设计、建设与应用进行了具体说明。《城镇供水信息系统工程技术标准》主要内容包括系统构成、功能要求、性能要求、技术要求、数据接口、工程设计、安装、验收、运行与维护等。

三　智慧水务现状分析

（一）智慧水务发展阶段

大体来看，我国智慧水务的发展主要经历了自动化、信息化和智慧化三个阶段。随着科学技术的飞速发展和水务产业的融合创新，自动化和信息化技术在中国水务行业生产和经营管理中的应用已较为广泛，为智慧水务进一步发展提供了良好的基础。目前，国内水务企业普遍处于信息化管理阶段，向智慧化迈进。

1. 自动化阶段：我国水务企业开始实行无纸化办公，并且在基础信息的采集上，逐步实现了生产设备（如泵站、闸阀）和工艺过程（如取水、送水、加药、排泥、消毒等）的自动化控制，代替了重复繁杂的人力劳动。

2. 信息化阶段：利用多种通信技术和软件开发技术，水务企业相继搭建各自的业务系统和数据库，初步实现远程数据采集、运行信息共享、生产实时监控、设备养护管理、分区计量管理等多项功能。

3. 智慧化阶段：这一阶段我国水务企业成熟运用物联网、云计算、大数据和人工智能等新一代信息技术分析处理涉水事务中的宏观和微观问题，同时通过数据深度处理和数据挖掘，构建精准的水力模型和水质模型等算法应用，实现具有智慧决策功能的综合管控一体化平台。

从智慧水务的架构上看，当前的发展情况是底部的感知层比较成熟，中部的传输层、数据层、系统层日趋完善，但顶层的系统性的应用仍较为欠缺，人工的参与和干预还比较多，智慧的目标还远远没有实现。

（二）智慧水务现阶段存在的主要问题

近几年，我国智慧水务进入高速发展期，大大小小的智慧水务企业如雨后春笋般涌现出来，但相对于电力、燃气等相关行业，国内水务企业盈利能力差，信息化投入不足，建设起点低、起步晚，整体水平相对落后，目前市场上还没有形成端到端的一体化解决方案。

1. 认知不统一

业内对智慧水务的价值和内涵理解不一，大部分水务企业以生产自动化和办公自动化为目的开展相应的信息系统建设，以降低成本、优化管理、提升效率为目的，缺乏数字化建模、数据治理和算法驱动的过程导向概念，仅把数据采集和监测的可视化作为开发的重点，缺乏数据建模、数据分析、优化控制、辅助决策的能力。

对智慧水务认知和理解的深度将直接决定水务企业和政府主管部门的重视程度，以及是否采用科学合理的方法持续提升智慧水务系统或平台建设和应用的能力。

2. 标准规范缺失

能够系统性阐述智慧水务的建设标准和规范缺失，行业对智慧水务的认知有局限性，不知道从何处着手，更不知道什么样的智慧水务才是理想的。现有的一些行业和团体标准分散，分别编制了智能水表、管网、二次供水、客户服务系统等标准，导致信息难以无缝连接，各系统间无法协同运行，甚至数据间相互冲突。智慧水务的技术体系和相关信息系统建设与应用、数据接口等方面的规范和要求有待进一步研究，并予以规范。

3. 数据问题

数据不完善、不精准。虽然大部分水务企业已经初步达到信息化的阶段，但是仍然有较多经济相对落后地区的水务企业未能搭建信息化基础设备，相应的数据采集不够完整，数据质量不高，难以为之后的分析决策提供的可靠数据支持。诸如一些水务企业地理信息系统（GIS）和SCADA监测系统的数据不精确，无法获取可靠的管网资产数据和水厂生产数据，更不能形成有效的水力模型和水质模型，给精细化的运营管理带来阻碍。数据是智慧水务的根基，更是智慧水务的灵魂。不注重长期积累可靠的数据资产，水务信息系统建设则仅满足日常办公管理需要，实现智慧水务只能是“天方夜谭”。

数据孤岛问题严重。由于对智慧水务整体缺乏统一的规划设计，大部分水务企业虽然部署了各类信息化管理系统，但是系统间应用集成度和业务互操作性不高，数据无法集成共享，形成数据孤岛。数据孤岛和数据治理问题成为当前智慧水务需要突破的瓶颈，例如水务企业建立了SCADA系统、管网GIS系统、管网漏损监测系统等，但是却无法实现对厂站关键工艺单元智能控制、智能调度，难以达成“无人值班、少人值守”的智慧化管理，其原因是数据并没有进行有效整合并加以分析利用。如果要建立一个能与所有系统互通互联的综合数据平台，有可能意味着需要推翻之前已经建好的子系统，并对主数据、元数据和数据集成有步骤、有针对性地进行数据治理，这样的重复建设和资金投入是水务企业不愿面临的风险。

数据安全难以得到保障。水务行业涉及海量的多元异构数据，尤其是供水生产数据、水利水文数据、管网地理信息、设施资产信息、用户用水信息等敏感数据，因此对智慧水务全过程的数据安全和用户隐私保护尤为重要，需要确保网络传输和数据交换过程不会发生数据丢失、篡改和泄露等，一部分数据对外共享时需要进行脱敏处理。随着国家《网络安全法》和信息安全等级保护2.0等法律法规颁布执行，数据安全是所有行业面临的共同问题，不局限于水务行业。水务水利行业基础薄弱，需要引入专业的信息安全技术服务公司和相关机构共同解决问题。

4. 团队专业性欠佳

如前文所述，目前国内智慧水务的参与主体很多，搭建的系统平台也很多，各方处在供应链的不同节点，如何形成一个整体有效的解决方案，成为水务企业顺利推进智慧水务建设的难题。水务企业普遍反映现在开发出来的系统“重建设轻运营管理”，实施效果不理想，反复修改添加，无法适配水务企业的需求和特点，尤其是解决方案提供商和企业沟通不到位。其实这是因为最终参与实施的软件系统集成商都有类似的特点，即开发人员居多，懂水务的人员很少。因此，如何能够组建一支既具备开发能力又熟悉业务运营的团队，结合现状问题提出最优的解决方案，是当下所有的智慧水务企业所面临的共同难题。

（三）智慧水务市场竞争格局分析

智慧水务专业化程度高、市场产品通用化程度低，存在一定的准入门槛。市场呈现蓬勃生机，大家都在摸索前进。市场参与者均在主营业务基础上以细分领域为切入点，目前市场上尚未出现领先的标杆企业，需要对产业生态进行长期培育，需要与互联网厂商加强技术合作，引导产业链上所有参与者共同努力，实现创新驱动和智慧水务产业的可持续发展。

目前，集团化水务企业和智慧水务解决方案提供商纷纷加大布局力度，一方面积极成立以智慧水务为核心业务的商业化公司，如粤海水务与科荣股份、粤港科技成立组建智慧水务平台，围绕智慧水务热点应用和水务数字化、智慧化管理需求，将水务物联网、云计算、人工智能技术应用于智慧生产、智慧管网、智慧服务、智慧工程、智慧运营等领域，落实创新驱动发展战略，提升集团化运营管控能力；另一方面智慧水务解决方案提供商通过收购、并购实行智慧水务战略转型和业务扩张，如赛莱默斥巨资收购 Sensus 和新加坡智能水分析公司 Visenti。

结合“互联网+”，智慧水务跨界合作日益频繁、声势浩大。不同类别的企业通过强强联合、优势互补、资源共享、发展共赢，构建开放、共享的水系统数字化生态体系，促进水务水利行业数字化转型。如粤海水务及旗下的智慧水务平台科荣软件携手腾讯云打造智慧水务生态圈，在智慧供水、智慧排水、智慧水利、智慧管网、智慧服务、智慧工程等方面开展创新研究，探索智慧水务领域的新技术、新模式、新场景、新应用，联手打造先进的智慧水务解决方案，并进行应用示范和行业推广，助力国内水务企业全面提升管理水平，推进智慧水务产业规模化应用。

我国的智慧水务市场正快速成长，从建立基础数据库、信息化平台向丰富的智慧应用和云服务拓展，但体系尚不完善，可谓“蓝海”一片。随着国家建设智慧城市、智慧水务相关政策的推动和涉水领域需求的逐步释放，智慧水务将迎来爆发式增长。智慧水务市场竞争将进一步加剧，对智慧水务一体化、智能化管理的需求会更加迫切，行业面临加速整合。预计“十四五”期间，智慧水务市场的竞争格局将逐渐由“小、散、杂”向“集成化、集约化”过渡，智慧水务行业将出现引领行业发展的头部标杆性企业。粤港澳大湾区市场规模、产业基础和资源配置等方面具有显著优势和巨大潜力，挑战与机遇并存。

（四）国外智慧水务现状分析

智慧水务已成为许多国家对水资源和水环境进行科学管理的重要手段。美国着手构建国家智能水网（NSWG），通过调水工程和对水资源的综合管理解决水资源分配不均的问题，其建设方向主要有：①水计量管理系统（AMI）建设；②水资源管理过程中的能源优化；③水质和水量联合检测平台搭建；④水资源管理系统构建。美国内华达州里诺市使用 WINT 公司开发的 AI 智能实时监控系统，检测并阻止泄漏源，识别漏水和浪费的来源。美国赛莱默公司推出基于物联网的设备远程控制与管理的智慧水务云平台 AquaTalk，通过数据采集、无线网络、在线监测设备，实时感知设备的运行状态，保证设备的最优化运行。

英国 i2O 公司的智能压力管理系统提供基于物联网平台“dNet - iNet - oNet”的一体化智慧管网解决方案，在管网监控、减压阀智能压力控制、水泵优化调度领域应用广泛，全球超过 25 个国家的 100 多家水务集团公司应用，为水务公司降低漏损、节约能耗及减少管网维护，提升收益达 20% ~ 40% 。苏格兰水务公司以为环境、客户服务、可持续发展、碳减排、应对增长为战略目标，对苏格兰地区涉水业务进行系统化管理，包括城市洪涝、地

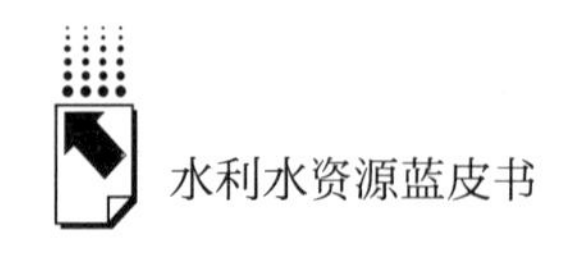

表水及河道管理、自来水处理与供应、污水处理、泵站及管网维护管理、生物物质能源利用等内容，成立水资源专业国际中心，促进水相关部门创新和增长，提出碳减排计划，到2035年较2007年减少70%的碳排量，到2050年减少90%的碳排量。

法国施耐德公司研发的管网漏损控制WMS平台包含水网数据统计分析、在线管网仿真和优化以及GIS资产管理，配合管网遥测系统，在数据采集、数据分析、报警、在线检测以及辅助决策等领域对整个管网的运行状态进行监控。该解决方案助力水务公司减少5%的漏损，每年解决约27000个漏点，大幅度提高了运营效率。

以色列60%的土地为沙漠，降水量少且分布不均，主要的淡水资源加利利湖供水量占总用水量的比例低于30%，海水淡化和再生水已占总供水量的50%以上。以色列拥有先进的水处理和水务管理技术，一直致力于开发水技术增加淡水来源，对水资源的处理能力不仅限于地表水，还能够处理地下水、苦咸水、海水甚至是废水，其水资源回收率达75%，低压灌溉法使农业用水效率达到70%～80%。以色列在智慧水务领域的高科技公司有致力于管网漏损检测、非开挖漏损修理、微波成像卫星管道探漏等应用领域的MAYA公司；NETAFIM公司的滴水灌溉技术可使灌溉水平均利用率达到90%；TaKaDu公司的管网漏损探测技术优化城市给水系统；Emefcy公司的生物发电技术对节能降耗产生较好的经济效益等。

其他国家的典型案例包括澳大利亚SEQ、维多利亚和宽湾智能水网建设；韩国建筑科学研究院KICT实施智能水网，开发水资源获取、处理及智能水网子网和微型网技术；欧盟国家计划推出1100万块智能水表，并制定智能水表标准。根据Lux Research市场调查，预计2020年，智慧水务市场规模将从2009年的5亿美元增加到160亿美元。

四　大湾区智慧水务系统建设与应用实践

智慧水务是生态文明建设的重要组成部分，是一个系统性工程，对实现国家节水型城市建设和水务行业新旧动能转换意义重大。水源地污染，或水资源处理工艺落后、管网老旧、二次供水污染等一系列因素，使供水安全受到严重威胁。智慧水务通过利用新一代的信息技术、传感技术、通信技术、算法技术，构建全方位的水务管理系统，进行严密监控、准确分析、快速响应，以保障供水用水安全，推动并引领城市供排水管理和水环境治理全面现代化。粤港澳大湾区，包括广州、深圳、珠海、东莞等9市及香港、澳门2个特别行政区，本节主要以粤港澳大湾区部分地区（香港、广州、深圳、东莞）的智慧水务建设为例，探讨智慧水务在各个业务管理环节中的具体应用与实践。

（一）智慧水务系统中的生产管理环节

1. 原水供应的智慧化

众所周知，原水是自来水生产环节中的起点，相对于供水过程中的其他环节，原水安全对自来水水质的影响最大，因为水厂使用的处理工艺对水源有严格的标准限制。一旦发生水源污染等紧急事故，大部分水厂的工艺将难以应对，供水安全将受到很大威胁。因此，用先进的科技手段监控原水状态就显得尤为重要。

大湾区部分供水工程已实现了一定程度的智慧化。大湾区以粤海水务为代表的企业，供水工程整体运营水平国内领先；例如东深供水工程，供水规模达864万吨/日，引进了世界上最先进的自动化监控和梯级供水调度技术，全面实现少人值守的运行管理模式。此外，还建立了完善的供水优化调度系统、水质预警系统、水工安全监测系统、水情遥测系统、供水自动化计量系统、设备资产管理系统、卫星云图系统、视频监控系统、统一通信系统等，全面覆盖原水供应和管理各个领域，为安全科学高效地进行原水运输提供有力的保障，东深供水工程建成了世界上最大的生物硝化工程，日处理规模达400万吨，从东江抽取的原水在进入深圳水库前，先经过生物硝化处理，起到了重要的水质改善及应急保障作用。

2. 水处理的智慧化

大湾区地区领先的水务公司已实现了净水生产从投药－絮凝－沉淀整个反馈控制过程调优的迭代学习及智能控制。例如广州南沙水司，开发净水生产数据分析及工艺调优算法，通过大数据模型，实现智能化投药，提高水质保证率，节省人工成本及降低混凝剂成本可达40%。开发配水优化调度系统，解决传统自来水公司经验设置、调节实时性应急性欠缺的问题，实现自动控制、自动优化及应急处理整体解决方案，提高供水安全性，降低自来水厂运行成本。

在水质安全管控方面，大湾区内建立了具备国家实验室认可资质（CNAS）的水环境监测中心（检测能力537项），覆盖国内三大水质标准（地表水检测109项、饮用水106项和城镇污水62项），可辐射全国各地项目公司的水质监测网络。此外，还开展了社会热点关注的新兴微污染物检测，包括环境雌激素、药物和抗生素、致嗅物质等，建立地区性污染因子筛选和处置预案，包括历史事件比对知识库。

通过建立国家级博士后科研工作站、广东省科技特派员工作站等多种省部级科研平台，与同济大学、中山大学、华南理工大学、哈尔滨工业大学等国内一流高校合作开展水务技术研究。将广东省科技厅重大项目——“饮用水深度处理技术应用与示范”成果进行示范应用，在肇庆高新区建成广东省首座万吨级超滤膜水厂，出厂水水质优于国家《生活饮用水卫生标准》，且建造与运行成本远低于行业平均水平。该技术也结合了农村供水特点，采用以超滤为核心组合净水工艺（Green－UF），进行小型化封装，实现无人值守，并推广到清远连州农村，让村民喝上了洁净水，获得连州市政府的高度评价。

污水智慧处理方面，大湾区粤海水务在多年来水处理技术研发成果的基础上，结合农村污水特点，自主研发形成MA^2/O小型污水处理设备，在出水稳定满足一级A类标准的同时，实现无人值守，无剩余污泥排放。该系统已在广东省多镇进行示范应用，30多个分散式污水处理厂实现“无人值守”的运行模式。

（二）智慧水务系统中的管网控漏环节

1. 管网

我国城镇公共供水漏损率当前仍然在15%左右。针对城市供水普遍存在的管网高漏损率这一难题，研究一方面集中在供水管网漏失检测与定位技术、方法和模型的开发，另一方面集中在水力建模技术开发和应用集成。大湾区东莞常平水司利用管网动态建模技术，基于供水管网水力建模基础数据实时更新机制实现管网模型自动校核，保障建模结果实时性和准确性，更具实际应用意义。其管网动态建模技术、多级分区管理技术、动态压力调控等技术成果已在东莞常平水司示范应用，取得良好效果。管网控漏技术正逐步在常平、梅州、宝应等地水司推广应用，产生经济效益超过2000万元/年，节约水资源、节能减排的效果明显，降低管网爆管数量，提升供水保证及供水系统可靠性，并大大提高了供水系统的管理水平和服务质量。以东莞常平水司为例，管网漏损率从基准值20.7%降低到目前的10.7%；管网DMA分区平均月爆管次数减少0.66次，爆管率减少30%，管网维修费用减少约100万元；单位供水能耗从238.18千瓦时/立方千米下降至174千瓦时/立方千米，下降26.9%。

大湾区有水务公司通过管网数字化管理，开发管网GIS、管网监控、管网漏损控制、管网水力动态建模等系统，并全面推广应用。例如，粤海水务与国际知名的管网压力管理公司英国i2O合作，在管网监控，减压阀智能控制，水泵优化调度系列产品的研发、生产、销售及技术服务方面进行应用推广与本地化研发，可提供基于水务物联网平台“dNet－iNet－oNet”一体化智慧管网解决方案，为水务公司提供降低漏损、节约能耗及减少管网维护服务。结合城市不断推广应用的二次供水叠压设施，也是未来城市整体供水调度的方向。

香港水务署从2019年开始建设供排水管网管理系统。香港目前拥有原水、饮用水、冲洗3套独立管网，已建立的1000多个分区安装了大量的压力、流量传感器来持续监测管网运行状况，覆盖全香港供水区域。通过建立统一的管理平台来统筹管理整个管网系统，对复杂管网结构、大量监测设备及海量监测数据进行全面集成，实现管网资产及运行状况的可视化、透明化，提升管网管理效率。由粤港科技负责实施的香港智慧供水管网管理系统，集管网 GIS、分区计量、运行监测、综合分析等于一体，可对所有分区的漏损进行同步分析，实现统一平台分析与管理，为香港地区的供水管网安全及节能降漏管理提供有力支撑。

2. 二次供水

二次供水作为供水智慧服务分区模块，一户一表和均等服务需要从源头控制，统建统管和优质专业合作伙伴才有“从源头到龙头”的质量保障，联动物业和用户参与才有好的用户体验。供水管网联调、能耗管理和大数据分析应用，是保障智慧二次供水饮水安全的未来。大湾区东莞常平水司、广州南沙水司等多家水司已通过水务物联网平台，将各地水务公司二次供水泵房进行集中监控，结合主干管网运行状况，运用大数据技术进行实时监测报警、故障远程诊断和泵组优化运行分析，提升供用水安全保障能力。基于第三方地图平台的维修运维管理，逐步实现泵站无人值守和远程巡检管理，二次供水小区模块化管理、用户网格化和分级管理，逐步推行错峰供水。

（三）智慧水务系统中的供水服务环节

1. 智能抄收

远程集中抄表平台采用云技术架构，与客服系统、管网系统进行数据集成后，可实现数据采集、传输、抄表、计费、收费、开票、客服的一体化管理，也有助于实现分区计量监控及对漏失的快速分析。大湾区广州南沙水司等多家水司已搭建智能抄表云平台，全面适配 NB－IoT、Lora、2G/3G/4G 多种无线传输和 MQTT 等物联网传输协议，全面兼容国内主流厂商的远传水表。通过该系统，用户可实时监控智能水表、大用户水表等在网设备的运行状态并自动故障告警，实现对智能抄表海量数据的集中存储与分析和“抄表－计费－开账－收费－缴费－开票”一体化管理。网上营业厅、手机营业厅、智慧营业厅“三位一体”，让用户参与决策和自助服务，逐步培养消费习惯。

2. 智能客服

“换位思考”是智慧的重要一环，用户自助体验和用户服务导向，未来神经元建设到深度学习的人工智能建设需要从客户服务开始。伴随着语音识别、语义分析、知识图谱等 AI 技术的加入，客服机器人已从以问答为主发展到融入深度学习技术的智能客服时代。越来越多的互联网服务企业正在采用智能客服机器人替代大部分人工客服，搭建智能化客服系统，由原来的大量人工客服转变为智能客服机器人 + 少量人工客服模式。

水务客户服务当前已从传统的以计量和收费管理为中心，过渡到面向终端用户，以改善服务水平为中心，全面互联网化，客服中心呈现链接最大化、场景多元化、服务智能化的发展趋势。目前水务企业已普遍实现语音、短信、网上营业厅、微网站等多媒体接入。在这个过程中，对于客服中心自身的知识体系、话术标准、客服机器人、外部舆情信息集成以及与内部信息系统间的业务协同等仍需加强。

水务企业依托“互联网 +”创新服务模式，不仅仅体现在服务形式和内容上，还应深入理解水行业在公共服务领域与互联网相结合的各种应用场景，减少盲目泛化，在服务结构和服务流程的深度整合、信息资源价值挖掘等方面加大研究力度，植入个性化服务因素，使终端用户服务更高效、更智能，数据价值能得到充分利用。

大湾区先进的水务公司已建立全国统一的客服热线电话，以打造一个 7 × 24 小时在线的智能客服为目标，依托人工智能、大数据分析、自然语言处理、语义分析、机器学习、深度学习等技术，为传统客服系统量身定制基于行业的智能客服一体化解决方案。与统一客服呼叫中心、在线客服等系统相结合，实现多渠道接入的智能客服机器人、智能客服知识管理、智能客服大数据分析、智能客服质检等智能应用，将传统的客服系统重新打造为全新、高效、智能化的客服系统。

3. 数据资产

数据资产及数据分析处理能力将成为水务企业的核心竞争力，水务企业通过水务物联网获取生产经营数据，并以云计算提供长期决策支持和增值服务。通过建立供应商、客户、销售、物资和资产统一编码体系和数据接口标准管理，数据中心对分析数据进行脱敏应用管理。重视数据资产管理，在实际应用体现供水增值服务，发掘隐性价值。

数据资产的价值不仅体现在企业提高效率上，还可以模拟现实环境，降低服务成本，发现隐藏线索进行产品和服务的创新。通过对数据资产价值的价值挖掘，可以对客户群体进行细分，为每个群体定制个性化的服务。如结合客户画像特征提取需求，提取客户特征，建立并丰富标签库，针对每个客户通过标签化的形式，对客户的用水行为、缴费行为等特征实现隐性特征显性化，辅助深入洞察客户需求，并基于对客户需求制定精准营销策略和差异化服务，进一步提升客户满意度。

（四）智慧水务系统中的运营管控环节

推行与国际接轨的管理机制，制定一整套完善的水务工程建设、运行、维护、检修及应急处置等制度，以标准化管理日常工作。业务标准化和管理的标准化体系建设，在实际应用中不断提升优化，是质量把控的重点。

1. 水系统智能化管理

大湾区大型水务公司的总调度中心可对全国各项目公司生产关键指标实时监视，促进企业对标和质量提升。将物联网、云计算及大数据分析等新一代信息技术充分融入传统的水务行业，构建水务智能化信息集成平台，实现“原水采集－制水生产－管网输配”的一体化、网格化、智能化管理；建立多梯级原水输配智能调度模型，实现优化调度决策分析。

以原水优化调度、净水生产工艺优化控制、管网水动力学仿真等理论为基础，分别完成原水调度分析、水厂远程监控、管网漏损动态监测、管网压力智能监控、从水源地到水龙头全过程水质预警、智能抄表云应用系统的研发与海量生产数据集成，并投入示范化应用。推进水务物联网低成本、大面积应用；立足物联网海量数据，推进水务智能化管理技术应用。

2. 企业管理决策支持

在运营数据分析方面，大湾区部分水务公司以绩效评价 PBC 为基础，制定了统一的水务运营分析指标体系，建立了集团化运营数据分析系统（BI - 商业智能平台）。该系统可实现对运营管理数据的规范化、标准化、自动化采集；可实现关键指标、生产管理、安全管理、经营管理、客服管理、绩效管理及基础信息的数据可视化分析及集中展示；可全方位、多维度挖掘和展示企业运营活动状况，减少人工环节干扰；可实现与门户系统、移动办公平台的一体化集成，帮助企业经营管理人员及时掌握企业运行状况。

在财务协同管理方面，可制定统一的资金预算和费用核算等管理标准，在集团范围内建立了财务集中核算和财务共享中心，可高质量、低成本地为下属各项目公司提供专业化、分布式的财务共享服务，减少了各项目公司在财务管理方面的人力和办公资源投入，实现财务业务一体化。既加强了集团财务管控能力，也提高了下属公司财务核算的效率。

3. EHS 体系安全管理

通过集团化的安全生产管理支撑平台建设，提升水务公司的安全生产管理水平，实现对安全管理过程的实时掌控和安全状况的量化分析，形成各种现行指数、先行指数、历史指数及月度、年度每小时不安全行为数等安全生产分析数据，提高公司安全管理在执行层面的规范化和智能化。

以安全目标的制定与绩效为驱动，由风险控制、作业安全、应急与事故、组织与人员共同组成安全生产管理的核心，安全观察、监督检查及教育培训为其提供基础保障，法律法规制度为整个安全管理提供支撑。

安全管理流程为核心包括：水质安全、生产业务安全（新员工、转岗、复岗三级安全培训教育；严格执行“两票”管理制度，有效控制作业风险；重点水利工程，高标准保卫、泵站和水库等主要区域实行封闭式管理、公安系统联网）、应急管理（定期组织演练，优化各类应急预案）。

4. 工程建设安全管理

工程项目的建设是一个庞大复杂的系统工程，投资金额大，施工周期长，参与方众多，信息沟通频繁。如何打造生态智慧工程，使工程安全、进

度、质量、投资等工作得到有效控制，实现工程设计、建造及数字化移交全生命周期管理，需要在大型工程项目建设管理中持续探索解决。

大湾区粤海水务总结了多年来在水务工程建设方面的实践，建立了工程项目集群化管理平台，该平台以工程指挥部为管理单元，对工程建设过程中的安全、质量、投资和进度等进行全生命周期管理和动态监控，促进了工程建设标准化管理的快速复制，有助于实现高质量、低成本、工期可控的工程建设目标。此外，大湾区供水资源保障的重大工程——珠江三角洲水资源配置工程正在建设，随着该工程等大型项目的开展，计划将建筑信息模型与工地物联网、人联网和云计算技术结合，对工程设计、建造、运营实施动态监控、三维建模和数据资产的一体化管理，实现“现场监管实时化、过程管理痕迹化、安全考核指标化”。

将工程建设、咨询、关键工艺设备采购等环节引入战略合作机制，良好的合作伙伴是高质量的五大相关方（员工、客户、股东、合作伙伴、社会）之一。

5. 设备资产安全管理

运用云计算、物联网、智能控制和相关的分析建模技术，将水务智能化分析管理软件及水务物联网硬件进行一体化集成。通过对远程数据采集通信与接口规范的定义，搭建水务物联网平台，实现对全国各地生产数据的采集、处理和联机分析实时告警和预警。通过对设备资产的全生命周期管理，建立集团统一的设备编码、故障代码、作业标准、消缺流程，进行设备健康检测、故障预警、能源效率分析和预防性维护，保障设备运行安全可靠。

6. 突发事件应急管理

智慧水务顶层设计包含业务运营和集团管控两个方面，水务公司可建立具备国家实验室认可资质（CNAS）的水环境监测中心和对全国下属项目公司生产关键指标实时监视的总调度中心。政府指导、社会参与和实战演练是保障应急管理的基础，应急案例分析汇编共享，利用移动平台让每个岗位有具体现场指导手册。

大湾区粤海水务在全国四个省市自治区 20 余个项目公司建立一张水质

监测网，该网络以位于深圳数据中心的实验室管理系统（LIMS）和水质实时监测系统为基础，为各项目公司提供实验室信息化管理、水质数据分析、在线监测预警等云应用服务，提高下属项目公司快速应对水质突发事件的能力。各项目公司设置水质室，配备专职水质管理人员，构建全方位的水质保障体系。

快速检测和处置能力是智慧水务建设优先考虑部分，应急处置管理是智慧水务实际应用，逐步让大数据分析产生事件前置预警是研究方向。

五　大湾区智慧水务的市场前景分析

（一）智慧水务的未来发展趋势

未来水务提倡建立一个有弹性理念的水务系统。在基于对不同类型用户的用水数据分析之上，预测水量和用水消费趋势，提高整个供给系统的灵活性和预备性。未来智慧服务的方向是让大数据分析和信用消费结合，在经济效益和社会效益上统一。同时，分质供水、差异化服务、定制化服务等多元供水产品的设计可能成为未来趋势。

水表等终端有望成为用户与水务企业互动沟通交流的载体。万物互联是未来必然的发展趋势，在物联网的基础上增加了人的角色。水表能直接反映用户的用水情况，最贴近终端用户，将成为实现水务行业泛化物联的重要媒介。

合作化、生态化是智慧水务企业的必然选择。目前，有越来越多的互联网巨头和通信巨头跨界进入智慧水务领域，腾讯、阿里、华为、中兴、百度、移动、电信等更是纷纷与水务领域的企业建立战略合作关系。先进信息技术对传统水务行业的冲击效应会逐步显现，跨界合作会加速行业演化，缩短行业周期。部分企业单打独斗、孤军奋战的思路有被激烈的市场竞争淘汰的风险，谁能更贴近用户的需求，就能在产业链上下游形成强有力的链接，协调更多的市场资源，迅速崛起，从而搭建高质量的生态产业集群，成为行业龙头。

未来不仅仅是供排水一体化、厂网一体化、城乡一体化，更是大水务一体化。一个理想的智慧水务云平台，集智能调度、水量监控、管网漏损监测、营收服务、能耗分析、决策支持等功能为一体，融合取水、供水、用水、排水、污水处理、水环境，它是稳定、开放、安全、整合的系统，有利于水资源的统一规划、调度、监管和水污染的防治，实现水流、资金流和信息流“三流统一”。水行业的整合，势必以智慧水务为基础，从行政区域整合、流域整合到水务品牌整合，乃至市政公用服务整合，规模化的市场需要以经济为抓手、以智慧为工具。

智慧水务融入智慧城市整体的运行管理才能发挥更大的价值。未来智慧水务对雨量汛情的实时监控，对管网的负荷预警，可以帮助解决大湾区城市内涝问题，与智慧交通、智慧物流息息相关；智慧水务对饮用水中各类元素的跟踪对比分析，或许能给智慧餐饮、智慧医疗带来新的启发。

（二）智慧水务未来发展建议

1. 对水务企业

循序渐进落实。在智慧水务的信息化系统和云服务系统的建设过程中，需要结合企业自身的现状和实际能力，以业务需求为导向，找准切入点，循序渐进推动智慧水务的发展。可以首先建立利用率高、面向客户服务、经济效益和社会效益明显的业务系统，注意在建设过程中设定统一的数据信息标准，预留兼容度高的数据接口，以确保之后新系统的加入不会因数据无法共享、系统难以协作而大幅度修改已经建好的系统。但全过程需要有统一的规划设计，始终以构建顶层的信息应用平台为目标。

强化数据收集分析。数据是水务企业的核心资产，要想最终实现“智慧”的效果，需要利用高效的数据管理模式实现数据的统一分类和编码管理，确保获取可靠、有效的数据量，为后续的分析建模打下坚实的基础。以实现智慧水务管理精细化、服务便民化、决策科学化的长远目标。对数据的运用和思考也有利于促进行业的整体发展，有利于商业模式的创新。

注重智能算法研究，挖掘数据深层次的价值。识别取水、制水、供水及回收处理全流程应用场景，通过机器学习、深度学习对大数据进行深度分析，建立可靠的、精准的、契合实际的算法，为水系统平台提供有效的决策依据。通过对积累的数据持续修正、优化模型，以实现水量预测、水力计算、优化调度、爆管预警、智能刻度等真正智慧的功能，而不仅仅是做个“自动监测和可视化展示的空壳”。

加强人才储备，智慧水务的长远发展既包含对水务领域的熟悉和理解，也包含对信息技术知识的运用和把控，离不开具有交叉学科背景的专业人才。当前水务企业可能存在过分依赖软件系统开发团队的问题，需要提升企业自身具备信息技术能力的人才储备，这样才能根据业务逻辑设计出实用的架构和软件系统，有利于系统长期的运营维护升级，有利于企业持续不断的创新能力。

2. 对行业主管单位

重视智慧水务顶层设计和统筹规划。首先，提高各级领导特别是一把手对智慧水务的重视程度，深入理解智慧水务是水资源管理的重要抓手和智慧城市的重要组成部分。其次，科学前瞻的顶层设计和合理实际的统筹规划有助于制定智慧水务的总体框架和推进策略，是智慧水务建设和应用得以顺利实施的前提和保障，能够推出实施路径，把握工作重点，避免重复建设。

加强制定各种标准和规范。我国各地经济发展与水务行业发展水平参差不齐，大湾区各地在智慧水务领域也存在较大的差异，因标准规范的缺失，各水务企业处于摸着石头过河的状态。行业主管部门有必要积极跟踪调研各地的水务信息化建设，制定相应的政策法规、技术规范、评价标准，对水务企业遇到的问题给予科学的帮助和指引，避免重复建设或投资失误，促进产业健康有序发展。

六　结束语

智慧城市已成为全球战略新兴产业发展的重要组成部分。在智慧水务异

常火爆的今天，我们更应该理性地看到当前发展中的不足，积极提出对策，不断优化创新，推进智慧生产、智慧运营、智慧服务、智慧管控等水务综合一体化进程，实现真正的“智慧”，以解决水资源水环境的突出问题，保障人类饮水用水安全。这需要政府主管部门的重视以及所有水务企业和解决方案提供商的共同努力。

参考文献

杨明祥、蒋云钟、田雨、王浩：《智慧水务建设需求探析》，《清华大学学报》（自然科学版）2014 年第 1 期。

谢丽芳、邵煜、马琦、张金松、张土乔：《国内外智慧水务信息化建设与发展》，《给水排水》2018 年第 11 期。

北京慧怡科技有限责任公司：《智慧水务信息化建设新思路》，《中国建设信息化》2019 年第 17 期。

田培杰：《智慧水务及其实施路径研究》，《当代经济》2015 年第 25 期。

匡尚富、王建华：《建设国家智能水网工程提升我国水安全保障能力》，《中国水利》2013 年第 19 期。

B.10
粤港澳大湾区水利和水环境基础设施创新投融资模式现状

北京金准咨询有限责任公司　水利和水环境基础设施投融资模式课题组*

摘　要： 随着经济社会的发展，我国解决经济发展与环境治理的矛盾，践行“绿水青山就是金山银山”和保障人民群众对美好生活的追求，在“水十条”发布后日益紧迫。目前，粤港澳大湾区每年投入大量的资金进行水安全、水环境的治理，但仍然面临治水基础设施滞后、欠账严重、黑臭水体和河涌等问题，需要持续投入大量资金建设和运营水利及水环境类基础设施。我们希望通过对创新投融资模式现状的研究，以及这些创新模式在粤港澳大湾区的应用分析，为未来大湾区的基础设施建设提供借鉴。本文从“水”复归“水”的路径，分析了水利工程、供排水系统、水环境项目的特点，及投融资发展历程和政策支持，提出了目前投融资模式的问题，以及未来水利水环境基础设施投资可以借鉴的经验。

* 水利和水环境基础设施投融资模式课题组成员：杜鹏、郑敬波、李菲、邓蓓、袁君萍、彭严、陈仁、刘垚。郑敬波，高级会计师，注册会计师、注册造价工程师、资产评估师，北京金准咨询有限责任公司总经理，国家发改委及财政部 PPP 入库专家，主要从事水利工程、水务类 PPP、特许经营等基础设施投融资咨询、技术咨询等工作；李菲，高级工程师，注册造价工程师，北京金准咨询有限责任公司副总经理，财政部 PPP 入库专家，主要从事 PPP 领域咨询和水利水环境领域等重大基础设施投融资咨询、技术咨询等工作；杜鹏，高级工程师，注册咨询工程师，北京金准咨询有限责任公司长沙分公司总监，财政部 PPP 入库专家，主持和参与过数十个供排水及水环境治理项目的 PPP、特许经营咨询等工作；邓蓓，执业律师，北京金准咨询有限责任公司成都分公司副总经理，主要从事排水及水环境治理项目，涉及 PPP、特许经营、股权转让、经济财务分析等。

关键词： 创新投融资　水利水环境　粤港澳大湾区

水安全及水环境保护事关人民群众切身利益，是粤港澳大湾区高质量发展和人民群众追求美好生活的基本保障。实施源头控制、科学治理、系统推进水生态保护和水资源管理，在经济建设和发展中，运用系统思维解决水问题，是粤港澳大湾区面临的课题之一。水问题的解决需要“政府统领、企业施治、市场驱动、公众参与”，要积极发挥政府规范和引领作用、充分发挥市场机制作用，必须建立激励机制、理顺价格机制、创新投融资机制，发挥民间资本在水利和水环境基础设施投资和运营中的主要作用，提高公共服务的治理能力和服务效率。

本文将从水源复归水体，即以水利基础设施（水源）、供水基础设施（给水）、污水处理基础设施（排水）、水环境基础设施（河湖水体）为主线，简述创新投融资模式在有关“水”的基础设施中的应用现状、有关问题及可供借鉴的经验。

一　各类基础设施简要特点

（一）水利工程项目简要特点

水利工程的定义：防洪、除涝、灌溉、发电、供水、围垦、水土保持、移民、水资源保护等工程（包括新建、扩建、改建、加固、修复）及其配套和附属工程的统称。[①]

水利工程项目具有以下特点。

1. 系统性和综合性

单项水利工程与同一流域、同一地区内的其他水利工程既相辅相成，又

① 原《水利工程建设项目施工监理规范》（SL288－2003）中的定义。

相互制约；水利工程通常也具有综合性，自身具有多重功能，如具有防洪、灌溉、发电等功能，既紧密联系，又相互矛盾。

2. 具有多种类型

因水利工程具有防洪、灌溉、发电等多种功能，这就决定了水利工程具有经营性和产业性的特点，因此水利工程按其功能和作用可分为经营性项目、准经营性项目、公益性项目，有些水利工程同时兼有其中两种或三种类型。

3. 工程建设难度大

水利工程一般建在施工条件复杂的位置，受气象、水文、地质等自然条件影响较大，建设情况复杂，施工难度大，技术复杂，专业性强。

4. 工程建设周期长

水利工程一般投资规模较大，建设周期长，而且水利工程一般盈利能力较弱，需要通过较长的运营周期才能收回投资。

（二）供水及污水处理项目简要特点

供排水项目作为传统的公用事业项目具有垄断性，水处理行业（主要包括自来水和污水处理）属于典型的区域自然垄断行业，具有经济学意义上的“规模经济”和“范围经济”特征，同时具有在市场竞争发展到一定阶段时出现的产业“自然”集中的特征。在我国城镇水处理行业发展过程中，水务企业大多具有事业单位性质。水务行业尤其是供水行业采取的是地方政府独家垄断的经营方式，行政垄断现象明显，供水企业的商业运作与管理创新受到较大的限制。通过基础设施特许经营和政府与社会资本合作，引进社会资本参与水务行业投融资和运营管理，在原有的国有或行政垄断基础上有所突破。目前形势下，供排水项目具有以下特点。

1. 授予特许经营权，较长的特许经营期

供排水项目具有使用者付费收入（污水处理属于收支两条线），属于经营性项目或者准经营性项目，在我国较早地采用了市场化运营方式。采用特许经营或者 PPP 模式实施时，一般都授予项目特许经营权，特许经营期一般设置得较长。

2. 定价与成本存在差异

目前世界各国普遍实行的是“成本作价” + “利润率限定”的价格模式。参考《城市供水价格管理办法》，利润率限定在8% ~12%的水平。在这种情况下，运营方可能会蓄意扩大成本规模来提高利润总额，导致确定的价格偏离项目的合理成本。如何界定合法成本与合理成本的边界，仍是一个很大的难题。

在供排水项目实操中，也有项目采用项目投资财务内部收益率等指标确定价格上限，再采用竞争方式确定价格的情况。后期通过合同约定的调价机制，经成本监审后，可申请对初始价格进行调整。虽然合同设置了调价触发机制，也对调价程序做出约定，但迫于公众压力等原因，调价往往难以实施。

3. 水处理项目技术水平趋于稳定但仍显落后

目前，水处理项目技术水平趋于稳定，根据项目的不同要求，水处理企业会根据自身的技术实力对通用技术进行改良，总体技术相差不大，各企业采用的技术水平处于同一层次。但是，由于我国的工业基础比较薄弱，水处理设备的生产制造水平整体上比较落后，与世界先进技术相比，仍存在一定的差距。

4. 标准不断提升

污水处理项目标准不断提升，《国务院关于印发水污染防治行动计划的通知》要求，大部分市县城镇污水处理设施已完成或正在进行提标改造工作，全面达到一级A排放标准，乡镇也在逐步改造污水处理厂。

5. 排水管网老旧、建设滞后

我国城镇供排水事业的发展明显跟不上经济发展的需要，加上供排水管网的隐蔽性特征，在城镇道路交通、景观绿化等城市基础设施建设投资日益加大的环境下，城镇供排水管网的投资进展缓慢，部分供排水管网由于超期服役，经常出现爆裂、泄漏等安全事件。在供水管网方面，老城区和乡镇原本按城镇或农村饮水标准铺设的管网已年久失修，管网问题较多，漏损现象不能得到有效控制，不能完全满足用户正常的供水需求。在排水系统方面，因城镇基础设施规划建设工作滞后，多数城镇排水系统很不完善，雨污合流和渗漏淤堵现象严重。许多排水管网在设计、建设时没有充分考虑城镇未来发展的需要。与此同时，部分排水管网由于超期服役，经常出现渗水漏水淤积堵塞现象。

（三）水环境项目简要特点

随着近年来我国经济社会持续高速发展，我国水生态环境面临巨大压力，水生态环境保护工作也被提到了空前的高度。“十三五”规划纲要指出应加大环境综合治理力度，加强重点流域、海域综合治理，严格保护良好水体和饮用水水源，加强对水质较差湖泊的综合治理与改善。《国务院关于印发水污染防治行动计划的通知》（国发〔2015〕17 号）要求，以改善水环境质量为核心，系统推进水污染防治、水生态保护和水资源管理，全面改善水环境质量。

水环境项目主要具有以下特点。

1. 流域性、系统性、跨部门性

水环境项目不仅涉及岸上、水下、上下游，还涉及水利、环保、住建等部门，水环境项目具有流域性、系统性及跨部门性等特点。

2. 投资规模大

水环境项目通常将水污染控制、水利调度、城市防洪排涝与城市景观融合起来，具有综合性和系统性特点，因此水环境项目通常投资规模巨大。截至 2019 年 10 月，财政部政府和社会资本合作中心信息平台项目管理库中的水环境治理项目约 80 个，投资总额达 1262.87 亿元，平均单个项目投资额 15.79 亿元。

3. 复杂程度高

水环境项目包括饮用水保护、市政污水处理、农村污水处理、流域环境综合整治、湖泊环境保护、地下水污染防治等项目类型，不同类型的项目其环境标准与实施技术路线均存在较大差异，且资金来源和投资回报也较为复杂且不固定。

4. 技术性强

水环境项目投资、运行管理等受工艺技术影响较为明显，技术的专业化程度较高。以最常见的市政污水深度处理为例，从一级B类提标到一级A类，技术方案可选用混凝过滤或者人工湿地等。两者在占地、基建、投资、管理（电耗、加药、人工、维修）、效益等方面差异较大，需要结合项目用地情况、自然条件、投资预算、管理水平、预期效益等综合考虑。又如河道整治类项目，不同的污染要素、污染程度和整治要求，相应的技术路线差异较大，简单的清淤工程通常治标不治本，需要采取控制污染源、强化河道自净能力甚至是增加径流等综合措施，方案的设计直接影响着项目的投资和施工组织。

5. 公益性强，在回报机制上存在差异

水利和水环境项目具有公共物品特性，普遍缺乏收费机制，资金投入的回报机制与渠道不健全，大部分经营收益不足，不具有稳定的现金流，回报方式多为政府付费。供排水项目则是使用者付费（污水处理类项目为收支两条线），且在我国采用创新投融资模式建设、运营的时间较长，一般具有较稳定的现金流。

二　基础设施投融资政策引导及模式的变迁

（一）基础设施投融资政策支持及引导

（1）2010年5月，国务院印发《国务院关于鼓励和引导民间投资健康发展的若干意见》（国发〔2010〕13号），文中鼓励民间资本参与市政公用事业建设。支持民间资本进入供排水等领域。具备条件的市政公用事业项目可以采取市场化的经营方式引入民间资本。

（2）2011年4月，环境保护部印发《关于环保系统进一步推动环保产业发展的指导意见》（环发〔2011〕36号），明确大力推进环境保护设施的专业化、社会化运营服务。在供排水等设施运营服务中全面引入市场机制，推进环境基础设施服务的社会化运营和特许经营。

（3）2014 年 11 月，国务院印发《关于创新重点领域投融资机制鼓励社会投资的指导意见》（国发〔2014〕60 号），文件指出在公共服务、资源环境、生态建设、基础设施等重点领域进一步创新投融资机制，充分发挥社会资本特别是民间资本的积极作用。推进市政基础设施投资运营市场化，推动社会资本参与市政基础设施建设运营。推进市县、乡镇和村级污水收集和处理、垃圾处理项目按行业“打包”投资和运营，鼓励实行城乡供水一体化、厂网一体化投资和运营，通过特许经营、投资补助、政府购买服务等多种方式，鼓励社会资本投资城镇供水、供热、燃气、污水垃圾处理等市政基础设施项目，政府依法选择符合要求的经营者。政府可采用委托经营或转让—经营—转让（TOT）等方式，将已经建成的市政基础设施项目转交给社会资本来运营管理。

（4）2015 年 3 月 17 日，国家发改委、财政部、水利部联合发布《关于鼓励和引导社会资本参与重大水利工程建设运营的实施意见》（发改农经〔2015〕488 号），其中明确：除法律、法规、规章特殊规定的情形外，重大水利工程建设运营一律向社会资本开放。鼓励统筹城乡供水，实行水源工程、供水排水、污水处理、中水回用等一体化建设运营。

（5）2015 年 4 月 9 日，财政部、环保部印发《关于推进水污染防治领域政府和社会资本合作的实施意见》（财建〔2015〕90 号），鼓励水污染防治领域推广运用 PPP 模式。

（6）2019 年 2 月 18 日，中共中央、国务院印发了《粤港澳大湾区发展规划纲要》，提出加快基础设施互联互通，其中强化水资源安全保障方面一是要完善水利基础设施，二是要完善水利防灾减灾体系。

（二）投融资模式的变迁

水利工程是国民经济的基础设施和基础产业，水利工程的建设为社会经济的发展、人民群众安居乐业提供了重要的保障。水利工程建设投融资受国家宏观经济形势的变化和政策取向的影响很大，需要大量长期资金的投入，而水利、城市供排水和黑臭水体治理项目因其公益性或自然垄断性，多年来一直沿用传统的国企经营管理机制，政府既是政策制定者和监督者，又是具体业务的实际经营者。然而面对逐年增加的设施投资需要，政府部门也感到捉襟见肘，因此，在财政投入有限的情况下，建立合理有效的投融资模式是关键。2014 年以来，政府和社会资本合作（PPP）模式受到广泛的关注。国务院以及财政部、国家发改委等相关部委先后推出多项文件，在能源、交通运输、水利、环境保护、市政工程等公共服务领域，鼓励采用政府和社会资本合作模式，吸引社会资本参与。

在我国，投融资模式经历了以下几个变迁过程。

1. 政府直接投资的模式

20 世纪 90 年代以前，我国在基础设施建设方面，主要由中央及地方财政部门来共同负责资金的筹集工作，大部分资金通过地方财政收入、财政借贷及政府主导的行政事业性收费来自主筹措。政府直接投资的模式不仅可以通过财政直接投资基础设施项目建设，还可以通过政策引导、补贴及担保方式对企业建设项目进行政策性支持。但因政府过去的投资惯性和项目公益性属性，主要靠地方政府直接投资来进行项目投融资建设的模式，决定了地方财政出资与否是项目能否落地的关键性因素，但地方财政多数用于经济建设，在基础设施建设方面的投入较少，财政支出较为乏力，因而无法满足项目的资金缺口，造成即便是上马项目也大多由于资金中断而被叫停，甚至长时间无法完成并投入使用，造成水利工程的闲置和荒废，反而对政府财政产生负面的影响。

2. 由平台公司自行融资的模式

20 世纪 90 年代后，随着城市化进程加快，大量市政公用基础设施建设出现巨大投资缺口，地方财政无以为继，这种巨大的供需矛盾推动着水利和水环境行业的市场化进程，各地纷纷成立地方性政府投融资平台，如城投公司、水投公司等。这一阶段，水利及水环境基础设施建设逐步走出纯公益化范畴。地方政府投融资平台开始探索以企业为主体的项目融资（如 BT、BOT、TOT 等）模式和政策性融资（如政府开发专项基金、政策性银行信贷等）方式。

3. 建立多元化、市场化的投融资体制

20 世纪以来，以建设部为主导的国家有关部门对水利及水环境行业市场化的大力推进，使得商业投资在这个行业有了更完善的盈利机制，同时供水产业建设需要巨额资金，仅靠政府投入难以为继，发展水务市场，通过市场化的方式进行城市水务工程的建设、运营与维护是城市发展的必由之路。这一阶段，开始探索新的投融资模式，引导企业投资与政府投资的共同参与，通过特许经营或者 PPP 模式实施项目，主要有 BOT、TOT、BT、转让部分股权等方式。PPP 模式有效解决了环保项目融资困难、资金到位难、管理效率低下等问题，为地方环境建设提供了强有力的支持条件。

4. 通过 ABS 等多种投资工具有效组合

目前，国内资本市场不断发展、商业融资手段不断完善，为融资手段多样化创造了条件，多种投资工具的有效组合将成为实现现代水利和水环境企业资本战略的重要手段。这一阶段从业企业创造性地运用多种商业性融资手段，如信托融资、资本市场融资、资产证券化、产业基金等，通过长效与短期融资工具的有机结合，用结构化融资来为水环境产业整合与扩张提供稳定的、低成本的、大规模的资本。如 ABS 模式就是具体以目标项目所拥有的资产为基础，以该项目资产的未来收益为保证，通过在国际资本市场发行高档债券等金融产品来筹集资金的一种项目证券融资方式。通过其特有的提高信用等级的方式，原本信用等级较低的项目照样可以进入高档证券市场，并利用该市场信用等级高、债券安全性和流动性高、债券利率低的特点，大幅度降低发行债券和筹集资金的成本。

（三）投融资模式在各类水利、供水及污水处理、水环境项目上引入社会资本的情况综述

1. 水利工程项目目前引入社会资本情况综述

根据财政部政府和社会资本合作中心的数据，截至 2019 年 11 月 8 日，共有 219 个水利工程项目采用 PPP 方式引入社会资本合作，总投资额 1830.21 亿元。根据发布时间统计，2016 ~ 2019 年发布项目数量如图 1 所

示，2016 年发布 54 个水利工程项目，2017 年发布 52 个，2018 年发布 88 个，2019 年发布 25 个。

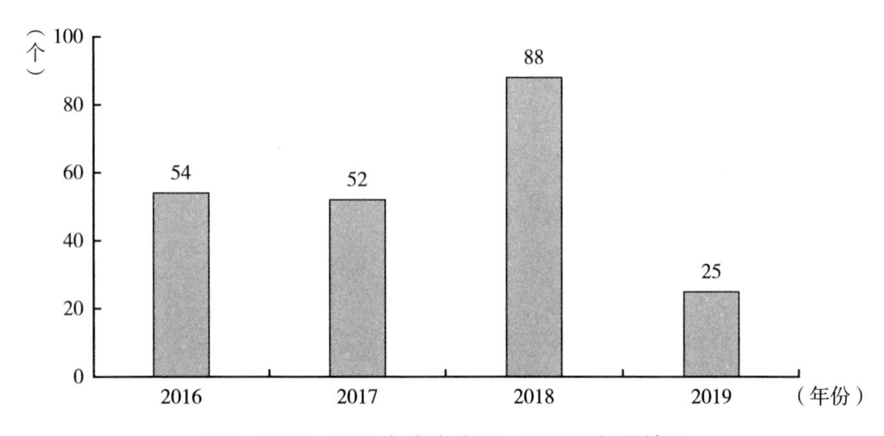

图 1　2016～2019 年发布水利工程项目数量情况

219 个项目涉及的专业包括水库、水利枢纽、供水、引水、防洪、灌溉、其他，各专业领域的项目数量如图 2 所示。

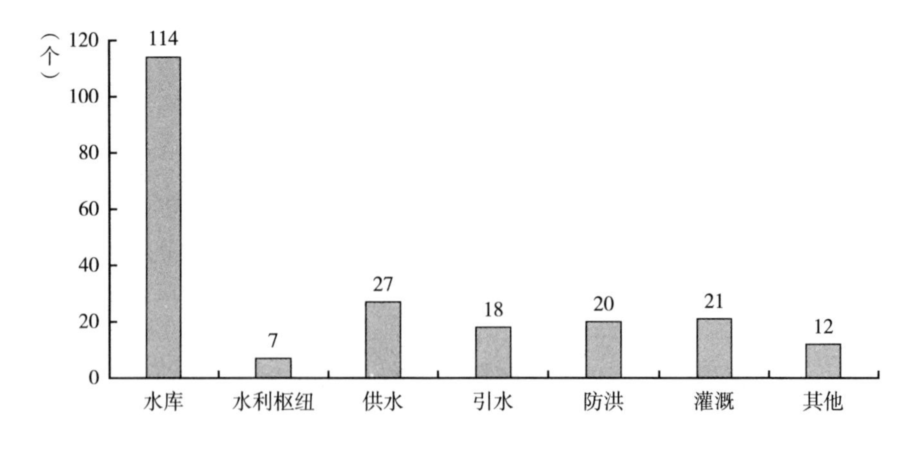

图 2　各专业的项目数量

219 个项目总投资额 1830. 21 亿元，其中 50 亿元以上的项目有 6 个，20 亿元至 50 亿元的有 14 个项目，10 亿元至 20 亿元的有 19 个项目，2 亿元至 5 亿元项目最多，有 76 个，占全部项目的 35%（见图 3）。

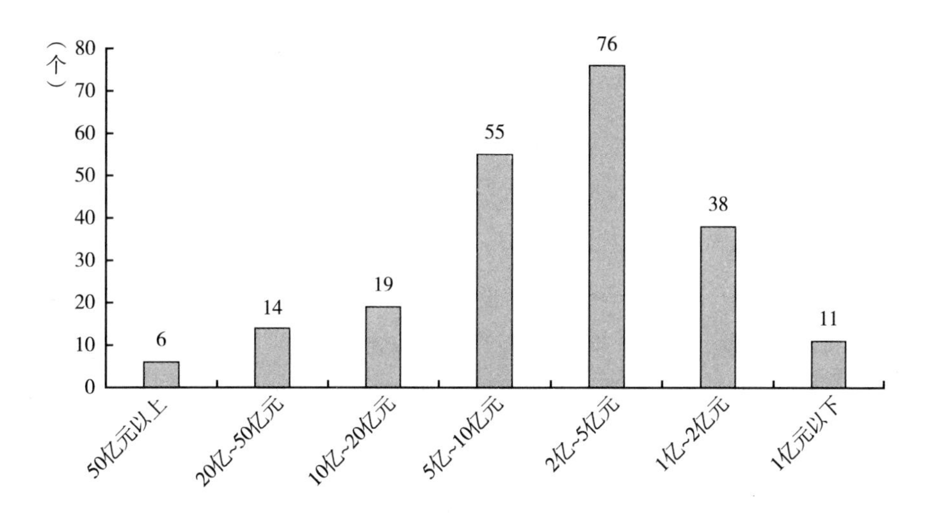

图3　不同投资额度的项目数量

水利工程项目集中在云南省和新疆维吾尔自治区，其余各省分布较均匀，具体如图4所示。

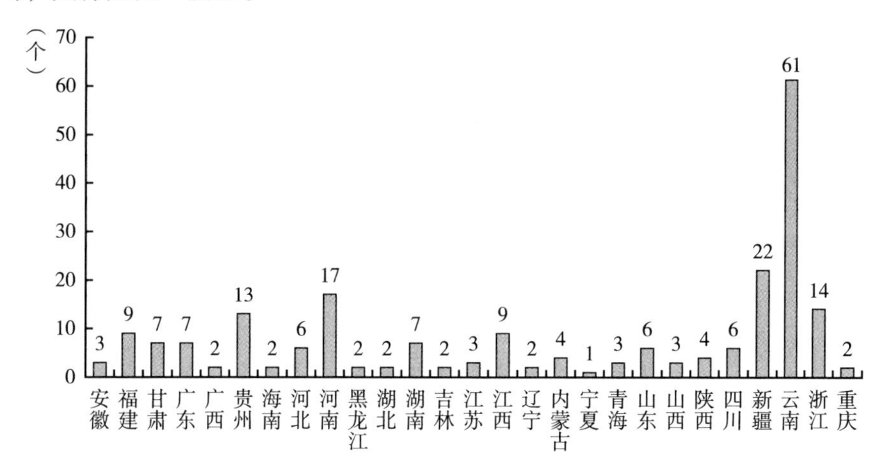

图4　各省（区）的项目数量情况

项目采用的运作方式有BOT、ROT、TOT、DBFOT、DBOT、BOT + O&M、BOT + O&M + TOT、TOT + BOT、TOT + ROT、BOO等，其中采用BOT方式的项目最多，占全部项目的88%。回报机制采取可行性缺口补助的项目有152个，采取使用者付费的项目有21个，采取政府付费的项目有46个。合作期限10~49年不等。

2. 供排水项目目前引入社会资本情况综述

2015年底，财政部开发建设了政府和社会资本合作（Public - Private Partnership，PPP）综合信息平台，并发布《关于规范政府和社会资本合作（PPP）综合信息平台运行的通知》（财金〔2015〕166号），所有PPP项目在PPP综合信息平台库中填报信息，查询财政部PPP综合信息平台库数据后统计可知，2014年以来，管理库供水或自来水项目数量150个，进入执行阶段的项目96个，落地率64.00%；污水或排水项目数量1169个，进入执行阶段的项目712个，落地率60.91%。与财政部PPP中心统计的所有入库项目落地率（65.3%）比较，供排水类项目的落地率偏低。供排水项目投资额情况见表1、表2、图5、图6。

表1　供水或自来水项目投资额及数量统计

单位：个

序号	投资额范围	数量	备注
1	小于1亿元	11	
2	1亿至3亿元	59	数量最多
3	3亿至10亿元	56	
4	大于10亿元	24	
	合计	150	

表2　污水或排水项目投资额及数量统计

单位：个

序号	投资额范围	数量	备注
1	小于1亿元	240	
2	1亿至3亿元	494	数量最多
3	3亿至10亿元	340	
4	大于10亿元	95	
	合计	1169	

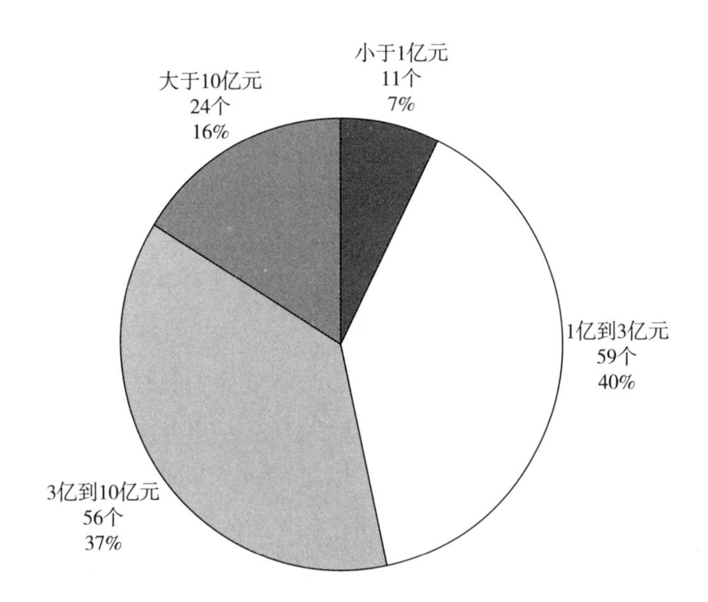

图5　供水或自来水项目投资额及数量统计

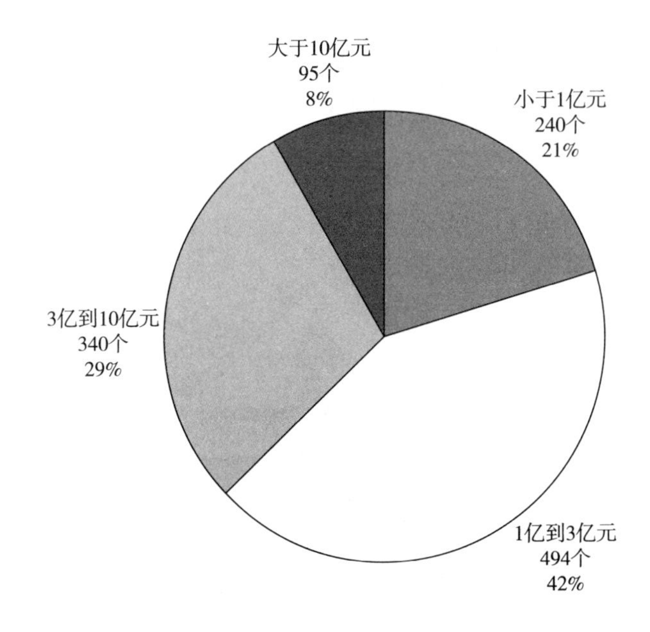

图6　污水或排水项目投资额及数量统计

3. 水环境治理项目目前引入社会资本情况综述

近年来，随着PPP模式在我国生态建设和环境保护领域的推进与发展，采用PPP模式逐渐成为水环境治理项目的主流方式之一。截至2019年9月25日，根据财政部政府和社会资本合作中心综合信息平台项目管理库的数据统计显示，在管理库中生态建设和环境保护类PPP项目906个，占管理库项目总数的9.8%；累计落地项目585个，占管理库中生态建设和环境保护类PPP项目总数的64.57%。其中水环境类PPP项目291个[①]，占管理库中生态建设和环境保护类PPP项目总数的32.12%，总投资达41213902万元；处于执行阶段的项目196个，处于采购阶段的项目53个，处于准备阶段的项目42个。

从地区分布来看，四川、安徽、河南、贵州、湖北、云南、山东、福建的水环境综合治理项目较多，共计182个，占全国水环境综合治理项目的63%；广东省的水环境综合治理项目17个，其中粤港澳大湾区16个，占全国水环境综合治理项目的5.5%。项目区域分布情况详见图7。

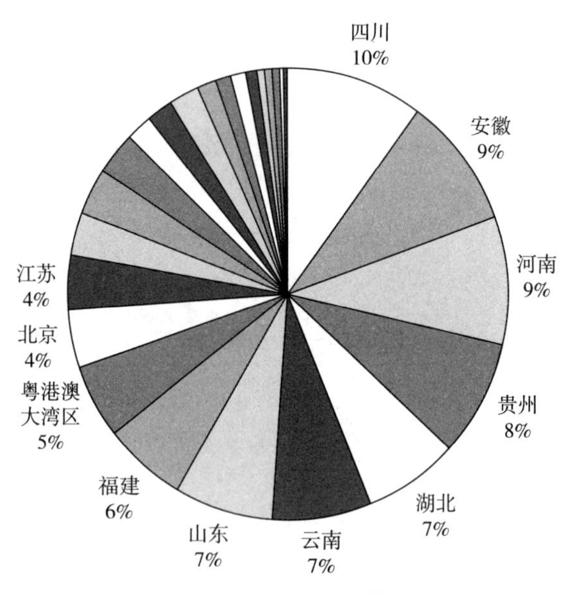

图7　项目区域分布情况

① 主要以河道、流域、黑臭、水环境为关键词搜索，存在交叉的项目仅统计一次。

三　创新投融资模式在大湾区的应用现状

粤港澳大湾区包括广东省的广州、深圳、珠海、佛山、惠州、东莞、中山、江门、肇庆9市和香港、澳门特别行政区，总面积5.6万平方公里，2017年末总人口约7000万人。2018年，粤港澳大湾区的地区生产总值为10.86万亿元。在大湾区内，城市群集，工厂众多，人口数量庞大，各种工业废水和生活污水大量排放，使粤港澳大湾区范围内的江河、湖泊、近岸海域等水体受到污染、可能破坏原有的自然环境。

粤港澳大湾区内有发达的河网，水资源丰沛，水利条件优越，主要河流有北江、东江、西江、珠江，中小河流有谭江、流溪河、增江、沙河、高明河、深圳河等。三角洲区域内河道纵横交错。珠三角地区水库数量约占全省水库数量的31%，约有2600座大中小型水库，总库容占全省水库总库容的20%，约为90亿立方米。其中，广州有大中型水库16座，深圳有10座，珠海有3座，佛山有3座，江门有32座，东莞有7座，中山有1座，肇庆有22座，惠州有24座。绝大多数水库修建于20世纪50~70年代，经过几十年的运行，大坝的病害不断出现，目前珠三角地区水利工程项目多为防洪、除险加固等类型的项目。

目前，香港和澳门均需要通过内地供水来保障其用水。香港通过深圳引东江水入深圳水库输水入港保障日常用水。香港政府建设17座水库，集聚雨水满足香港用水需求，但只能满足淡水需求的30%左右，而东江水供应占淡水需求的70%左右。澳门通过将珠江水引入竹仙洞水库输水入澳门青州水厂保障其日常用水，现在共运行4条原水输水管道，总供水能力已提升至70万立方米/天。

（一）大湾区水利项目应用现状

1. 大湾区的水利项目情况

通过查询广东省投资项目在线监管平台，近3年珠三角地区共有11个水利工程项目，采用企业投资或村委会投资完成建设。具体见表3。

表 3　珠三角地区企业和村委会投资水利工程项目情况

序号	城市	项目	投资主体
1	惠州	东江引水工程(一期)	企业
2	肇庆	广宁县路池坪水电站工程项目	企业
3	广州	从化区杨梅河水闸改造工程项目	企业
4	珠海	珠海斗门六乡水系连通工程	企业
5	珠海	斗门区白蕉镇大托村水利设施改造工程	村委会
6	珠海	白蕉镇孖湾村中信围水库移民农田机耕路及排洪渠工程	村委会
7	珠海	白蕉镇办冲平岗自然村水库移民康乐广场及排洪渠工程	村委会
8	珠海	斗门区白蕉镇办冲村螺洲水库移民农田水利改造工程	村委会
9	珠海	斗门区白蕉镇办冲村平岗水库移民农田水利改造工程	村委会
10	佛山	一期城市综合开发项目水利(河涌)工程(2#渠、5#渠)	企业
11	东莞	打鼓山水库副坝涵洞进水口改造工程	企业

通过查询深圳市投资项目在线监管平台，近3年深圳市约有140个水利工程项目，均是通过政府投资完成建设，多为水库除险加固、修复、防洪等工程。

仅有几个水利工程项目通过特许经营模式实施，如惠州东江剑潭水利枢纽工程，总投资8.8亿元，特许经营期限50年；西枝江惠东水利枢纽电站经营收益权TOT项目，总投资1.73亿元，特许经营期50年，经营收入为发电收入和船闸收费。

通过查询财政部政府和社会资本合作中心项目库，珠三角地区有4个水利工程项目采用PPP模式实施，且均已落地。

表 4　珠三角地区水利工程 PPP 项目情况

序号	城市	项目	回报机制	项目公司成立时间
1	中山	翠亨新区滨河整治水利工程项目	政府付费	2019年3月1日
2	惠州	东江大堤(江南大道仲恺段)堤路建设工程	政府付费	2017年5月16日
3	惠州	惠州大堤(南堤)堤路贯通工程第一标段PPP项目	政府付费	2017年3月24日
4	江门	广东省江门市潭江河流治理工程PPP项目新会段	政府付费	2018年12月17日

2019 年 2 月 18 日，中共中央、国务院印发了《粤港澳大湾区发展规划纲要》，明确提出加快基础设施互联互通，其中“强化水资源安全保障，一是完善水利基础设施：大力推进雨洪资源利用等节约水、涵养水的工程建设；实施最严格水资源管理制度；加快推进珠三角水资源配置工程和对澳门第 4 条供水管道建设。二是完善水利防灾减灾体系：加强海堤达标加固、珠江干支流河道崩岸治理等重点工程建设；建设和完善澳门、珠海、中山等防洪（潮）排涝体系；共同建设灾害监测预警、联防联控和应急调度系统”。

《粤港澳大湾区发展规划纲要》中提到的珠三角水资源配置工程已于 2019 年 5 月 6 日全面开工，该项目预计总投资 353.99 亿元，是全国第一个发行水资源专项债券的项目，已于 2018 年 8 月发行 10 亿元债券，2019 年 1 月发行 26 亿元债券，项目专项债券筹资共计 142.57 亿元。项目开创了水资源行业发行专项债券的先河，也创新了大型水利工程融资模式。

《粤港澳大湾区发展规划纲要》中提到的对澳门第 4 条供水管道工程已于 2019 年 10 月 17 日正式通水。对澳门第 4 条供水管道工程建设内容包括供水管道 15 公里，洪湾泵站 1 座，总投资 5.25 亿元，全部由澳门投资。项目由珠海水务集团有限公司负责建设，工程建设期约 3 年，2019 年 4 月完工。工程运行后，珠海向澳门的供水从每天 50 万立方米提升至每天 70 万立方米。供水能力提升且双线路供水，大大提高了供水保证率。

综上，大湾区水利工程项目较多，但多为传统政府投资项目，仅有 4 个 PPP 项目，2 个特许经营项目，1 个专项债券项目。

2. 水利工程案例：珠江三角洲水资源配置工程[①]

（1）项目概况

珠江三角洲水资源配置工程是截至目前广东省输水线路最长、受水区域最广、投资额最大的水资源调配工程，也是全国第一个发行水资源专项债券的项目。

---

① 案例来源于广东省水利厅网站。

珠江三角洲地区水资源虽然丰富，流量仅次于长江，但水资源分布和使用极不平衡，作为支撑珠三角经济社会发展的重要水源——东江，以占全省水资源总量18%的水量，支撑着全省28%人口的用水量，保障着48%的生产总值，目前水资源开发利用率已达38.3%（见图8），逼近国际公认的40%警戒线。为解决珠三角水资源分布和使用不平衡的问题，全面保障粤港澳大湾区供水安全，党中央、国务院决定兴建珠江三角洲水资源配置工程。

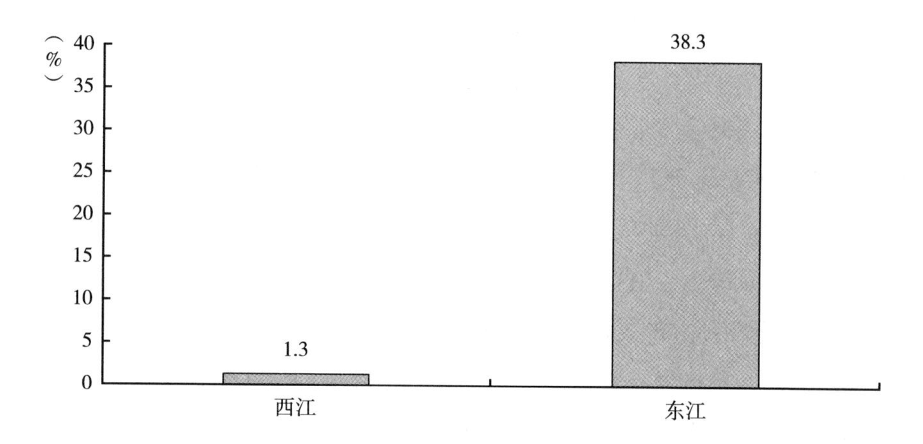

图8　东江、西江水资源开发利用率

珠江三角洲水资源配置工程于2013年被《珠江流域综合规划（2012～2030年）》确定为重要水资源配置工程，该工程是2015年国务院部署的全国172项节水供水重大水利工程项目之一，2019年被写入《粤港澳大湾区发展规划纲要》，并被明确要求加快建设。

该工程由1条干线、2条分干线、1条支线、3座泵站和4座调蓄水库组成，输水线路西起佛山顺德江段鲤鱼洲，经高新沙水库，向东至松木山水库、罗田水库、公明水库，总长度113.2公里，工程设计多年平均供水量为17.08亿立方米，受水区人口约3000万，预计总投资约354亿元，静态投资339.48亿元，建设总工期约60个月，2018年动工至2023年完工，2024年1月1日正式投入运营。

该工程得到国家有关部委的大力支持和悉心指导。2014年12月，水利部和广东省批复了工程建设总体方案。2016年9月和2018年8月，国家发展改革委员会分别对项目建议书和可行性研究报告进行了批复。2019年2月，水利部批复了工程初步设计报告。在财政部门的支持下，国内首支水资源专项债券——珠江三角洲水资源配置工程专项债券，继2018年8月首发后，又于2019年1月31日在深交所成功发行。珠江三角洲水资源配置工程2019年5月6日全面开工建设，是在《粤港澳大湾区发展规划纲要》出台后，本区域内第一个开工建设的大型基础设施项目。

该工程建成后，将大大提升粤港澳大湾区应急保障能力和供水保证率。该工程既可以解决广州、深圳、东莞生活生产缺水问题，又可以改变大湾区东部单一的供水水源现状，将为广州南沙每年引入5.31亿立方米西江水、为东莞引入3.3亿立方米、为深圳引入8.47亿立方米，实现东、西江双水源、双保障，大大提高供水保证率。该工程还将为广州番禺、佛山顺德、香港等地提供备用水源，将显著增强水资源的应急保障能力，为大湾区发展提供有力的战略支撑。该项目融入了物联网、大数据、云计算等先进的信息化技术，打造成生态智慧水利工程，将助力提升供水保证率，使供水更安全、更可靠。

（2）项目运作模式

根据《2018年广东省（本级）珠江三角洲水资源配置工程专项债券（一期）——2018年广东省政府专项债券（十七期）方案》，项目的资金筹措原则如下。

工程采用公司化经营的总体思路，由广东粤海珠三角供水有限公司具体实施，发挥政府在工程建设运营中的主导作用。资金筹措考虑遵循以下原则。

①项目投入一定资本金，保证项目顺利开工及后续融资的可能。

②工程投产后按100%达产率向广州、深圳和东莞三市供水，按企业资本金收益率8%确定工程水价，相应向广州、深圳和东莞三市收取水费，实现收益。

③发行专项债券从社会筹资。

项目总投资的58%为项目资本金，剩余42%的资金通过发行专项债券来解决，专项债券融资成本按4%估算。项目投入资本金196.92亿元，其中中央补助34.17亿元，广东省补助6.67亿元，广东粤海集团出资50.51亿元，广州、深圳、东莞市政府按项目设计供水量所占比例，分别出资37.99亿元（含支线7.5亿元）、48.63亿元、18.94亿元。项目专项债券筹资142.57亿元。

项目正式投入运营后，发行34亿元专项债券偿还部分到期债券。

2018年8月16日，成功发行项目第一期专项债券10亿元，为期10年，利率为3.96%，每半年付息一次。2019年1月31日，成功发行专项债券26亿元，为期10年，利率为3.38%，每半年付息一次，本金到期一次性偿还（见表5）。

表5　债券发行计划

单位：亿元

发行年份	5年期发行额	10年期发行额
2018	—	10
2019	—	26
2020	—	20
2021	—	24
2022	—	24
2023	—	40.5659
2032	6	
2033	28	

项目专项债券对应的项目取得的政府性基金收入或者专项收入，按照该项目的专项债券剩余额统筹安排资金，用于偿还到期债券的本息。其中，项目专项债券还本支出应当根据当年到期债券规模、调入专项收入等因素合理预计，妥善安排，并列入年度预算草案。项目专项债券利息和发行费用应当根据债券利率、规模、费率等情况合理预计，列入政府性基金预算支出。

在年度执行时，广东粤海珠三角供水有限公司根据约定时间以及预算编制确定的还本付息额度及时将偿债资金足额上缴省财政，纳入政府性基金预算“其他政府性基金调入专项收入”条目进行管理。在项目建设期内，珠三角水资源配置工程专项债券利息和发行费用先从项目资本金中垫付，项目收入实现后予以归还。

以工程运营收入为基础，本项目有充足的资金偿还专项债到期本息，至2038年所有专项债到期时，在支付专项债本息后仍有充裕的现金结余，期末累计现金结余约为21.86亿元。根据资金平衡测算分析，在满足假设条件的前提下，以142.57亿元债券发行计划为基础；投产后，发行专项债券34亿元用于偿还部分已到期的专项债券，本项目预计可达到的资金覆盖率为1.0916倍。如果项目的假设条件发生变化，政府可以调整本项目的资本金比例来保障专项债券还本付息。

（3）项目借鉴价值

珠三角水资源配置工程有很多方面值得借鉴，其中最值得借鉴的有两方面，一方面是该工程在设计之初就把物联网、大数据、云计算、BIM + GIS等先进的信息化技术融入其中，以实现长距离大型输水工程的统一调度、无人值班、智能巡查、智慧供水，打造新时代生态智慧水利工程，助力提升供水保证率，使供水更安全、更可靠。围绕“生态工程”“智慧工程”两大目标，秉持“把方便留给他人、把资源留给后代、把困难留给自己”的理念，以“五大控制”为抓手，努力把该工程打造成为“具有国际领先水平的超级工程”。另一方面是采取了专项债券的融资模式，发行了全国首支水资源专项债券——珠三角水资源配置工程专项债券，由此开创了水资源行业发行专项债券的先河，也创新了大型水利工程融资模式。采取专项债券融资模式的目的是充分利用地方债券融资成本相对较低的特点，尽可能地降低项目融资成本，进而降低水价。

本项目采用专项债券的经验做法。

①部门协同，高效推进。

据了解，广东省政府已经提前筹划建设资金来源，鼓励和引导社会资本参与水利事业。2018年2月，广东省政府研究部署珠三角水资源配置工程建设资金筹措等相关工作，明确要求该工程坚持公益性原则，鼓励创新融资

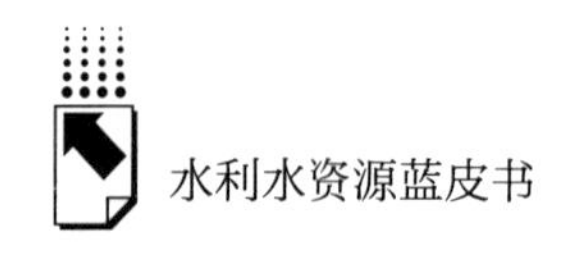

方式，降低融资成本，确保水价可控可调并保持在低水平。

②预算管理，专款专用。

该项目将专项债券列入年度预算草案，专项债券利息和发行费用根据债券利率、费率、规模等情况合理预计，并列入政府性基金预算支出，以便统筹安排。在年度执行时，广东粤海珠三角供水有限公司根据约定时间以及预算编制确定的还本付息额度及时将偿债资金足额上缴省财政，纳入政府性基金预算“其他政府性基金调入专项收入”条目进行管理。

③分工明确，职责清晰。

广东省财政厅按照专项债务管理规定，审核确定项目专项债券的实施方案和资金管理办法，并且组织做好资产评估、信用评级、信息披露等工作。负责组织实施项目专项债券发行工作，对专项债券管理实施监督。负责组织项目专项债券还本付息。

广东省水利厅负责审核确定项目规划和工程建设方案，配合做好项目专项债券发行准备工作和信息披露工作。负责督促项目顺利实施，对项目资产进行管理，对项目执行进行监督。合理评估发行专项债券对应的项目风险，负责监督债券资金的使用管理，负责编制项目专项债券还本付息年度预算，督促广东粤海珠三角供水有限公司上缴收入用于还本付息。

广东粤海珠三角供水有限公司负责研究制定项目实施方案（含项目收益和融资平衡方案），合理评估本项目发行专项债券的风险，负责建设和运营管理项目，配合做好项目专项债券发行准备工作和信息披露工作。负责债券资金的使用安排，按约定足额、及时上缴偿还资金，确保专项债券还本付息。

该项目专门制定了具体的《珠三角水资源配置工程专项债券管理办法》。

④识别风险，动态防控。

珠江三角洲水资源配置工程初步设计获得批复后，按照主管部门的批复结果及时调整项目资本金投入计划，保障项目顺利实施。通过动态调整债券发行期限、还款方式和时间，做好还款计划和准备，期限配比，加快资金周转，盘活资金，适当增大流动比率，控制项目融资平衡风险。

（二）大湾区供排水项目应用现状

1. 大湾区供排水项目情况

截至 2019 年 10 月 31 日，财政部 PPP 综合信息平台项目管理库中广东省共有入库项目 510 个，总投资额为 6342.75 亿元，其中水利建设项目 17 个，总投资额为 203.57 亿元，涉及供排水领域的项目共计 8 个，总投资额为 29.18 亿元。入库项目集中在江门、湛江、阳江、茂名等地。被列入国家示范项目的有 2 个：江门市区应急备用水源及供水设施工程（投资额 2.75 亿元）、茂名市水东湾城区引罗供水工程（投资额 11.24 亿元）。

2. 案例：江门市区应急备用水源及供水设施工程①

（1）项目概况

江门市区应急备用水源及供水设施工程为财政部第二批示范项目，该项目投资、建设、运营、维护和移交那咀水库取水泵房（取水规模 22 万吨/天）及那咀水库至西江水厂 18 公里的 DN（公称直径）1400 管道、西江水厂取水泵房（取水规模 8 万吨/天）及配套 140 米的 DN 1000 管道等设施和设备。

（2）运作模式

①合作模式。

项目实施方式为 BOT，由项目公司采用“建设 - 运营维护 - 移交”的方式投资、建设、运营和维护江门市区应急备用水源及供水设施工程，建设运维到期后，项目设施无偿移交给政府指定机构。项目合作期限为 11 年。

②交易结构。

项目资本金不低于 30%，政府方与社会资本方出资比例为 3∶7，政府方的项目资本金由水务集团自筹，社会资本方的项目资本金由其通过自有资金来解决。项目贷款利率上浮不得超过 10%。

③回报机制。

该项目属于应急备用水源工程，是缺乏使用者付费基础、主要依靠政府

---

① 案例来源于财政部 PPP 综合信息平台项目管理库。

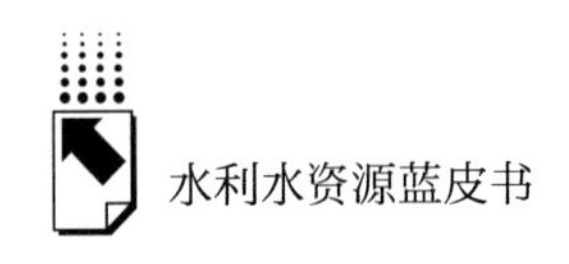

付费（含可用性服务费、运维服务费和输水服务费）回收投资成本的非经营性项目，由江门市财政局将纳入跨年度的财政预算按绩效考核结果支付给项目公司。

（3）项目借鉴价值

①引进先进的项目管理模式。

应急供水项目有别于一般的城市自来水厂，该项目在考虑项目公众利益及安全、投资人获得合理收益的情况下，结合应急供水项目的特点和要求，创新采用 PPP 模式实施，并设立不同主体进行监督、考核和收益划分，有利于加快项目进度，降低项目全生命周期成本，同时借助社会资本方的建设运营经验，系统性地控制项目建设成本、提高应急供水设施的运营效率，有助于实现物有所值。

②通过竞争性磋商方式择优选择社会资本方。

考虑到该项目前期工期紧张及项目输水量存在机动性和不确定性，采用竞争性磋商的方式，利用磋商环节的机动性，通过与社会资本的进一步磋商来确定上述不确定的因素。

③构建了严密的项目监管体系。

项目建立了较为严格的监管体系，通过政府有关行政部门监管及协议监管来实行，监管内容包括但不限于施工费用审核、施工进度和安全、项目实施、实际处理规模、规范性操作运营、成本核算、设施维护管理、调价申请材料真实性、资产权益处置、应急设施储备维管等，通过监管有效地避免了成本增加、价格上涨、管理不善、服务质量降低等问题。

④采用了科学的调价机制。

PPP 项目合同设计调价公式对泵站及管道的运维服务费、输水服务费单价进行调整，调价基准为国家公布的 2015～2017 年的 CPI 指数，调价公式包括电费单价、CPI 指数、西江水资源费等，调价周期为每 3 年 1 次。如果在某个调价周期 ΔA（CPI 前后差值）小于 6%，则该周期不进行调价，将累计到下一个调价周期计算，直至其达到调价条件。项目公司向政府上报书面调价申请，政府组织相关职能部门和专家根据调价公式进行审核并报市政府批准后执行。

⑤建立了有效的风险分担机制。

该项目秉承了“承担风险的一方应该对该风险具有控制力”的风险分配原则，同时按照风险可控、风险分配优化、风险收益对等等原则，综合考虑项目特性、项目回报机制、政府风险管理能力和市场风险管理能力等要素，在政府和项目公司之间设定了有效的风险分担机制。同时通过设置履约保函、维护保函及移交保函的方式，有效地解决了社会资本方和项目公司在项目执行过程中可能出现的中途违约及项目移交时不进行大修理等情况，有助于实现风险优化分配。

（三）大湾区水环境项目应用现状

1. 大湾区水环境项目情况

根据财政部政府和社会资本合作中心综合信息平台项目管理库的数据统计，大湾区水环境治理项目总计 12 个。从所处阶段来看，执行阶段 10 个，占比 83. 33%；准备阶段 2 个，占比 16. 67%，大多数项目已进入执行阶段。投资额度方面，12 个项目总投资 616562 万元，平均投资额 51380. 17 万元，投资额较大。从项目投资者方面分析，已进入执行阶段的 10 个项目中，以联合体方式中标的项目为 5 个，占比 50%，且其中 3 个项目的联合体成员在 3 人及以上。在资本金比例方面，10 个进入执行阶段的项目中，有 8 个项目的资本金比例为 20%，其余 2 个项目的资本金比例分别为 29. 23% 和 26. 8%，资本金比例较为稳定。

2. 案例：江门高新区（江海区）龙溪河、麻园河、马鬃沙河黑臭水体综合治理工程 PPP 项目①

（1）项目概况

马鬃沙河、麻园河和龙溪河位于江门市高新区（江海区）。一方面，该地区处于西江干流下游珠江三角洲网河区，地势低洼，加上受到台风影

① 案例来源于财政部 PPP 综合信息平台项目管理库。

响，洪涝自然灾害频繁；另一方面，由于城镇发展，老城区污水收集系统不完善，加上养殖业种植业等行业的污染，上述河道在某些月份水体呈现黑臭状态。为了高新区（江海区）的可持续发展，改善水安全与水环境，拟将龙溪河、麻园河、马鬃沙河黑臭水体综合治理工程纳入 PPP 项目。项目于 2017 年 1 月 3 日发起，实施机构为江门市江海区住房城乡建设部和水务局，采用竞争性磋商模式进行采购，回报机制为政府付费。该项目总投资估算为 66574.93 万元，治理河道长度约 22 公里，清淤超过 18 万立方米，沿河道新建污水管道超过 17 公里。项目合作期限 25 年（3 年建设期，22 年运营期），于 2017 年 8 月 15 日发布中标通知书，确定凯利易方资本管理有限公司、广州市水电建设工程有限公司、广州资源环保科技股份有限公司组成的联合体为中标社会资本，各持项目公司 51%、9%、30% 的股份，项目公司剩余 10% 的股份由政府出资方代表江门市江海区水务投资有限公司持有。中标报价为建安工程费下浮率 11.00%，资本金回报率 6.00%，融资成本为按中国人民银行五年以上贷款基准利率 4.9%，年运维绩效付费 431.16 万元。

项目已进入执行阶段，开工日期为 2017 年 11 月 21 日，建设内容包括防洪水利工程（河道整治）、污染源系统控制工程（垃圾污染治理、底泥污染源治理、排污口整治）、水质提升工程和生态修复工程（水质提升、生态修复）、水景观工程（滨岸景观）等。

（2）项目运作模式

江门高新区（江海区）龙溪河、麻园河、马鬃沙河黑臭水体综合治理工程 PPP 项目采用“投融资 - 建设 - 运营 - 移交（BOT）”的方式运作。高新区管委会与江海区政府联合授权江门市江海区水务投资有限公司为本项目政府方出资代表，由区水投公司与社会资本合资成立项目公司，高新区管委会与江海区政府联合授予项目公司本项目经营权，经营期限为 25 年（其中建设期 3 年，运营期 22 年）。在经营期内，项目公司负责投资、融资、建设、运营和维护等工作。项目建设完成并交付使用后即进入运营期。运营期内，项目公司通过政府付费购买服务的方式收回其建设投资成本、运维费用并获得合理回报。经营期满后，由项目公司将全部项目设施及相关资产、权益，按照PPP项目合同约定的机制、流程和资产范围无偿移交给政府或其指定机构。项目股权融资比例为20%；债权融资80%，约53259.94万元，项目融资由项目公司及社会资本负责。

（3）项目借鉴价值

①项目是2017年广东省内首例城区黑臭水体治理PPP项目，具有重大战略意义。

该项目是2017年广东省内首例城区黑臭水体治理PPP项目，它的启动标志着江海区黑臭水体治理工程进入全面快速建设阶段。江门市地处广东省中南部，珠江三角洲西岸，东邻中山、珠海，西连阳江，北接广州、佛山、肇庆、云浮，南濒南海海域，毗邻港澳，地理位置优越，是广东省西部地区和西南各省通往粤港澳大湾区的交通要道，是珠三角经济区的中心城市之一。江海区内水系发达，河流纵横交错，在取得了经济结构优化升级、城乡发展环境持续改善、行政效能持续提升等成就的同时，人口得到持续增长，城市范围不断扩张，但是环境基础设施配套建设滞后于城市建设发展的速度，导致流域水质问题比较突出，水环境安全面临威胁，属于城市发展过程中引发环境问题的典型案例。该项目的开展为后续广东省乃至全国城区黑臭水体治理提供重要借鉴。

②建设内容较广，目标明确。

项目建设和运营维护内容包括防洪水利工程、污染源系统控制工程、水质提升工程和生态修复工程、水景观工程等，且每一项工程下包括多项子工程，如污染源系统控制工程包括垃圾污染治理、底泥污染源治理、排污口整治等。该项目建设目标明确：一是满足防洪排涝20年一遇的要求；二是近期消除黑臭水体，远期构建稳定的生态系统，使水体恢复自净能力；三是创建生态廊道，构建生态系统，扩大环境容量，打造滨水空间，确保城市绿色发展，最终实现江海区全流域“河畅、水清、岸绿、景美”的总体目标。

③政府付费，与项目收益情况相匹配。

该项目的实施能有效整治区域内黑臭水体，提高城市防洪排涝能力，改善居民生活环境，这也是江门市城市生态环境保护和生态文明建设的需要。项目公益性显著，商业性较差，自身缺乏收益，因此采用政府付费（可用性付费+运维绩效付费）的回报机制。经测算，项目公司22年的经营收入合计为142578.33万元（税前），其中可用性付费约129027.65万元，运维绩效付费约13550.68万元。

④多主体合作参与。

该项目以凯利易方资本管理有限公司、广州市水电建设工程有限公司、广州资源环保科技股份有限公司组成的联合体为社会资本，各联合体成员分别持股项目公司的51%、9%、30%。项目公司剩余10%的股份由政府出资方代表江门市江海区水务投资有限公司持有。水环境PPP项目有打包内容多、投资规模大、运营类型多样、绩效考核复合化的趋势，由单一主体负责项目的投资、建设、运营难度较大，因此不同背景、不同专长的社会资本组成联合体的现象日益增多。该项目社会资本联合体中既有财务投资者，又有建设主体和运营主体，可为投资者投资类似项目提供相应借鉴。

四 问题及借鉴

随着我国经济社会的迅速发展，水利工程、水环境类项目也得到了迅速的发展和进步，无论是在国民经济上还是在生态环境上，水利和水环境工程发挥着越来越重要的作用。随着经济的迅速发展，水利和水环境工程的投融资模式更加多样化，参与水利和水环境工程建设运营的主体更加多元化，随之也出现了一些问题。

（1）目前水利和水环境工程项目引入的社会资本多来自施工单位，或者施工单位与投资公司的联合体，或者由施工单位、投资公司、运营单位组成的联合体。我国在水利工程的建设方面经验非常丰富，但在运营经验方面，只集中在几家大的国企单位，水利工程运营周期一般较长，运营水平对水利工程也至关重要。运营过程中，在发挥社会效益，保护生态环境的同时，应提高运营维护水平，提高其经济效益。

（2）未来水利和水环境工程投资规模仍面临较大的资金缺口，一方面需完善公共财政投入政策，另一方面需强化金融支持，提高项目市场融资能力。

（3）水利工程项目公益性强，经济效益较差，对社会资本吸引力不足，国家和地方需要细化完善投资补助、财政贴息、价格机制等具体扶持政策，鼓励社会资本以多种形式参与项目建设运行。

（4）供排水基础设施建设区域发展不平衡。我国农村有很多自建供水设施，供排水基础设施建设普及率不如城市。自建供水设施没有专业人员管理，存在水质安全隐患，供排水行业在广大农村还有市场。

（5）项目打包不合理，后续实施难度大。在水环境综合整治 PPP 项目实施过程中，某些地方存在贪大打捆的错误思想，往往将供排水设施、垃圾处理、黑臭水治理等不同领域和类型、不同实施主体的项目捆绑成一个项目实施，这样不利于选取确定社会资本和项目融资，严重降低了项目后续实施的可行性。

（6）绩效考核指标模式化，可操作性不强。水利、水环境综合治理项目通常涉及范围较大，子项较多，其内容也较复杂，包括水质、雨水收集、生态修复、景观等各个方面。某些项目在设置绩效考核指标时模式化现象严重，绩效考核千篇一律，缺乏针对性，可操作性不强。

（7）短期效果和长期目标未能有效统一。水环境的长效治理效果要求与水环境较多以短期工程模式开展相悖，创新投融资模式需要未来政策引导和支持，解决长效机制和资金来源。

EOD（生态导向发展）模式是未来城市发展的主要方向，水环境将在其中起到引领作用，通过环境治理带动城市价值提升，构建包括城市商业、地产、文旅产业等与周边产业结合的生态增值产业生态圈，实现多重价值开发，从服务型城市转变为经营型城市。

参考文献

吴小明、王凌河、贺新春等：《粤港澳大湾区融合前景下的水利思考》，《华北水利水电大学学报（自然科学版）》2018 年第 4 期。

何书琴、岑栋浩、黄东等：《广东省水库工程分布特点分析》《广东水利水电》2014 年第 9 期。

罗琳、陈希卓、庞靖鹏：《地方政府水利专项债券发行案例分析及对策建议》，《中国水利》2019 年第 4 期。

《2019 年广东省（本级）珠江三角洲水资源配置工程专项债券（一期）收益与融资资金平衡测算评估报告》，http：//www. docin. com/p - 2171645661. html，最后检索时间：2019 年 12 月 4 日。

《从中标到开工仅用两周，2017 年广东省内首例城区黑臭水体治理 PPP 项目投入建设》，http：//www. gzhzyhb. com/nd. jsp？ id = 207，最后检索时间：2019 年 12 月 3 日。

《中国城市水务行业 PPP 的 7 个关键问题》，《给水排水》2015 年第 4 期。

傅涛、汤明旺：《回归初心：从成都六厂 B 厂与澳门自来水项目看中国水业改革》，《城乡建设》2018 年第 14 期。

陈华、张敏：《如何促进 PPP 模式持续健康发展》，《光明日报》2016 年 5 月 11 日。

徐晶晶：《淮安市水利投融资路径及成效浅析》，《江苏水利》2014 年第 7 期。

技术创新篇

Technological Innovation Reports

B.11 粤港澳大湾区分散式优质饮用水解决方案实践

郭卫鹏　武　睿　赵　焱*

摘　要： 近些年来，我国经济快速发展，人民的生活水平有了大幅度提高，随之而来的对饮用水水质的要求也越来越严格，微污染、苦咸水、氟、砷、重金属超标等水源问题及水厂工艺、输配水管网二次污染等原因导致部分地区饮用水中部分指标不能满足《生活饮用水卫生标准》（GB5749－2006）的要求。本文分析了目前我国的饮用水现状及存在的问题、农村及校园对优质饮用水需求，通过研究纳滤工艺，发现纳滤能有效去除水中悬浮物、胶体、钙镁离子、硫酸盐、细菌、病毒，

---

* 郭卫鹏，工程师，主要研究方向为给水工艺研究及运营管理；武睿，高级工程师，主要研究方向为给水工艺研究及运营管理；赵焱，博士，高级工程师，主要研究方向为给水工艺研究及运营管理。

同时保留钾钠离子和其他对人体有益的元素，改善和提升水质，出水全面优于国家标准，可以直接饮用，研制的超滤-纳滤优质饮用水设备在西北地区和粤港澳大湾区开展应用，取得良好的示范效应，对保障粤港澳大湾区优质供水具有借鉴意义。

关键词： 优质饮用水　二次供水　水质保障

一　优质饮用水概况

（一）饮用水概念

人的生命需要优质的饮用水，但由于目前经济发展水平不同，各国的物质生活差别很大，所制定的饮用水标准也不尽相同。优质饮用水的感官指标是清澈透明、无异味、喝起来爽口解渴。其他的化学、毒理学、细菌学等方面的指标必须达到国家的卫生标准，对此我国也制定了国家《生活饮用水卫生标准》（GB5749－2006）。

目前常见的与饮用水相关的有以下4种概念。

1. 生活饮用水

是指经过混合、絮凝、沉淀、过滤和消毒等处理工艺后满足国家《生活饮用水卫生标准》，可供人们生活使用的水。

2. 矿泉水

矿泉水一般指从地下开采或者来自山泉等天然水体，没有受污染但符合国家相关标准的水，水中钙、镁、钠等离子含量比例适当，并含有人体所需的部分微量元素。

3. 纯净水

《瓶装饮用纯净水标准》（GB17323－1998）指出，纯净水是以生活饮用水为原水，经过离子交换、蒸馏、电渗析或反渗透等工艺处理，不含有任何杂质、添加剂等物质的水，纯净水的电导率小于等于 10μS/cm。纯净水实际上是纯水，不含有任何矿物元素，不适合长期饮用。

4. 优质饮用水

优质饮用水是以生活饮用水为原水，经过臭氧－活性炭、超滤、纳滤等深度处理方法生产的水，保留了水中部分对人体有益的矿物元素，可直接饮用的水。

然而，关于什么样的水是优质饮用水，学界却众说纷纭，不同学者有不同的表述。世界卫生组织（WHO）提出优质饮用水的 6 条标准如下。

（1）水中不含对人体有害的物质、元素等。

（2）水中含有一定量的对人体有益的矿物质、微量元素等，并能够被人体所吸收。

（3）水的 pH 值 >7，呈弱碱性，能够和体内的酸素发生中和反应。

（4）小分子集团水，渗透力强，溶解性好。

（5）负电位，能消除人体内多余自由基。

（6）含有适量的氧（5 毫克/升左右）。

（二）饮用水健康与重要性

世界卫生组织指出，人体 80% 的疾病与饮用水有关系。许多病症与饮用水的水质好坏有很大关系，如果饮用水不符合相关标准，长期饮用，体内毒物积累，则免疫功能下降，危及健康。

1. 饮用水与传染病

饮用水导致的传染病又称水致传染病，水致传染病是专家学者非常关心的一个问题，并把其放在饮用水安全研究的第一位。水致传染病主要包含病毒性和细菌性传染病等。

为了预防传染病，必须对饮用水进行消毒处理，消毒是一个对预防水致传染病非常有效的措施。2003 年在美国工程院开展的 20 世纪重大工程评选调查中，水处理排在第 4 位，说明水处理在控制流行病暴发方面起到很大的作用，可以改善和保护人类的健康。

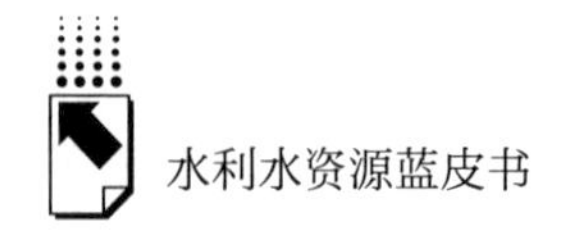

2. 饮用水与癌症

癌症是一个潜移默化的过程，一般要经过长时间的积累才会显现病症，一旦显现病症就很难控制和治疗，因此癌症对人体的危害非常严重。

饮用水中大概有三类致癌物质。一是在自然水体中存在的砷和铅等重金属或放射性物质；二是人造的污染物进入水体中，再通过饮用水进入人体内，比如水中的亚硝酸盐和人体内的蛋白质结合形成亚硝胺，这是一种强致癌物质，对人体健康极为不利，《生活饮用水卫生标准》中硝酸盐浓度的限值是10毫克/升；三是水处理产生的副产物。

3. 饮用水中矿物元素与健康的关系

一些专家学者研究发现，水中的矿物元素对人体的健康有很大影响，部分矿物元素对人体的身心健康非常有益。比如，水中的钙元素可以降低患高血压、心脏病和中风等疾病的风险，也可以增加骨组织密度、降低发生骨折的危险；水中的钠钾离子有助于维持机体内酸碱平衡、影响人体新陈代谢、维持正常的水分分布等，因此最好饮用含有对人体有益的矿物质元素的饮用水。

（三）饮用水现状分析

随着人们生活水平的日益提高，生活饮用水水质逐渐被人们所关注，尽管《生活饮用水卫生标准》（GB5749－2006）已经实施多年，我国饮用水水质也不断提高，但仍不能确保自来水水质达到优质可直接饮用的水平。主要有以下原因。

1. 水源问题

受到工业废水和生活污水影响，部分湖泊、水库、河流中溶解性有机物增加，水源和饮用水中能够测到的微量污染物质的种类也不断增加，这些水源被称为微污染水源。微污染水源中氨氮、磷和有机物等污染物浓度虽比较低、污染程度小，但污染物种类较多，成分比较复杂，传统水处理工艺对该类污染物的去除率比较低。此外，我国北方、西北地区和东部沿海地区也分布着大量的苦咸水体，苦咸水体所覆盖的地区约占国土面积的16%，大约有3800万人饱受苦咸水困扰，苦咸水硬度高、碱性大、矿化度高、口感苦涩，常规给水处理工艺难以降低水的硬度及去除溶解性总固体，长期饮用会导致人体胃肠功能紊乱、免疫力下降，影响人们身体健康。

2. 水厂运营管理不规范

目前我国大多数水厂仍采用以混凝、沉淀、过滤、消毒为主的传统水处理工艺。原水中的 COD_{Mn}、TOC、藻类、异味、硬度等污染物或突发性污染，传统的水处理工艺对此类污染物的去除率不高；绝大多数水厂采用氯消毒的方式，氯与水中的污染物发生反应生成卤代有机物、非挥发性卤代有机物、溴酸盐、亚氯酸钠、氯酸钠等消毒副产物，加上很多水厂内缺乏相关的专业技术型人才，水厂运营管理不善，导致水厂出水水质时有超标。

3. 管网及二次供水问题

从自来水水厂出来的水，经过各种处理，仍有极少量的有机物，有机物可以为微生物的繁殖提供营养，微生物繁殖之后可以在给水管道中形成管网生物膜，生物膜会对管网水质产生非常大的影响，增加水中的嗅和味、色度等。小区二次供水的水箱由于长期暴露，空间密封不严，管理不善，没有及时清理和消毒，且水箱可能存在“死水”区域，时间长了，水箱里面会滋生细菌、病毒、原生动物和铁锈等污染物，进而影响水质。

4. 农村饮水问题

卫计委、国家发改委和水利部组织全国大范围的农村饮水安全现状调查评估结果表明，全国农村饮水不安全人口大约有 3.2 亿人，占农村总人口数的 34%，饮用水不安全，给农村居民的身体健康和生产、生活带来许多困难。农村居住人口比较分散、管网比较长，水处理规模比较小，水处理设施缺乏、工艺简陋，管理落后，存在苦咸水，氟、砷、重金属超标等诸多因素，导致水量、水质不达标。

二　饮用水相关政策分析

（一）保障农村饮水安全

党中央、国务院高度重视农村饮水安全工作。习近平总书记明确指出要让农村人口喝上放心水，李克强总理在2019年《政府工作报告》中提出今明两年要提高6000万农村人口供水保障水平。国家在“十一五”、“十二五”和“十三五”期间制定了《全国农村饮水安全工程规划》，要求满足农村水质、水量要求，全面提高农村饮水安全保障水平。为了提高农村饮水安全保障水平，根据国家及地方的相关政策本文总结出以下几点建议。

第一，推进城乡一体化供水改革和规模化供水工程建设。实现城乡同网、同价和一体化供水，把城市供水的优质资产与农村供水效益较差的资产进行合理配置，用城市供水的盈余弥补农村供水的亏缺，促进城乡均衡、平等发展。

第二，建立长效运行管护机制。建立合理水价形成和水费收缴机制，合理核定供水成本，因地制宜实施单一制、两部制、阶梯式等水价制度，落实水价政策，采取刚性措施收缴水费，推行计量收费，调动群众自觉参与工程管理和监督的积极性。对供水成本较高、老少边穷等地区，中央和地方财政对相关工程的维修养护给予适当补助。

第三，建立健全建设运营管理和培训机制。在农村饮水安全工程的建设和运营中引入专业化的技术队伍，实行标准化建设、规模化发展、专业化管理、企业化经营。同时，针对运营中的突出问题，开展不同层次的培训，全面提高人员的运行管理和维修等方面的工作能力，为工程建设和管理提供较高水平的人才资源保障。

第四，推进农村饮水安全工程水质检测能力建设。引进先进技术，提升水质检测设施装备水平和检测能力，满足区域内农村供水工程的常规水质检测需求；建立区域水质检测中心，统筹考虑城乡供水水质检测工作，降低水质检测费用，扩大覆盖面，增强农村供水水质自检和行业监管能力。

第五，推进农村智慧水务信息化建设。建设水厂智能监控系统，包括水质在线监测系统、全自动加药和消毒系统、视频安防系统等；建设区域农村供水管理中心，推动智慧监控、智慧制水和智慧缴费平台建设，实现远程查看各供水点的运行情况，并对水质、水量、安防等数据进行实时监测，做到无人值守。

计划到2020年底全面完成“十三五”农村饮水安全巩固提升规划目标任务，由于我国国情、水情和区域差异性，农村供水保障是一项长期任务。水利部会同有关部门正在编制“十四五”农村供水规划，结合城乡融合发展和村庄总体规划，推动城乡一体化和规模化供水工程建设，改造早期老旧工程，梯次推进村庄供水发展，深化工程建设和运行管护体制机制改革，不断提升农村供水保障水平。

（二）饮用水水质标准提升

《生活饮用水卫生标准》（GB5749－2006）出台至今已经有十多年了，各大城市为了满足当地群众的水质需求，陆续出台了一些政策和标准，以上海市和深圳市为例。

上海市制定了《生活饮用水水质标准》，标准由国标的106项增加至111项，其中调整了15项，提标了35项，并补充了二次供水相关考核内容。

深圳市发布了《深圳市优质饮用水水质标准》，2013年、2018年相继发布第一阶段、第二阶段《优质饮用水入户工程实施方案》。

课题组分析了国内外标准，并对部分水质指标要求进行了对比分析，详见表1。

表1　部分水质指标对比

水质指标	《生活饮用水卫生标准》	上海市《生活饮用水水质标准》	《深圳市优质饮用水水质标准》	美国	日本	世界卫生组织
细菌总数（CFU/mL）	100	50	50	—	100	—
色度	15	10	10	15	5	15
浑浊度	1NTU 限制时为3NTU	≤0.5NTU	≤0.5NTU	1NTU（任何时候）0.3NTU（95%样品）	2NTU	5NTU（单一样品）1NTU（均值）
总硬度（mg/L）	450	250	450	—	300	—

续表

水质指标	《生活饮用水卫生标准》	上海市《生活饮用水水质标准》	《深圳市优质饮用水水质标准》	美国	日本	世界卫生组织
溶解性总固体(mg/L)	1000	500	500	500	500	1000
土溴素(mg/L)	国标附录A	0.00001	0.00001	0.00001	—	—
2-甲基异莰醇(mg/L)	国标附录A	0.00001	0.00001	0.00001	—	—
1,1,1-三氯乙烷(mg/L)	2	0.2	0.2	0.2	0.3	2
1,2-二氯乙烷(mg/L)	0.03	0.003	0.005	0.005	0.004	0.02
1,1-二氯乙烯(mg/L)	0.03	0.007	0.007	0.007	0.02	0.03
四氯乙烯(mg/L)	0.04	0.005	0.005	0.005	0.001	0.04
二氯乙酸(mg/L)	0.06	0.025	0.05	—	—	0.006
一溴二氯甲烷(mg/L)	0.06	—	0.02	—	0.03	0.06
二溴一氯甲烷(mg/L)	0.1	—	0.01	0.06	0.1	0.1

从表1中可以看出，上海市的《生活饮用水水质标准》和《深圳市优质饮用水水质标准》有如下特点。

（1）对标国际标准，并根据水源水质特点，制定有特色的水质指标标准，标准更严格，更符合居民心理和感官需求，为可直接饮用创造条件。

（2）提高了浑浊度、色度、铁、锰、溶解性总固体、总硬度等指标限值要求。

（3）降低COD_{Mn}指标限值，增加新型污染物、2-甲基异莰醇、土溴素、TOC、亚硝酸盐等指标。

（4）下调消毒副产物指标限值，严格控制消毒副产物，有毒有害指标采用较严格标准。

（5）调整微生物指标，菌落总数下调至50CFU/mL。

为了使水质满足人们日益增长的生活需求，2019年7月，国家卫生健康委举行新闻发布会表示，卫计委、国家标准化管理委员会、住建部、水利部、国土资源部、环保部正联合开展《生活饮用水卫生标准》修订工作。这次标准修订贯彻以人为本，优先将已经出现健康危害，特别是有人群的流行病学正确的指标纳入标准当中，争取在2020年把更符合规范、更易于操作、更科学的标准公布出来，便于相关单位遵照执行，其将对保障群众饮用水安全起到重要作用。

（三）校园优质饮用水

长期以来，校园饮食安全一直是学校和家长最为关心的话题，同时也是一个严峻的社会问题，国家目前也十分重视青少年的健康成长，关注青少年能否饮用到优质、安全、健康的水。2017年6月3日，国家质检总局和中国质量检验协会联合发布《校园饮用水健康行动计划试点工作推荐方案》，方案中说明需要行业内专家、企业积极发挥作用，进一步推进饮用水设备进校园，并且筛选出一批高标准、高质量的产品，解决校园饮水不安全的问题。

据统计，我国尚有1500多万学校师生面临着饮水安全问题，形势不容乐观，2019年9月1日，教育部发布《中小学膜处理饮水设备技术要求和配备规范》，明确提出推荐中小学采用纳滤或超滤膜处理饮水设备，只有在原水污染风险较大的地区才可用反渗透净水技术。反渗透净水技术让矿物质溶解速率得到了加强，长期饮用这种纯净水，会导致人体内矿物质的溶解流失，为饮水健康增加了风险。该标准对校园直饮水装备及标准进行了规范，也为校园选购膜处理净水设备提供了方向，更重要的是，为学生们的安全健康饮水提供了重要保障。

为了保障人民饮水健康，需要制订更严格的水质标准，为人们提供更优质的饮用水。

三 优质饮用水相关技术研究

为了保障人民的饮水安全，提供更加优质、健康的饮用水，解决目前饮用水面临的一些问题，我们一般通过臭氧－生物活性炭工艺技术、超滤工艺技术、纳滤工艺技术、反渗透工艺技术或者几种工艺技术的组合来提升水质。

（一）臭氧－生物活性炭工艺技术

臭氧具有极强的氧化能力，氧化还原电位为2.076mV，高于氯和高锰酸钾。臭氧分解产生氧原子，在水中形成具有强氧化作用的羟基自由基，能够短时间内和水中的污染物发生反应，有效杀灭水中的微生物、细菌及藻类，具有除臭、脱色、杀菌和去除有机物等作用（见图1）。

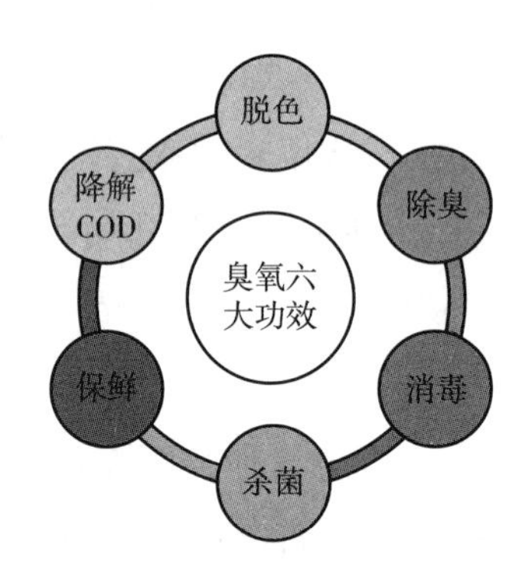

图1 臭氧六大功效

活性炭表面积达500～1700平方米/克，具有非常强的吸附能力，能迅速吸附水中的污染物，主要吸附腐殖酸、异臭、色度、农药、烃类有机物等；活性炭比表面积大，能富集水中的微生物，富集的微生物能够以水中的有机物等为营养进行生长和繁殖，从而去除水中的有机物、氨氮等物质，形成生物活性炭。生物活性炭表面的生物膜具有生物吸附和生物氧化降解的双重作用，炭层中的生物膜对活性炭具有再生作用。

臭氧-生物活性炭深度水处理技术被称为饮用水净化的第二代净水技术，采取先用臭氧进行氧化处理再利用活性炭比表面积大的吸附性能，再加上活性炭上生长的微生物的生物降解作用，达到去除水中污染物的目的，充分发挥各自特长，从而完成对水质的深度净化。主要用于去除水中氨氮、有机物及消毒副产物的前体物、异臭、异味、色度，去除部分重金属、氰化物、放射性物质、氨氮、BDOC 和 AOC，保证净水工艺出水的化学稳定性和生物稳定性。

（二）超滤工艺技术

超滤（UF）基本上是按分子量大小进行分离的压力驱动膜过程。一般膜孔径在 1～100 纳米，截留分子量一般在 1000～100000 道尔顿。

超滤是一种在外压作用下的膜分离工艺，过滤压力通常是 0.01～0.3 MPa，在外压作用下，水从高压一侧通过膜孔流到低压一侧，水中的杂质等大颗粒物质因不能通过膜孔而被截留下来，然后从超滤膜另一端以浓缩液的形式排出。由于超滤膜孔径比较小，能够拦截比较小的物质，超滤膜可以有效地去除水中的悬浮物、蛋白质、微生物、大分子有机物和胶体等杂质。

超滤工艺技术与传统的水处理工艺技术相比较，具有以下优势。

（1）超滤膜孔径小，可全部截留水体中的细菌、病毒、原生物等致病物质，出水微生物安全性高。

（2）超滤出水浊度低、水质稳定，浊度一般不超过 0.1NTU，并且一般不受进水浊度变化的影响。

（3）超滤工艺技术可以不投加或者少投加混凝剂，更绿色环保，减少化学药品的使用，产出的水化学安全性好。

（4）超滤工艺技术原理简单，维护快捷，运行方便，出水水质优秀，并且在前期的投资成本和后期的运行成本方面与传统工艺相比有比较显著的竞争优势。

由图 2 可知，采用了超滤工艺技术后，平均出水浊度均 0.15 NTU，平均去除率为 99%。总体上由于采用的超滤膜平均孔径为 0.01 um，能够强力

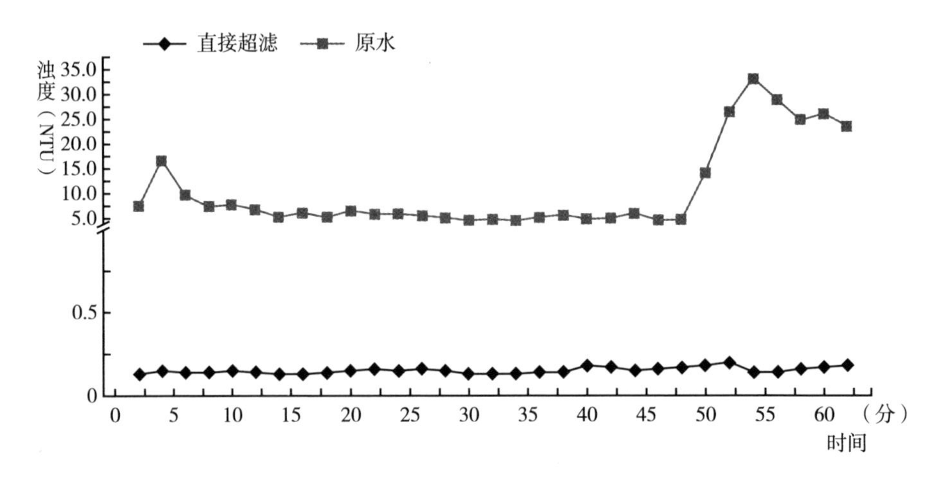

图 2　超滤工艺技术对浊度的去除

地截留颗粒物取得稳定的出水。运行前期原水平均浊度 6.62 NTU，最高 14.2 NTU，最低 4.61 NTU。尽管原水浊度升高，但是超滤的出水浊度并没有什么变化，这说明超滤工艺技术能够很好地降低和控制浊度，在应对原水浊度突然变化时，仍能保持稳定的去除效果。

（三）纳滤工艺技术

纳滤工艺技术是介于超滤工艺技术与反渗透工艺技术之间的一种膜分离技术，其截留分子量在 150 至 500 的范围内，纳滤工艺技术是从反渗透工艺技术中分离出来的一种膜处理工艺技术，纳滤工艺技术的工作压力一般在 0.4 ~1.5 MPa，比反渗透工艺技术需要的工作压力低很多，因此又被称为超低压的反渗透工艺技术。纳滤膜孔径一般在 1 ~2 纳米，对纳米级左右的分子截留率大于 95%。纳滤工艺技术具有选择透过性，对可溶性高价离子去除率比较高，可以达到 95% 以上，对可溶性单价离子去除率较低，因此其在饮用水处理中具有特殊的优势，可以选择性地去除对人体有害的大分子物质，保留对人体有益的小分子物质。

纳滤膜对不同价态、不同直径的离子去除效果有很大不同，对二价及以上的离子截留率显著高于一价离子。对阴离子的截留率按下列顺序递增：

NO_3^-、Cl^-、OH^-、SO_4^{2-}、CO_3^{2-}；对阳离子的截留率按下列顺序递增：H^+、Na^+、K^+、Mg^{2+}、Ca^{2+}、Cu^{2+}。实验研究纳滤膜对TDS和硬度去除效果如图3、图4所示。

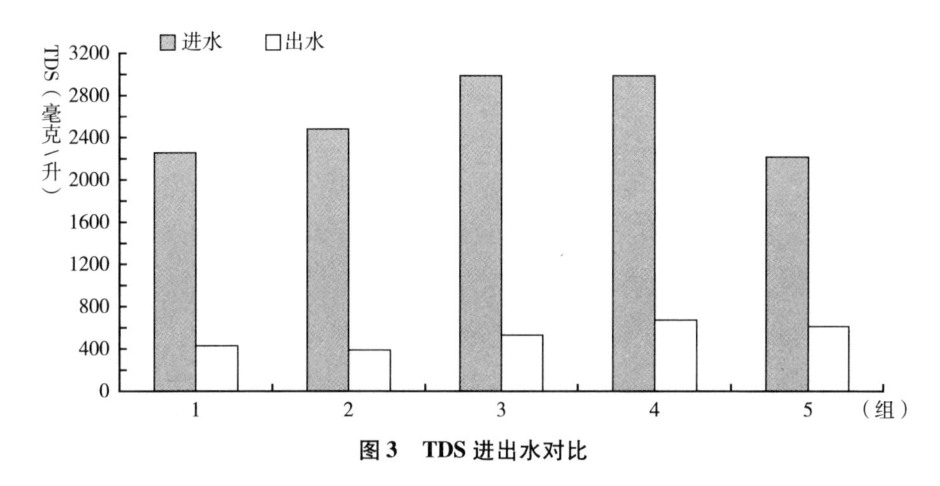

图3　TDS进出水对比

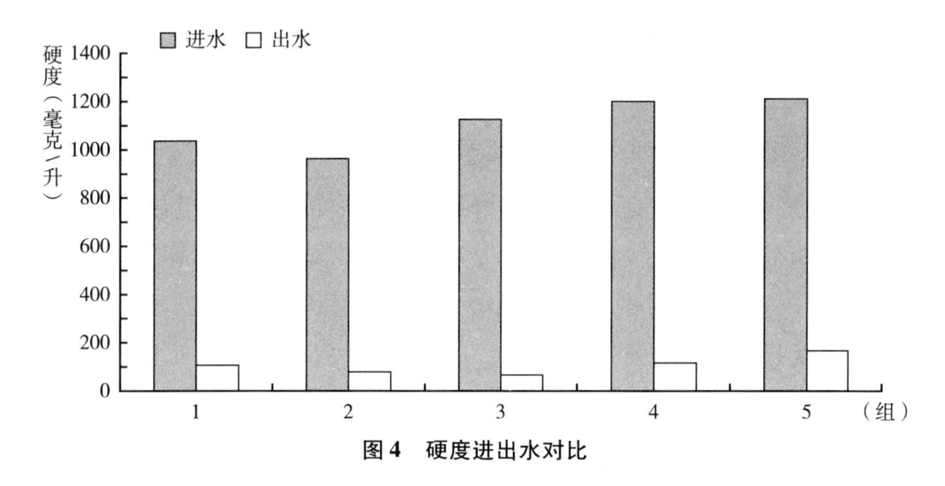

图4　硬度进出水对比

研究表明，纳滤膜对TDS的去除率在65%以上，纳滤膜对钙、镁离子具有明显的去除作用，去除率高达80%以上。饮用水卫生标准中规定水总硬度上限为450毫克/升（$CaCO_3$），可见所有组别实验的硬度均满足饮用水标准。

从纳滤工艺处理效果来看，该工艺对水中的钙、镁离子，硬度、TDS、浊度等都有很好的去除效果，纳滤对铁、锰、钙、镁等二价或三价离子，硬

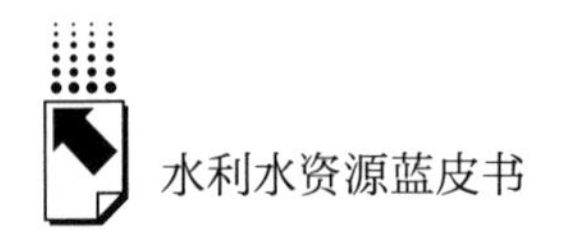

度等污染物总体去除率在80%以上，对TDS、钠和钾等一价离子的去除率在40%～60%，而钠、钾等离子是人体所必需的微量元素。综合来看，纳滤可以选择性地去除对人体有害的污染物并且保留对人体有益的微量元素，是一种更加“健康”的处理工艺。

（四）反渗透工艺技术

反渗透工艺技术是在压力工节技术驱动下，利用压力差，借助半透膜的选择性截留作用，将溶液中的溶质与溶剂分开的分离方法。因为它和自然渗透的方向相反，故称反渗透。反渗透工艺技术的工作压力大于1.0 MPa，一般在2～4 MPa，工作压力比纳滤工艺技术高。

反渗透工艺技术可以去除除水分之外所有的离子，经过反渗透处理之后的水只有水分子，是“纯净水”，没有任何其他杂质，也没有人体所需的矿物质等元素，不适合饮用，长期饮用纯净水会导致身体里面的钙、镁等矿物元素流失，从而对身体健康造成影响。2019年9月1日，教育部发布《中小学膜处理饮水设备技术要求和配备规范》行业标准，明确规定不允许使用反渗透工艺技术。

臭氧－生物活性炭工艺技术一般适用于规模化水厂的深度处理，主要去除水中有机污染物、氯消毒副产物的前体物以及氨氮等；超滤膜工艺技术适用于规模化水厂的深度处理或者小型一体化净水设备，主要去除水厂的悬浮物、胶体、有机物、细菌和微生物等；纳滤和反渗透工艺技术一般用于苦咸水或海水淡化处理，一般应用于小型一体化净水设备。反渗透工艺技术可以去除水中所有的杂质、矿物元素等，一般不建议在饮用水处理中使用。

四　设备研发与示范点建设

（一）设备研制及其特点

对上述几种优质饮用水技术的研究发现，膜法处理饮用水是非常有效的方法，“超滤－纳滤”组合净水工艺是非常科学的工艺技术组合。

超滤工艺技术有两方面作用，一方面提供自身的净水作用，对水中的颗粒物、胶体以及微生物等污染物进行剔除，有效保障水体的生物安全性以及浊度、色嗅等感观指标的达标。另一方面能够有效为纳滤系统提供安全的进水原水，纳滤工艺技术作为高压高分筛性的物化截留工艺，其核心纳滤膜对大部分污染物有极强的截留效果，最好用以解决一些常规工艺难以解决的问题，如硬度、总溶解性固体、有机物以及铁锰等指标，而不是浪费在颗粒物和胶体处理上。纳滤工艺技术可以选择性地去除对人体有害的污染物并且保留对人体有益的微量元素，是一种更加“健康”的处理工艺。

图 5 中的设备工艺是“超滤－纳滤”组合净水工艺，能有效去除水中悬浮物、胶体、钙镁离子、硫酸盐、细菌、病毒，同时保留钾、钠离子等其他对人体有益元素，改善和提升水质，出水全面优于国家《生活饮用水卫生标准》。

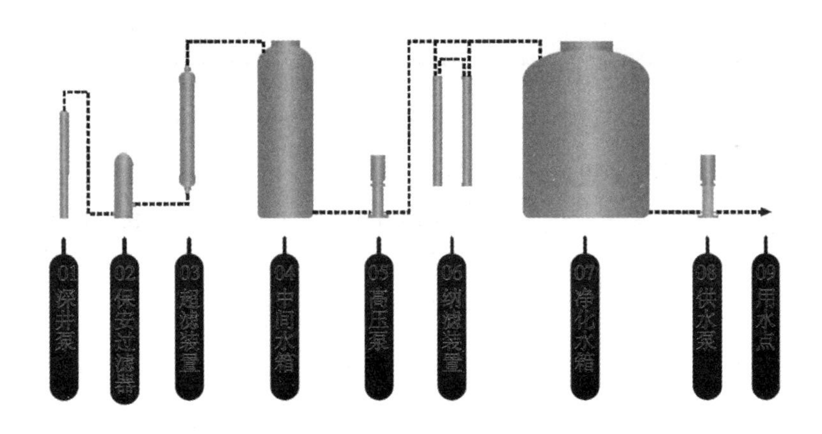

图 5　水净化工艺流程

该设备具有如下特点。

（1）出水水质优。本设备采用双膜过滤技术，在去除水中有害物质的同时还可保留对人体有益的元素，出水质量远优于国家标准。

（2）运行成本低。本设备超滤膜通过低通量设计来控制膜污染，延长反冲洗周期，更可减少甚至避免化学清洗，纳滤膜通过串联与浓水回流的运行方式，大大减少浓水排放，提高回收率。

（3）组装快捷，运输方便。本设备采用工业化设计，模块化组装模式，零部件均标准化设计，灵活连接，制作组装快捷，设备整体结构紧凑，占地面积小，空间利用率高，运输方便。

（4）安全可靠，无人值守。本设备采用 PLC、触摸屏控制，全自动运行，大大简化了日常维护操作，同时可通过移动端 App，实现设备运行工况远程监视、无人值守，安全性能高。

分散式优质饮用水设备是以符合《生活饮用水卫生标准》的水为原水，经过“超滤－纳滤”工艺技术处理后，可以有效去除水中的颗粒物、胶体、细菌、微生物、部分钙镁离子、硫酸盐、硬度、溶解性总固体、有机物以及铁、锰等对人体有害的物质，同时保留了水中对人体有益的部分矿物质等，可直接饮用。

分散式优质饮用水设备一般使用在管网末端，可以消除管网对水质带来的影响，目前生活小区、办公楼、酒店、学校、医院、工厂和机关单位等场所对优质饮用水有很大的需求，尤其是在粤港澳大湾区等经济发达的地区。《粤港澳大湾区发展规划纲要》提出，建设宜居宜业宜游的优质生活圈。坚持以人民为中心的发展思想，践行生态文明理念，持续改善生态环境质量，不断提升生态环境竞争力已经成为提升区域总体竞争力不可或缺的重要组成部分。

（二）托克扎克镇中心小学示范项目

疏附县托克扎克镇中心小学始建于 1971 年，是新疆爱国主义教育基地，现有双语教学班 12 个。该项目于 2018 年 5 月底正式通水运行，可满足学校约 1200 名（远期）师生的饮用水。

项目通水运行切实解决了当地最基础、最紧迫的民生需求，解决了困扰学校多年的饮用苦咸水的难题，保障了饮水安全，受到学校师生的一致好评。托克扎克镇中心小学校长阿尔·祖古丽表示，非常感谢粤海水务能够为学校建造净水设备（见图 6），让孩子们不再饮用苦咸水，为健康成长保驾护航。

同时作为“六一儿童节”的献礼，新疆卫视在 2018 年 6 月 1 日的新疆新闻联播节目中对该项目进行了报道。

图6　安装在疏附县托克扎克镇中心小学的净水设备

（三）广东省援疆前方工作指挥部示范项目

广东省援疆前方工作指挥部（简称“前指”）是广东省对口援助新疆喀什地区工作人员的办公和生活所在地，前指工作人员众多，用水量大，据实地测量统计每日平均用水量在50立方米左右。前指采用地下水，出水偶尔含有泥沙，硬度、硫酸盐、钙镁离子等超标（见图7）。

图7　安装在广东省援疆前方工作指挥部的净水设备

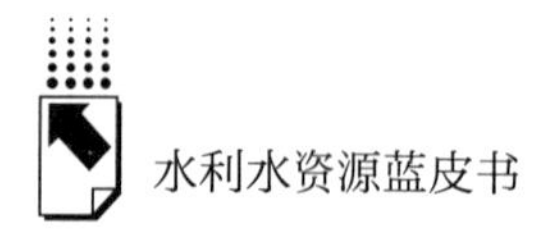

该项目于2018年10月底正式通水运行，最大出水量可达80立方米/日，满足前指人员的用水需求。

（四）草湖镇粤兵幼儿园示范项目

草湖镇幼儿园位于新疆喀什草湖镇中心东部，建成于2019年3月，总占地面积37.4亩，可容纳600～700人，优质饮用水设备的投入使用，大大提高和改善了在校师生的生活条件，保证了幼儿园广大师生的健康、安全饮水，为孩子们的健康成长提供保障（见图8）。

该项目于2019年7月底正式通水运行，最大出水量可达15立方米/日，满足幼儿园师生的饮用水需求。

图8　安装在草湖镇粤兵幼儿园的净水设备

（五）深圳某办公园区示范项目

该示范项目不仅包含优质饮用水设备，还包含直饮水管网系统。优质饮用水设备出水规模为20立方米/日，出水水质全面优于国家《生活饮用水卫生标准》，达到《饮用净水水质标准》，可以满足园区300多人的饮用水需求（见图9）。

设备间采用高标准建设，包含门禁系统、视频监控系统、温度调控系统、设备远程监控系统，对设备运行数据及设备周边环境数据实时监控并上传至粤海水务云平台。

直饮水管网采用智慧管网标准，包含水质监测、压力监控、末端排水监控。

通过实时监测、检测和评估水质、压力等参数，研究优质饮用水在管网中的变化规律，构建水质模型和水力模型为饮用水设备运行提供反馈，为工艺技术优化提供参考。

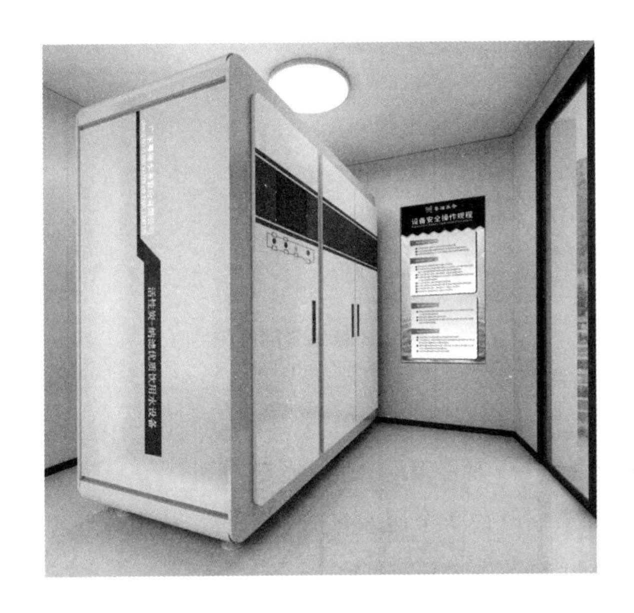

图9　安装在深圳某办公园区的净水设备

1. 水质监测——建立实时水质监测系统，保障水质安全

监测管网中水质部分数据，在管网中安装温度、电导率和 pH 值等水质在线监测仪表，对水质进行实时监测，每 5 分钟采集一次实时监测数据，用于分析优质饮用水管网输配最优工况，监测数据通过 RTU 设备上传至粤海物联网平台。

2. 压力监控——建设管网压力监控系统，保障管网最不利点供水压力，满足优质饮用水用水需求

在管网最不利点安装压力传感器，实时掌握管网压力情况，压力数据上

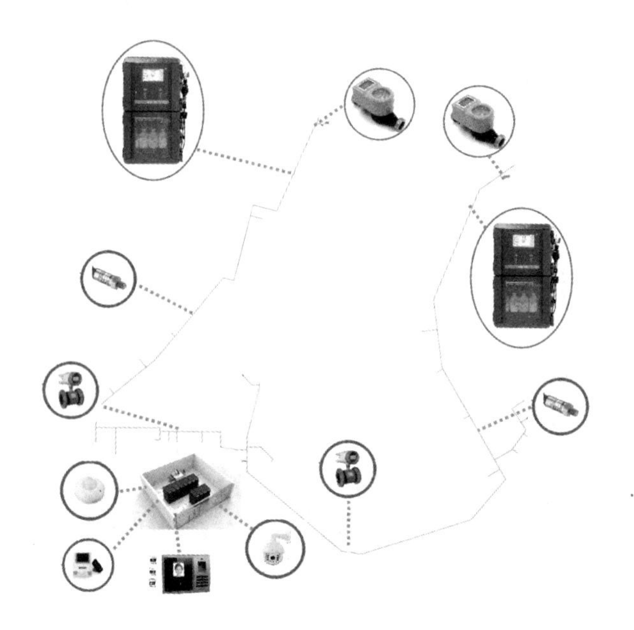

图 10　智慧管网系统

传至粤海物联网平台。

3. 排水流量监控——保障管网末端水质安全

在室外管网末端设置 2 个尾水排放电磁阀，利用远传水表监测排水流量，并把数据上传至粤海物联网平台。

4. App 开发——远程监视优质饮用水系统

开发手机客户端，把水质、压力、流量等数据，设备状态、视频监控等集成到手机 App 中，并通过手机端 App 进行展示、分析、报警。

（六）出水水质效果分析

4 个示范点设备都采用自动化运行的方式，无人值守，运营维护简单。设备正式投入运营之后，出水水质经有 CMA 资质的第三方权威机构检测，总硬度、溶解性总固体和硫酸盐等主要目标污染物去除率高达 95% 以上，出水达到直饮水相关要求（见表 2）。

表 2　进出水水质对比

单位：毫克/升，%

序号	水质指标	国家标准	净化前指标	净化后指标	去除率
1	pH 值	6.5～8.5	7.56	7.57	—
2	氨氮	0.5	0.02L	0.02L	—
3	COD_{Mn}	3	0.5L	0.5L	—
4	总硬度	450	630	5L	99
5	溶解性总固体	1000	1368	75	95
6	氟化物	1.0	0.22	0.02	91
7	氯化物	250	82	8	90
8	硫酸盐	250	552	27	95
9	铁	0.3	0.09	0.03L	—
10	锰	0.1	0.01L	0.01L	—

备注："L" 为数据低于方法检出限。

五　展望

随着人们生活水平的提高，人民对优质饮用水的需求也越来越高，国家及各地方政府也制定了相应政策、标准，对农村、公共场所及家庭优质饮用水的实施提供指引，市场也正蓬勃发展，优质饮用水设备有很广的应用场景，比如：二次供水、小区、别墅、办公楼、酒店、车站、机场、商业街区、学校、军队、医院、工厂和机关单位等场所都对优质饮用水有很大的需求。

粤海水务始终坚持走自主研发创新的道路，为了满足生活品质提升对水质的需求，将继续研发新技术、新工艺和智慧管网等，提供更加专业化和高品质的服务，为社会主义新时代、为美丽乡村建设添砖加瓦做出应有的贡献。

参考文献

段金叶、潘月鹏、付华：《饮用水与人体健康关系研究》，《南水北调与水利科技》2006 年第 3 期。

〔美〕约瑟华·I. 巴兹勒、温克勒·G. 威葆格、J. 威廉·依莱著《饮用水水质对人体健康的影响》，刘文君译，中国环境出版社，2003。

汪麟、吴恬：《浅谈臭氧－生物活性炭深度水处理工艺》，《西南给排水》2009 年第 4 期。

刘春霞、付婉霞：《超滤技术在饮用水处理中的效果和应用前景》，《给水排水》2008 年第 s1 期。

侯立安、刘晓芳：《纳滤水处理应用研究现状与发展前景》，《2010 年膜法市政水处理技术研讨会论文集》，2010。

魏宏斌、杨庆娟、邹平等：《纳滤膜用于直饮水生产的中试研究》，《中国给水排水》2009 年第 7 期。

党敏：《超滤/纳滤双膜工艺处理南四湖水中试研究》，哈尔滨工业大学硕士学位论文，2015。

尚天宠、高立国、潘平等：《纳滤应用于苦咸水淡化处理的可行性分析》，《给水排水》2009 年第 7 期。

李昆、王健行、魏源送等：《纳滤在水处理与回用中的应用现状与展望》，《环境科学学报》2016 年第 8 期。

李桂新：《小型一体化净水器在村镇供水中的应用》，《中国农村水利水电》2003 年第 12 期。

陈新、丁堂堂、于在升：《我国管道直饮水现状的调研报告》，《中国给水排水》2018 年第 9 期。

王君：《管道直饮水系统分析与工程应用》，天津大学硕士学位论文，2012。

B.12
水质监测科学保障粤港澳大湾区供水安全

林 青　练海贤　陈 娅*

摘　要： 水是生命之源，是大自然赐予我们的珍贵资源，人类日常的生产与生活都离不开水。水资源在推动社会发展、助力美好生活等方面起着不可替代的关键作用。然而，随着经济的快速发展，水环境状况变差，水污染问题层出不穷。水质监测是水环境保护和治理的第一步，只有充分掌握原水水质信息才能够更快更好地发现并解决污染问题，维护水资源可持续发展。在与人体健康紧密相关的饮用水方面，水质安全更是至关重要。但目前存在水源地水质污染、管网老旧和突发水质事件频发等问题，供水安全受到各种威胁，水质监测则是保障水安全的重要手段。作者结合自身的工作成果，从分析水质监测概况、行业政策和供水现状出发，探讨水质监测和水质科研如何切实有效地保障供水安全，并指出未来发展趋势和建议，可以为粤港澳大湾区供水安全保障提供借鉴。

关键词： 水质监测　供水安全　监测技术　监测体系　水质科研

---

* 林青，广东粤海水务股份有限公司，高级工程师，研究方向为环境监测及预警技术。练海贤，广东粤海水务股份有限公司，中级工程师，研究方向为环境监测及预警技术。陈娅，E20 环境平台供水研究中心高级行业分析师，香港大学环境管理学硕士，主要研究方向为二次供水，水质监测，水质，水价等。

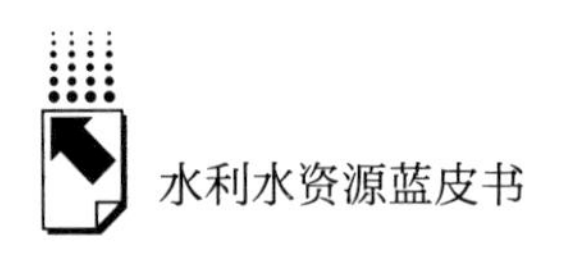

一　水质监测概况

（一）水质监测简述

水质监测泛指所有水质分析检测工作的全过程，包括监测设点、水质分析检测和结果报送等，其中水质分析检测是最为重要的环节，主要指样品检测这一过程。水质分析检测是指对水中的各种化学物质、底泥和悬浮物等进行统一的定期或者不定期的检测，以测定污染物种类、浓度和变化趋势，从而评价水质状况的工作。本报告侧重讲述水质分析检测这一重要环节。

新中国成立初期，我国水质监测技术十分落后，主要依靠全人工操作，仅能对一些普通的理化指标进行检测；改革开放以来，水质监测进入初步发展时期，国家先后建设多座国家监测站、省级也开始搭建监测网；21 世纪以来，我国水质监测进入快速发展时期。由于我国经济飞速发展，水污染问题也日趋严重，政府及公众越发重视生态环境、水质安全等问题，国家在 2002 年发布了涵盖 109 项指标的《地表水环境质量标准》（GB 3838 - 2002），2006 年发布了涵盖 106 项指标的《生活饮用水卫生标准》（GB 5749 - 2006），2017 年修订发布了《地下水质量标准》（GB/T 14848 - 2017），水质分析检测技术在这个背景下蓬勃发展起来。

水质监测范围广泛，包括未被污染和已受污染的天然水体（江、河、湖泊、海和地下水）以及各种各样的工业排水、农业灌溉水、生活饮用水等。目前，承担水质监测责任的两大主体为政府职能部门以及企业自身。其中，政府职能部门主要负责水环境类的监测和生产过程的监督，企业自身则主要负责与其生产过程相关的、有可能对水环境造成影响的相关环节的监测。以大型水务集团为例，它主要负责供排水方面的监测，涉及原水、水厂制水、供水管网输配水、二次供水、用户终端水和排水等多个环节。本报告讨论的水质监测主要指供水过程涉及的水质监测，即原水、出厂水、管网水与用户终端水的监测。

近年来，国家陆续出台修订各行业水质标准，可见其重视程度。在水源地方面，主要依据2002年发布的《地表水环境质量标准》（GB 3838－2002），涵盖项目共计109项，其中基本项目24项，集中式生活饮用水地表水源地补充项目5项，集中式生活饮用水地表水源地特定项目80项，并且在2008年，环境保护部要求地表水国控断面水质监测和重点城市饮用水源地监测要做好109项全分析。在供水方面，2006年修订的《生活饮用水卫生标准》将自来水检测项目由35项扩展至106项，其中包括微生物指标、毒理指标、感官性状及一般化学指标和放射性指标等。主要检测指标分为两类：一类是综合指标，如浊度、耗氧量和溶解性总固体等，用来反映综合水质状况；另一类是毒理学指标，如砷、铅和汞等；除此之外，有时还需监测流量、流速等水文项目。2017年修订发布的《地下水质量标准》（GB/T 14848－2017）将相关项目由39项扩充至93项。水质检测方法可分为物理检测、化学检测和生物检测三大类，主要以理化检测技术为主，具体包括化学法、电化学法、离子色谱法、气相色谱法、原子吸收分光光度法和等离子体发射光谱法等。近年来，生物检测在水质监测中的应用也在逐步增加。

（二）水质监测的重要性

水是人类赖以生存的重要自然资源之一，其质量安全与人们的生产和生活息息相关，对人们的身体健康造成直接影响。目前，我国不仅水资源短缺、分布不均，而且地区水质型缺水尤为严重，需要通过科学技术手段来提升治理效率、改善生态环境、实现可持续发展。因此，水质监测工作在保护水资源、控制水污染等方面扮演着关键角色。

1. 对水环境而言

水质监测可协助政府相关部门了解我国水资源的水质现状。科学准确的监测方式可以为水污染防治提供真实有效的数据支撑和理论支持，有助于判断水环境质量是否得到改善和控制目标的确定，进而采取必要的预防措施或是制定有效的治理方案，对水资源的有效保护具有实际参考意义。

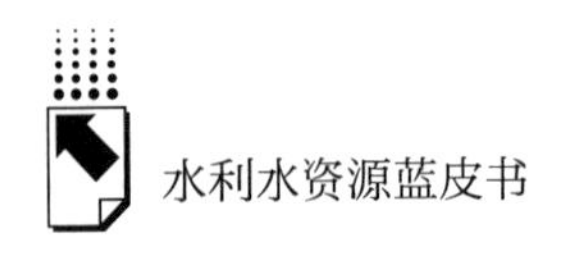

2. 对生活饮用水而言

生活饮用水质量的好坏直接关系到人们的身体健康和生活质量，所以监测生活饮用水水质显得尤为重要，其监测核心自然也放在是否影响人体健康上。饮用水中若含有病菌、毒重金属元素和有毒有机污染物等有害物质，会引发人体各种病症，甚至危及生命。供水的质量和安全不仅关系到供水企业的发展，更会对社会的稳定造成影响，涉水卫生疾病在发达国家也屡见不鲜。

虽然目前我国的供水事业取得了一定的发展，人们的基本需求已经得到了满足，但水源水质污染、供水管网年久失修和突发水质事件等问题仍然威胁着饮用水的质量安全，再加上随着经济的发展、科技的进步以及人民生活水平的不断提高，人们对于饮用水水质的要求也日趋严格。因此，安全饮水已成为人们最基本的要求，高质量饮水也成为人们关注的重点。

除了以安全为目的的常规水质监测外，搭建一套完整的水质监测体系，可以在保障供水安全的前提下，一定程度上降低供水成本并照顾群众感知。灵活、科学的分析检测可以为提高制水工艺效能、节约制水成本提供数据支持，使生产和管理过程的安排更加合理，如有效控制消毒剂量和药剂投加量、帮助确定合理的滤池冲洗周期和排泥池排泥周期等。此外，水质监测信息公开，可让公众及时了解水质信息，提高公众的参与感和获得感，并在一定程度上培养公众在城市管理中的责任感。

3. 对其他行业用水而言

水还是各行各业生产所需的重要物料和原材料，在工业生产、农业灌溉、渔业养殖等行业均发挥着不可替代的作用，此类用水的监测以不影响产品质量为目的。与此同时，在排放废水时，还应对其水质进行监测，确保达到排放标准，以保障不会对江河湖库等天然水体造成损害。

二　水质监测相关政策分析

（一）《水污染防治行动计划》

2015 年 4 月，国务院印发了《水污染防治行动计划》（以下简称

“水十条”)。“水十条”提出“保障饮用水水源安全，从水源到水龙头全过程监管饮用水安全。地方各级人民政府及供水单位应定期监测、检测和评估本行政区域内饮用水水源、供水厂出水和用户水龙头水质等饮水安全状况，地级及以上城市自2016年起每季度向社会公开。自2018年起，所有县级及以上城市饮水安全状况信息都要向社会公开”，对供水企业在水质监测方面提出了更高的要求，进一步推动了饮用水水质监测体系的完善。

另外，“水十条”还提出：建立水资源、水环境承载能力监测评价体系；完善水环境监测网络；提高环境监管能力，加强专业技术培训，并实行环境监管网格化管理；完善污染物统计监测体系等。

（二）《关于全面推行河长制的意见》

2016年12月，中共中央办公厅、国务院办公厅印发了《关于全面推行河长制的意见》(以下简称《意见》),《意见》明确了“全面推行河长制是落实绿色发展理念、推进生态文明建设的内在要求，是解决我国复杂水问题、维护河湖健康生命的有效举措，是完善水治理体系、保障国家水安全的制度创新”。“河长制”的推广，从根本上调动了各级地方政府的工作积极性，并进一步释放以地表水断面监测为主的水质监测市场需求，推动了地表水水质监测的发展，为水质监测市场带来机遇。

（三）《“十三五”环境监测质量管理工作方案》

2016年11月，环境保护部办公厅印发了《“十三五”环境监测质量管理工作方案》(以下简称《方案》)。《方案》提出“2020年，全面建成环境空气、地表水和土壤等环境监测质量控制体系，深化信息技术在环境监测质量管理中的应用，进一步推进监测信息公开和公众监督，保障大气、水、土壤污染防治行动计划评价及考核数据客观真实、准确权威”的工作目标，对水质监测的规划与发展具有指导意义，并强化了信息技术在监测工作中的重要地位。

（四）《全国城市饮用水水源地环境保护规划（2008～2020）》

2010年6月，环境保护部会同国家发展和改革委员会、住房和城乡建设部、水利部和卫生部五部门联合印发了《全国城市饮用水水源地环境保护规划（2008～2020年）》（以下简称《规划》）。《规划》将饮用水水源地监测能力建设目标设定为"满足各级政府对饮用水水源环境监测与管理的需求，加强重点水源地监测能力，增加检测分析设备和实验室数量，提高水源地环境监测预警和应急监测能力"。

（五）《全国城镇供水设施改造与建设"十二五"规划及2020年远景目标》

2012年5月，国家住建部、发改委印发了《全国城镇供水设施改造与建设"十二五"规划及2020年远景目标》（以下简称《目标》）。《目标》将"水质检测与监管能力建设"列为总体规划任务之一，并要求"统筹兼顾，合理布局，大力推进供水企业水质检测能力建设，进一步完善'两级网三级站'水质监测体系，全面提升供水安全监管水平"，为水质监测确定了发展目标。

（六）《城镇供水水质在线监测技术标准》

2017年11月，国家住建部发布了《城镇供水水质在线监测技术标准》（以下简称《标准》），并于2018年6月正式实施。《标准》适用于城镇供水水质在线监测系统的规划设计、安装验收、运行维护等，并指出城镇供水水质在线监测系统的规划设计、安装验收、运行维护等应遵循"技术先进、经济合理和安全可靠"的原则。《标准》的作用在于：保障城镇供水水质安全，规范水质在线监测系统的基本组成和性能要求，提高水厂工艺运行和管网调度的科学性、合理性。

（七）《城市地表水环境质量排名技术规定（试行）》

2017年6月，环境保护部办公厅印发了《城市地表水环境质量排名技术规定（试行）》（以下简称《排名技术规定》），明确了城市地表水环境质量适用范围、排名方法、数据统计和信息发布等内容。《排名技术规定》确定了以地表水环境质量为核心、兼顾水质变化的排名思路，旨在客观反映城市地表水环境质量情况以及地方政府在水污染防治方面的工作成效。城市地表水环境质量排名范围包括全国31个省（区、市）338个地级及以上城市，参与城市排名的断面（点位）是“十三五”国家地表水环境质量监测网中规定的1940个城市排名断面（点位），这无疑为城市地表水环境监测带来了巨大挑战。

三 水质监测现状分析

（一）常规水质监测手段

水质监测手段多种多样，各具特色，并适用于不同的场合，以发挥各自的优势和价值。常规的水质监测手段可以分为实验室检测、在线监测和便携式现场快速监测三类。

1. 实验室检测

实验室检测是指通过人工采样、保存、运输、检测等对水质进行分析，通过这种手段可以获得较为精准的水质信息，并且可以对多种水质指标进行测定，如发现问题，可提供针对性较强的解决方案。但实验室分析过程耗时较长，且需要投入大量的人力物力，检测数据滞后，无法及时反映水质的实时变化。

2. 在线监测

在线监测是指通过分流或原位的在线监测方式，实时或连续地对水质指标进行测定的系统。水质在线监测系统主要由检测单元和数据与传输单元组成。其优点显而易见：节约人力成本，可以实时、连续地反映水质情况，能够及时发现水质问题，适用于对城市供水系统进行全面监控。但目前大多数在线监测系统的指标有局限性，仅能对一些常规的水质指标进行监测，如

图1　检测人员进行水质取样

pH 值、浊度、氨氮、总磷等，无法分析复杂的水质情况，如遇突发事件，难以实现对污染源的判断和分析。

3. 便携式现场快速监测

便携式现场快速监测主要用于突发事件的现场检测工作，通过便携式水质检测设备对受污染的水进行检测，具有操作简便、时间短、人员少等优势，可以有效弥补实验室检测耗时较长的短板，并克服在线监测项目受限的缺点，能够在较短的时间内判断污染物类型并指导应急处理。但便携式现场快速监测在检测指标及精度上都存在局限性，无法完全替代实验室检测。

（二）供水过程监测对象

水质监测是保障安全供水的前提，需涵盖整个供水系统中的取水、净水、配水以及管网等各个环节。主要包含以下节点：进厂原水、水厂处理过程（重要净水工序的出水、出厂水等）、管网（主管管网、配水管网、大型加压泵站和小区入口前等）以及二次供水过程（二次供水水箱、用户终端水）。

原水的质量直接关系到出厂水的好坏。原水的水质特征及其变化情况需要被密切监测并设立预警机制，从而可以及时调整水厂应用的处理工艺、运行程序以及各类药剂的投加量，以保障出厂水水质达标。另外，在水厂对原水进行处理的过程中，需要对重要净水工序的出水以及出厂水进行水质监测，以及时发现问题，从而优化相关处理工艺的控制和管理，确保出厂水水质达标。

目前，各地出厂水经过严格的质量控制已几乎能全部达到国家标准，但这并不能保证最终输送到用户端的自来水是同样符合要求的。出厂水还需要通过无数纵横交错的供水管网输送至千家万户。但由于管网材质参差不齐，漏损和应急抢修等问题易造成水质污染，因此，对管网水的监测便显得十分重要，尤其是对市政主管管网、供水边界、大型加压泵站和末梢水（城市公共供水管网末梢水）等关键区域的监测。此外，在管网验收、大修等关键时刻，对管内水质进行监测也是必不可少的。

二次供水是当建筑物对水压、水量的要求超过城市公共供水管网能力时，通过建设储存、加压等设施，经管道供给用户或自用的供水方式。二次供水设施是保障城镇居民用水需求的重要基础设施。二次供水设备老化、设计不合理、管理不到位等状况，会导致“最后一公里”的供水出现安全隐患。其中二次供水水箱是二次供水过程中重要的储水设备，有助于满足供水高峰期用户的用水需求，如未定期进行清洗和消毒，则容易滋生细菌。因此在二次供水中，对水箱内水质的监测很有必要。

除此之外，对最终环节即用户终端水的水质监测，也是不可或缺的，因为用户终端水的水质好坏直接决定用户取用的自来水是否真正达标。但由于用户群体庞大，无法一一进行用户终端的水质监测，所以一般由卫生监管部门进行定期的水质抽样监测，或者当用户质疑龙头水水质时，可向相关部门申请监测。

（三）水质监测现阶段存在的问题

随着社会各界对水质问题的日益重视，尤其是伴随各种政策、标准的出台，水质监测任务也在不断加重。但我国水质监测工作较发达国家而言起步较晚，仍存在一些问题，主要可概括为以下几个方面。

1. 缺乏针对性的水质标准

目前，我国执行统一的水质标准，未考虑到不同地区、不同水体存在差异性。以饮用水为例：对于污染程度较为严重、水源状况较为复杂的地区，即使对水质进行了全分析，仍可能存在某些污染物未被检测的情况，需要对一些针对性更强的细化指标再做测定；对于水源质量较好的地区，对其进行全面的分析则是一种监测资源的浪费。

2. 监测成本高昂，难以全面推广

《生活饮用水卫生标准》（GB 5749－2006）将检测项目由35项扩展至106项，一方面说明了政府相关部门对饮用水质量越发重视，另一方面该标准也对水质检测仪器提出了更高的要求。水质检测所用仪器大多属精密仪器，造价高昂且后期维护成本也是一笔不小的支出，所以只有一些大型的水质监测中心才有能力配齐所有仪器。一些中小城市、农村地区的监测能力也因此受限。这在一定程度上导致了全国范围内水质监测中心分布不均、监测水平存在差异。

3. 第三方检测机构水平参差不齐，难以统一管理

为推进国家地表水环境质量监测事权上收工作，2017年10月起我国全面启动国家地表水采测分离工作，由第三方监测机构负责采样工作，并将水样加密后送至监测分析中心。此种做法虽然在一定程度上提高了水质信息的可靠性，但由于第三方机构的水平各有不同，在实际操作中的不规范会导致水质信息的不准确。另外，由于主管部门目前主要通过招投标的方式选择第三方检测机构，低价竞争的现象也随之而来，在一定程度上影响了水质检测工作的质量，对水质数据造成负面影响。

4. 精密设备过度依赖进口

水质检测所用仪器大多属精密仪器设备，我国在精密仪器设备制造方面与发达国家还有一定差距，虽然检测仪器的国产化已经有了很大进步，但精密设备仍然主要依赖进口，致使检测成本高昂。

5. 缺乏专业人才

水质监测技术不断提升，其对操作人员的专业素质要求也随之提高。尤其是负责自来水水质监测的技术人员，不仅需要熟练操作仪器，同时还应具备预判能力，根据水质各项指数的变化提前作出响应。我国水质监测工作起

步较晚，技术人员的规模有限，且培养周期相对较长，在实际工作中，部分人员所掌握的知识和经验相对老旧，无法与最新的技术相适配，导致工作的准确度不足，以及检测数据产生偏差。尤其是面对我国复杂的水污染情况，掌握高端设备检测技能的技术人才相对缺乏。此外，各地经济发展的不均衡，导致一些中小城市极度缺乏相关技术人才。

四　水质监测与水安全

正如前文所言，在水环境污染、原水污染、管网年久失修和突发水质事件频发等情况下，水安全正饱受威胁。而水质监测可以帮助我们全面、及时地掌握水质信息，有效消除用水隐患。随着社会的发展、科技的进步以及人们对于美好生活有着更加强烈的向往，水质监测工作需要从多方面提高水平，将其价值发挥到最大。下文将结合作者自身的工作成果，探讨如何让水质监测更加有效地保障水安全。

（一）科学先进的监测技术为水安全提供有力保障

1. 实验室检测技术与水安全

实验室检测是水质监测工作中必不可少的一环，能够较为准确地反映水质状况，并对提升水处理工艺和实现水污染防治规划等起到关键作用。因此，实验室具备相应的检测能力从而精准、全面、真实地反映水质信息显得至关重要。

作者所在的水环境监测中心（以下简称“中心”），具有国家实验室认可资质（CNAS），监测能力除覆盖国内地表水、地下水、饮用水和污水四大水质标准之外，还包括水体异味物质、环境雌激素等，以及世界卫生组织（WHO）《饮用水卫生准则》和发达国家水质标准的检测指标，检测项目超500项，已属于国内领先水平（见表1）。目前，中心主要负责东深供水工程沿线的水质监测、分析评价、污染源的监控分析和水质科研，并为集团下属公司提供技术支持和高难度项目的检测服务。

表 1　水环境监测中心获 CNAS 认可项目

标准名称	CNAS 认可项目数量
《地表水环境质量标准》(GB 3838 – 2002)	109
《生活饮用水卫生标准》(GB 5749 – 2006)	106
《城镇污水处理厂污染物排放标准》(GB 18918 – 2002)	62
《地下水质量标准》(GB/T 14848 – 2017)	92
世界卫生组织《饮用水水质准则》第四版等相关标准	85
标准外	19

2. 新兴污染物的检测技术与水安全

随着社会的发展，水中的污染物构成也逐渐复杂化，出现了种类繁多的新兴污染物。针对目前行业和社会关注的水质热点问题，为了实现“优先于客户发现问题”的理念，监测中心提前储备相关检测技术，并开展辖区内的水质监测工作，排查水质安全风险。目前，已经在抗生素、雌激素、消毒副产物、异味物质等研究方面取得了一系列成果。

在技术研发方面，中心联合高校共同开展了“珠三角区域饮用水新兴痕量污染物检测和安全控制技术”研究。基于先进的超高效液相色谱 – 质谱联用技术（UPLC – MS/MS），开发了 3 套针对饮用水中典型新兴痕量污染物的检测方法，包括 37 种药品和个人护理品（PPCPs）、8 种内分泌干扰物（EDCs）和 9 种含氮消毒副产物（NDMA），实现了高效、准确、灵敏的超低浓度目标污染物检测，为后续污染物跟踪检测、工艺技术开发和水厂运行管理等提供了充足的技术支撑。

在技术推广方面，独立制订 1 项广东省地方标准［《水中 6 种环境雌激素化合物的测定固相萃取 – 高效液相色谱 – 串联质谱法》（DB44/T 2016 – 2017)］和 1 项深圳市分析测试协会团体标准（《生活饮用水消毒副产物氯乙酸的测定 高效液相色谱 – 串联质谱法》），填补了国内雌激素水质检测标准的空白、解决了行业内水中环境雌激素准确定量分析难题，解决了现有氯乙酸标准检测方法操作烦琐低效的问题。

承担了 2019 年广东省分析测试协会团体标准《顶空固相微萃取 – 气相

色谱质谱法 测定水体中11种致嗅物质》和《水中氯酚类化合物的测定　高效液相色谱－串联质谱法》的制订，两项标准将于近期发布（见表2）。

表2　有关水质的地方标准及团体标准一览

序号	标准名称	标准类型	标准号
1	《水中6种环境雌激素的同时测定液相色谱－串联质谱法》	广东省地方标准	DB44/T 2016－2017
2	《生活饮用水消毒副产物氯乙酸的测定 高效液相色谱－串联质谱法》	深圳市分析测试协会团体标准	SZTT/SATA 07－2018
3	《顶空固相微萃取－气相色谱－质谱法测定水体中11种异味物质》	广东省分析测试协会团体标准	待发布（项目计划号：GAIA/JH20190103）
4	《水中氯酚类化合物的测定 高效液相色谱－串联质谱法》	广东省分析测试协会团体标准	待发布（项目计划号：GAIA/JH20190104）

3. 自动化监控技术与水安全

利用自动化监控技术随时掌握水质状态，是保证供水过程安全的有效途径。尤其是原水安全，作为自来水生产环节中最重要的一环，其状态直接影响到水厂所选用的水处理工艺以及是否能够生产出合格的自来水。

东深供水工程引进了世界上最先进的自动化监控技术，并建立了完善的水质动态监控系统、大坝安全监测系统、水情自动测报系统、供水计量远传系统、卫星云图系统、视频监控系统等，全面覆盖原水供应和管理各个领域，为安全科学高效地进行原水运输提供有力的保障（见表3）。

表3　东深供水工程水质动态监控网

序号	监测点位	监测项目	监测区域
1	东江剑潭	水温、溶解氧、电导率、浊度、高锰酸盐指数、氨氮、总磷、总氮、氰化物	取水口上游
2	东江桥头	水温、溶解氧、电导率、浊度、高锰酸盐指数、氨氮、总磷、总氮、氰化物、生物综合毒性	

续表

序号	监测点位	监测项目	监测区域
3	东江取水口	水温、电导率、pH 值、溶解氧、氨氮、叶绿素 a、蓝绿藻、硝酸盐氮、油膜	取水口
4	硝化站进口	溶解氧、氨氮	供水区域
5	硝化站出口	溶解氧、氨氮	
6	雁田水库	水温、电导率、pH 值、溶解氧、氧化还原电位、浑浊度、叶绿素 a、蓝绿藻	供水水库
7	深圳水库	水温、电导率、pH 值、溶解氧、氧化还原电位、浑浊度、叶绿素 a、蓝绿藻	供水水库

（二）立体实用的监测体系为水安全提供全面支撑

1. 信息集成与水安全

水环境监测中心依托实验室信息管理系统（LIMS），构建全方位水质监测网，对各项目公司从源头污染源、原水到出厂水、管网水等环节进行全流程水质监测与防控，实现水质监控集团化部署、实验室检测智能化及信息化全流程管理。

2. 系统化应用与水安全

水质监测系统除了发挥掌握与分析水质情况的基本功能外，还可以协助供水企业挖掘更多的优化空间，对供水的其他环节产生影响，甚至干预企业决策，充分发挥其对安全供水的价值。

构建生产监视系统，将实时在线水质数据对接到总调度中心，同时实验室检测的数据也会上传至调度中心。调度中心根据水质情况进行实时水利调度，保障水质安全，实现水务大调度的理念。此外，生产监视系统设有参数预警边界值，在数据异常时进行报警，实时传输到总调度中心，以便及时采取相应措施。

水质监测数据成为解析各类物质波动原因、判断关键影响因子、水处理工艺精准选择、研发新型净水工艺等方面的重要依据。

在解析关键影响因子方面，以溶解氧季节性波动为例。通过对东江原水水质指标的长期监测并综合气候条件，发现了造成东江取水口溶解氧季节性波动的影响因子。基于此，建立了溶解氧神经网络预测模型，旨在预测东江取水口溶解氧的变化趋势，为应急、调度等生产工作提供预测数据，全面守护水质安全。类似地，还成功解析出水库中锰含量季节性波动的原因，推导出氨氮降解效率的经验计算公式，依据水质预警预报模型模拟出水质调水工况，制定精准的有效抑制藻类生长且节省人力、物力的最佳水动力调度方案。

在研发新型净水工艺方面，以新疆喀什地区安全饮用水保障工程为例。通过对当地地表水109项全分析及地下水指标检测、重点项目多次检测，判断该区具备苦咸水水质特点。于是有针对性地自主研发了“超滤－纳滤”组合净水设备，在去除污染物的同时保留了对人体有益的元素，能够有效解决饮用水苦咸问题，且出水水质全面优于《生活饮用水卫生标准》（GB 5749－2006）。目前该设备已经在疏附县托克扎克镇中心小学落地，运行高效稳定。类似的案例还包括充分利用检测数据，完成臭氧/陶瓷膜工艺净水设备设计并验证净水效果，该设备非常适用于分散供水、优质供水或应急供水。

在对新项目的投资并购决策中，水质监测是不可或缺的环节。无论是原水、自来水、污水，还是水环境治理项目，都是在项目调研初期就进行采样检测，将水质数据测算项目的回报、投入等数据，作为风险评估的依据之一。

（三）综合高效的运营管理为水安全提供坚实后盾

1. 实验室规范化管理

借鉴国际先进的管理理念，量身打造出以“整理、整顿、清扫、清洁、素养、安全”为核心的6S管理标准，从而规范实验室现场管理，提高检测人员工作效率（见表4）。

表4　6S管理标准

序号	6S管理步骤	6S管理目标
1	整理	(1)下定决心,去芜存菁 (2)废弃坚决,行动迅速
2	整顿	(1)科学布局,取用快捷 (2)限定种类,限定位置 (3)限定数量,清楚标识

续表

序号	6S 管理步骤	6S 管理目标
3	清扫	(1)窗明几净,舒心工作 (2)全员参与,清扫彻底 (3)及时整顿,源头杜绝
4	清洁	(1)优越环境,贯彻到底 (2)红牌作战,勤于检查 (3)互相推进,坚持清洁
5	素养	(1)养成习惯,自觉执行 (2)制定标准,严格执行 (3)教育宣传,强化意识
6	安全	(1)防微杜渐,警钟长鸣 (2)健全制度,重视培训 (3)全员参加,重视预防

2. 实验室环境监控系统

利用现代化智能控制技术，建立“实验室环境监控系统”，以提高实验室安全管理水平。系统通过“墙面监控大屏幕”和“手机移动端”对实验室设施设备关键参数进行实时监控。当设施设备出现故障或异常时，系统通过声光、短信、消息推送等方式通知实验室工作人员，有效提升了故障处理效率，保障了人员和设备的安全。

3. 专业人员标准化管理

通过举办技术专题培训、技术人员到现场进行技术指导和监督检查、定期通过组织实验室间比对等方式进行评估考核、制定一系列规范化的管理标准等方式，确保水质检测技术能力和管理能力均维持在较高水平，以保障整个水务辖区内的水质安全。

4. 突发事件应急管理

通过制定《水质监测方案》，对源头水、供水渠道断面、水库进出口及中部都布设了监测点位，制定日、周、月、季度、半年及全年监测指标的监测频次，并结合实际运行情况进行定期调整。另外，为提升水质应急管理能力，制定了《水质异常事件应急预案》，如遇水质异常事件，可立即按程序启动预案，进行实际处理，及时解决供水安全问题，保障用水安全。

五　水质科研与水安全

为了更好地保障供水安全，通过产学研的模式，联合高校等科研院所，以解决供水生产实际问题为导向，对水体异味、水源地水质预警以及水生态无人化智能监测技术等领域进行技术攻关，实现技术储备，为水质安全提供技术支撑。

（一）水体异味研究

水体异味是近年来供水行业最为棘手的水质问题之一。异味事件频发、居民投诉率高、异味物质难以查明一直困扰着供水企业。监测中心自 2014 年起就组建技术团队进行科研攻关，建立了水行业首个涵盖 800 多种异味物质的数据库和免费对外开放的异味物质数据库网络化平台，还出版了首部水体异味专著《水体异味化学物质：类别、来源、分析方法及控制》，研发新型的水体异味物质快速定性定量分析技术，以及设计开发嗅味仪。

1. 异味物质数据库和网络化平台

创建了国内首个关于异味物质的专业筛查数据库，包括约 800 种异味物质，并将其按来源分为四大类，即天然源、工业源、农药源、消毒副产物源。该数据库可以协助工作人员快速查找并锁定目标异味物质的范围。在此基础上，搭建了水体异味物质数据库网络化平台（http：//odor. guangdongwater. com/），该平台免费对外公开，其应用对象主要为相关专业人士，平台通过展示异味问题概况、异味物质基本信息、案例分析和处理方法等，实现了异味研究成果共享，有助于人们快速筛查出异味物质。该平台也是普通公众了解水体异味的一个重要窗口，平台提供科普性的知识，为公众更准确、客观地认识水体异味问题发挥积极作用，契合粤海水务“为人类水环境持续改善提供优质服务”的使命。

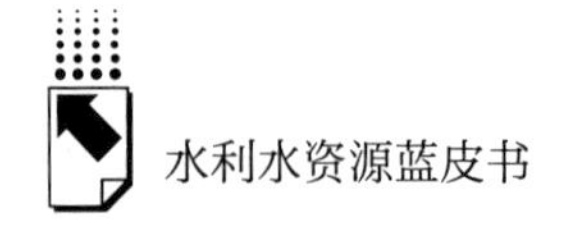

2. 水体异味专著

编写和出版了国内首部水体异味专著《水体异味化学物质：类别、来源、分析方法及控制》。该专著共6章，按照饮用水异味特征和异味化学物质类别来组织章节。第1章对国内及国外如日本、美国和欧盟等国家或地区的生活饮用水异味问题进行概述，进而指出建立水体异味化学物质数据库的重要性和该专著的主要目的。第2章系统总结了天然源异味化学物质的主要生物来源，并对我国近年来发生的天然源饮用水异味事件进行案例分析。第3章总结和分析了工业源异味化学物质影响饮用水异味的类别、机理和处理对策。第4章简要介绍了农药源异味化学物质及其在环境中的浓度水平。第5章总结和介绍了消毒副产物源异味化学物质的形成机理和控制方法。此专著将成为行业应对异味问题的重要参考资料，并对于供水企业的决策具有重要参考价值。

3. 水体异味物质快速定性定量分析技术

2017年，团队研发了4套用于测定水中20多种异味物质的方法，且具备较高回收率（80%以上），攻克了异味物质浓度低、难被检测的技术瓶颈。目前4篇技术成果论文均发表在SCI收录的国际著名学术期刊上；2019年，团队开展近200种异味物质定性与半定量检测方法包的研究，实现快、精、准筛查异味物质，全面提升应对水体异味事件的能力，保障供水安全（见表5）。

表5　异味研究成果

序号	成果名称	备注
1	《顶空固相微萃取－气相色谱质谱联用测定9种饮用水异味物质》	SCI论文（*Environmental Science and Pollution Research*）
2	《在线固相微萃取衍生化－气相色谱质谱联用测定水中11种嗅味物质》	SCI论文（*Analytical Methods*）
3	《固相萃取－液相色谱质谱联用法测定水中9种嗅味物质》	SCI论文（*Environmental Science and Pollution Research*）
4	《吹扫捕集－气相色谱质谱法测定水中8种嗅味物质》	SCI论文（*Instrumentation Science & Technology*）

续表

序号	成果名称	备注
5	《中日两国自来水水质的重要影响因素全面对比分析》	《中国给水排水》2018 年第 20 期
6	《水体异味化学物质:类别、来源、分析方法及控制》	国家科学技术学术著作出版基金(2017 - E - 092)
7	800 多种异味物质的筛查数据库	异味物质数据库
8	水体异味物质数据库网络化平台(http://odor.guangdongwater.com/)	免费网络公共平台

4. 嗅味仪的设计开发

利用嗅和味感观检测方法的原理，团队设计开发新型的雾化方式，提出高效便捷的水体嗅味辨识方法，能够有效提高分析人员闻测水中异味的效率和灵敏度。一方面有助于人员尽早发现水体异味，强化水质安全保障；另一方面该方法可塑性高，通过适当优化改进后，可制造更成熟的成品并延伸至管网水及野外环境下使用的便携式产品，具备较好的市场前景。

（二）水源地水质预警技术研发

随着经济社会的快速发展、人类活动范围的不断扩张，水源地水质备受威胁。开展水源地水环境和水生态指标的变化趋势预测预报研究，有助于及早发现问题，采取应对措施赢得先机，以降低水环境与水生态风险，对保障城市供水安全具有重要的意义。

团队开发了集水质风险评估、监控及预警于一体的原水水质监控预警平台（以下简称“平台”），可以实现：东江沿线水质、水文、气象等数据的集成化管理；供水沿线风险源标准化分类管理；日常水质巡查工作规范化和流程化；无人船、无人机巡视图片的加载及数据解析；依据相关数据统计深度挖掘分析，通过相关模型和特定指标进行水质预警预报，提供可快速实施的精准的水质调度方案；对应急事件进行记录及信息化管理，建立网络版的应急知识库。该平台推动科研成果服务于供水生产，实现原水水质监控科学化智能化，助力水质保护从被动应急管理向主动预警管理转变。

作为东深供水工程的运营管理单位，粤海水务与环境保护部华南环境科学研究所联合共建“东江水质风险控制联合实验室”（以下简称“联合实验室”），旨在开展东江水质风险监测、预报和应急控制调度及东江水质风险监控科研等，为保障东深供水工程水源水质提供科学工具。

联合实验室具备对东江水源和石马河河口常规污染物、典型毒害物和生物毒性的分析与监控预警能力；同时建成数字实验室和水质风险实时数字化管理决策支持系统，具备水源地水量与水质联合调度、仿真模拟突发污染事故的水质影响、预报主要入河排放口的污染通量、优化水质与水生态风险控制措施等功能。

（三）水生态无人化智能监控技术研究

2019 年发布的《粤港澳大湾区发展规划纲要》指出，要推进生态文明建设，保障湾区的供水安全。其中，水库供水在粤港澳大湾区经济发展和供水安全保障中发挥重要作用，然而近年来，随着水库富营养化加剧，水库蓝藻水华问题频发，已成为湾区供水安全的重要威胁。因此，水库水生态系统富营养化监控与蓝藻水华治理已成为湾区水资源保护的重要任务。粤海水务作为湾区水务龙头企业，开展了水生态无人化智能监控技术的攻关，以智能无人船为载体，研制蓝藻水华智能监控技术、生态红土除藻技术和超声波控制技术平台，构建水生态管理的无人化智能系统，对提升粤港澳大湾区水资源安全保障能力具有十分重要的意义；同时，项目研究的成果可推广至全国各地，具有良好的市场前景。

六　水质监测的未来发展趋势

（一）水质监测市场空间预测

正所谓环境治理，监测先行。近些年来国家对环境问题极度关注，作为环境监测第二大市场的水质监测市场前景十分广阔。相对于大气质量监测，我国水质监测起步较晚，但随着监测点位的增多和监测项目的丰富，水质监测技术迈向高质量发展阶段，市场急速扩容。尤其是2015年出台的“水十条”，更是为水质监测提供了发展原动力。因此，“十三五”时期成为水质监测市场的快速发展期。保守估计，2020年地表水水质监测市场空间可达到98亿元，饮用水水质监测市场空间可达13亿元。

另外，为加快推进国家地表水环境质量监测事权上收工作，环境保护部印发了《国家地表水环境质量监测网采测分离实施方案》，国家地表水采测分离工作自2017年10月起全面启动，这直接扩大了第三方运维市场。随着准入门槛的提高，龙头企业具备较强的竞争优势，其所占据的市场份额也正在稳步提升，水质监测正向着市场化、规模化、规范化的方向发展。

（二）水质监测发展趋势

在线监测系统将逐步占据主导地位，“去人工化”成为大势所趋。随着我国水质监测网络的逐步完善、监测范围和密度的不断扩大，传统的人工采样和实验室分析已无法满足当前水环境管理的需求，水质监测工作将向着“去人工化”的方向发展。但这并不意味着监测工作可以完全脱离人工操作，反而对技术人员提出了更高的综合素质要求，需要他们能够与智能化的监测系统相配合，熟练操作仪器，科学准确地作出判断和决策，与在线监测系统互为补充，彻底发挥水质监测工作的价值。

水质检测设备向着小型化、多元化、智慧化的方向发展。各大设备供应商将集中精力研究和生产精度更高、功能更强大、运维量较低的水质检测设备和系统，以抢占先机，满足客户更高层次的专业需求。设备集采集、分析、判断、决策等多重功能于一体，并且系统能够预测水质状态变化，结合相关参数，运用大数据分析，判断污染源并发送预警信息。

小型的便携式监测仪将占领一席之地，灵活应对突发事件。便携式水质监测仪将在携带的轻便型、操作的简便性、监测分析的快捷性以及准确性等方面持续发挥其优势，以快速高效地应对各种突发事件。

伴随着大数据时代的到来和物联网、云计算等信息技术的快速发展，水质监测也将朝着智能化、差异化的方向进军，搭建水质监测数字化平台势在必行。要基于环境大数据充分发挥数字化平台的分析、研判价值，对数字化平台进行实时监控，挖掘数据之间的关系，利用科学模型进行分析和判断，及时甄别影响水质安全的主要因子，并有针对性地进行管控和治理。此外，水质监测系统并不仅仅用于水质管理，还可与其他平台相结合，构建一个大型城市供水物联网平台，协助解决多种问题。例如，水质数据分析可以协助辨别是否漏水以及漏水方式，从而帮助解决管网漏损等问题。

随着二次供水等相关环节责权逐渐明朗，供水的全过程水质管理将成为供水企业关注的核心话题。过去几年，水厂内部精细化管理逐步完善，水厂水质的过程管理也随之发展起来，但供水企业在供水链条末端上管理权的缺失（如二次供水），导致无法形成供水全过程的水质管理体系。然而随着国家及地方相关政策的发布，二次供水的管理权限日益清晰，为供水企业实现全过程水质管理创造了可能，以进一步保障“最后一公里”的用水安全。因此，二次供水水质监测市场将迎来蓬勃发展的新机遇。

水质监测的公信力和准确度同样重要，第三方检测机构逐步掌握话语权。随着地表水环境质量监测事权上收和采测分离工作的有序进行，第三方将在水质监测领域发挥重要作用，破除原有弊端。在地表水方面，不仅确保了数据的准确度，更加强了数据的公信力，使水质检测的结果更具说服力，有助于水环境保护措施的进一步实施；在饮用水方面，由于饮用水监测指标增加，具有完全监测能力的水质监测中心有限，区域化监测中心或将获得逐步推广。

（三）水质监测发展建议

1. 对国家主管部门

以保障社会经济发展以及维护水资源可持续发展为根本出发点，提高水质监测水平，鼓励高科技水质监测技术发展，从而提升水质监测系统综合能力。

在地表水监测方面，从顶层设计出发，系统谋划。提前对重点流域、水源地进行调研，全面掌握水质情况，之后规划行之有效的行动方案和目标、科学合理地部署监测站点、全面建设水质监测网络、合理化监测分析流程、明确各方权责，以切实提高地表水监测效率与水平；在饮用水方面，行业主管部门在制定相关规范和标准时，可以适当考虑各地水质情况的差异性，设定更加有针对性的水质监测项目，以充分利用监测资源。并根据社会发展的实际情况，及时关注并重视应对新兴污染物，必要时对相关标准进行更新，以有效保障供水安全。

2. 对供水企业

结合用户需求和自身情况，确保规划切实可行。首先，保障供水安全是水质监测的根本目标，在此基础上，供水企业结合自身优劣势和业务需求，找准定位，制定合适的水质监测发展方案，循序渐进，逐个击破，切忌盲目做大。

善用跨界技术，基于大数据技术搭建水质监测一体化平台。随着大数据时代的到来，物联网技术逐步发展，供水企业需把握时代机遇、善用高科技工具，研发适合自身的水质监测一体化平台，增强水质预测预警能力，实时监控水质状态，全方位保障供水安全；还可考虑利用无人机、无人船卫星遥感技术巡察供水渠道，对突发事件严防死守；并进一步将水质监测平台与实际操作联动，充分借助通过水质监测获取的庞大信息数据，结合计算模型，指导供水决策甚至提升企业运营管理水平。

建设区域化实验室，充分发挥自我价值，避免资源闲置。饮用水国标要求的 106 项监测项目给很多中小型供水企业带来经济压力，只有一些实力较强的供水企业有能力建设满足 106 项全分析要求的高规格监测中心，但监测频率较低，导致仪器闲置，一定程度上造成了监测资源浪费。供水公司不妨将监测中心发展为区域化监测平台，为附近区域的供水企业提供服务。区域化监测平台可以将监测资源集中化，并具备专业化的人才队伍，既能够有效提高水质监测的分析效率和数据质量，又具备一定的公信力，其监测结果更受公众信赖。未来如有可能，政府可以有计划地建立一批有资质的第三方水质监测中心，使其完全独立于供水企业。

培养专业化人才，成立高水平团队。随着水质监测要求的不断严格和检测设备的智能化发展，需要配备相应数量的专业化人才以确保操作的准确性和数据的可靠性。专业人才培养花销大、周期长，需要企业尽早重视。另

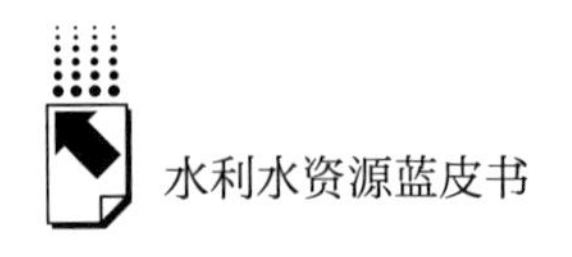

外，对于具有多个子公司的供水企业而言，还需注重规范化、标准化的培训与交流方式，以同步提高整个企业的水质监测水平。

3. 对设备供应商/服务商

目前，我国高端水质检测设备仍主要依靠进口，随着行业的发展和政府的关注，国产检测设备将迎来春天。减少对进口设备的依赖，充分发挥自身优势，研发更加适用于中国水质情况的检测仪器，提高国产检测设备占比，是设备商努力的目标。一些外资企业也开始实行设备本土化研发，以响应市场发展需求。设备供应商/服务商需提升自身综合实力，完善水质监测产品线，延长供应链，尝试为客户提供运维、咨询等服务，从而不仅仅是设备的研发者、组装者，还要成为解决方案的提出者。

七　总结

在经济快速发展、人们生活品质不断提升的现代社会，水环境生态健康以及饮用水的安全与质量问题已成为关注的焦点。由于气候及经济发展，粤港澳大湾区江河湖库等原水面临风险与挑战，需要持续提升水质监测能力，实施风险监控智能化手段，构建风险因子预测预警体系，为粤港澳大湾区水安全保驾护航。

参考文献

宋婴端：《我国的水质检测研究》，《中国科技信息》2015 年第 Z4 期。

汤先彬：《便携式水质监测仪与常规检测仪器的对比研究》，《黑龙江水利科技》2016 年第 12 期。

宗萍萍：《浅谈水质检测对供水成本及质量的影响》，《中国科技信息》2014 年第 7 期。

李岩：《生活饮用水水质检测的重要性》，《工程技术（文摘版）》2016 年第 6 期。

B.13

饮用水从“源头”到“龙头”对粤港澳大湾区水质安全保障的应用借鉴

中国科学院生态环境研究中心课题组*

摘　要： 城镇饮用水安全关乎国计民生，构建从“源头”到“龙头”的饮用水质安全保障技术和工程体系，对于保障公众用水安全、提升生活品质具有重要意义。为此，应针对不同水源类型、不同水质特征以及不同供水系统存在的安全隐患，突破水源保护、净化处理、安全输配、水质监测、风险评估、应急处置等全流程水质保障体系的关键技术和工程难题，通过技术研发、系统集成、综合示范和规模化推广，建设保障饮用水安全的技术、工程和监管体系，这对于持续提升我国饮用水安全保障能力具有重要意义。本文重点针对受污染水源生态治理与修复、水质综合毒性在线检测、输配过程管理与漏损控制等3个重要环节，介绍饮用水从“源头”到“龙头”水质安全系统保障的技术创新及其规模化推广应用案例，为提升粤港澳大湾区饮用水健康风险控制领域的创新能力和水质安全保障水平提供参考。

* 课题组成员包括：刘锐平，博士，中国科学院生态环境研究中心研究员，中国科学院饮用水科学与技术重点实验室副主任，主要从事饮用水质净化原理与高效技术、饮用水砷氟污染控制等研究。杨敏，博士，中国科学院生态环境研究中心研究员、中心副主任，“水体污染控制与治理”重大科技专项饮用水主题专家组副组长，研究方向为天然源风险污染物识别与控制原理、饮用水健康风险控制原理与高效技术等。王为东，博士，中国科学院生态环境研究中心副研究员，研究方向为生态湿地水质净化原理、饮用水源生态保护与修复。徐强，博士，中国科学院生态环境研究中心副研究员，国际水协会中国漏损控制专家委员会秘书长，研究方向为供水管网漏损评估 - 监测 - 控制技术系统与应用。饶凯锋，中国科学院生态环境研究中心助理研究员，研究方向为生物预警监测技术、环境物联网。

关键词： 饮用水安全　全流程系统保障　水源生态湿地净化　水质监测预警　管网漏损控制

一　饮用水安全管理与产业需求

（一）生活饮用水卫生标准

1. 我国《生活饮用水卫生标准》（GB 5749）

我国现行《生活饮用水卫生标准》（GB 5749－2006）由中国国家标准化委员会和卫生部于2006年12月29日正式发布，2007年7月1日开始实施，2012年7月1日全面实施。相较于1985年版标准，现行饮用水标准的区别主要如表1所示。

表1　修订前后《生活饮用水卫生标准》水质检验指标的变化

序号	指标类别	GB 5749－85	GB 5749－2006			备注
		指标	指标	增加	修订	
1	微生物指标	2	6	4	1	增加了大肠埃希氏菌、耐热大肠菌群、甲第鞭毛虫和隐孢子虫； 修订了总大肠菌群
2	毒理学指标	15	74	59	5	无机部分由原10项增加至21项，修订了砷、镉、铅、硝酸盐； 有机部分由原5项增加至53项，修订了四氯化碳
3	感官性状和一般化学指标	15	20	5	1	增加了铝、耗氧量、氨氮、硫化物和钠； 修订了浑浊度

续表

序号	指标类别	GB 5749－85	GB 5749－2006			备注
		指标	指标	增加	修订	
4	放射性指标	2	2	0	1	修订了总 α 放射性
5	消毒剂指标	1	4	3	0	增加了氯胺、臭氧、二氧化氯
总计		35	106	71	8	

资料来源：中华人民共和国卫生部、中国国家标准化管理委员会：《生活饮用水卫生标准　生活饮用水标准检验方法》，中国标准出版社，2007；《生活饮用水卫生标准》（GB 5749－85）。

需要指出的是，国家卫生健康委员会已于2018年启动了《生活饮用水卫生标准》的修订工作，将根据我国水质特点和污染物对健康的威胁程度确定水质指标，新修订的标准预计于2020年颁布实施。

2. 我国饮用水标准与国际标准衔接

国际上饮用水标准以世界卫生组织（WHO）《饮用水水质准则》、《欧盟饮用水水质指令》（98/83/EC）和美国国家环保局（USEPA）《国家饮用水水质标准》最具权威，这也是我国制定《生活饮用水卫生标准》（GB 5749）的重要参考依据。

我国现行饮用水标准106项指标基本与WHO和美国、欧盟等国家（地区）的水质标准保持一致。从指标数量来看，我国对色度等感官指标和一般化学指标限制严格，对于农药、消毒副产物等有机污染物指标的要求与国际仍有差距。从指标限值来看，我国大部分指标与国际标准相当，但某些指标较低或缺失。我国标准与《欧盟饮用水水质指令》的标准限值对比如表2所示。

表2　我国《生活饮用水卫生标准》和《欧盟饮用水水质指令》部分指标对比

指标	单位	欧盟标准	中国标准
丙烯酰胺	μg/L	0.10	0.5
苯	μg/L	1.0	10
1,2－二氯乙烷	μg/L	3.0	30

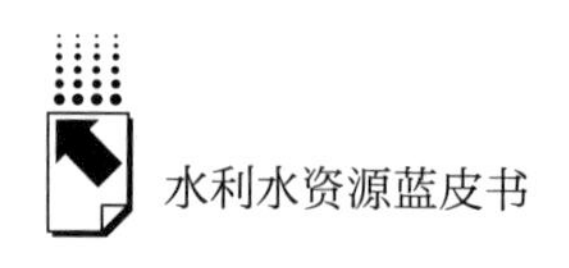

续表

指标	单位	欧盟标准	中国标准
环氧氯丙烷	μg/L	0.10	0.4
四氯乙烯和三氯乙烯	μg/L	10	40/70
三卤甲烷(总)	μg/L	100	*
氯乙烯	μg/L	0.5	5
铁	μg/L	200	300
锰	μg/L	50	100

*该类化合物中各种化合物的实测浓度与其各自限值的比值之和不超过1。

资料来源：《生活饮用水卫生标准》（GB 5749－2006），《欧盟饮用水水质指令》（98/83/EC）。

（二）国家相关部委颁布的政策、法规

1. 水利部颁布的相关政策法规

水利部主要负责农村饮用水，下设农村饮水安全中心。2019年7月发布的《水利部关于做好乡村振兴战略规划水利工作的指导意见》中提出的基本原则之一就是“提高农村供水保障水平”，以解决贫困人口、饮水型氟超标人口和抵边一线乡村人口的饮水问题为重点，到2020年底全面解决6000万农村人口饮水存在的供水水量不达标、氟超标等问题；有序推进城乡供水一体化和农村供水规模化建设；在山丘区、边境地区等人口相对分散区域，重点推进农村供水工程规范化建设。

2. 住房和城乡建设部（住建部）颁布的相关政策法规

我国城镇供水的行业主管部门为住房和城乡建设部城市建设司，为保障城镇供水安全，住建部出台了相关标准、规范或技术指南。例如，2012年住建部会同发改委按照国务院批准的《全国城市饮用水安全保障规划（2006～2020）》有关要求，编制了《全国城镇供水设施改造与建设“十二五”规划及2020年远景目标》（简称《规划》），确定了保障城镇供水水质、扩大公共供水范围、降低供水管网漏损等目标。

为进一步落实《规划》目标，住建部于2012年组织编制了《城镇供水设施建设与改造技术指南》，针对我国城镇供水设施现状和存在的问题，提

出了系统、全面、可行的技术对策和措施。

3. 生态环境部相关政策法规和专项行动

生态环境部水生态环境司负责全国地表水生态环境监管工作。为保障饮用水源地水体功能和水质安全，生态环境部先后发布《地表水环境质量标准》（GB 3838－2002）、《集中式饮用水水源地规范化建设环境保护技术要求》（HJ 773－2015）、《饮用水水源保护区划分技术规范》（HJ 338－2018）等标准规范以及《集中式地表水饮用水水源地突发环境事件应急预案编制指南（试行）》等指南。

为加快解决饮用水水源地突出环境问题，生态环境部和水利部于2018年联合部署“全国集中式饮用水水源地环境保护专项行动”，确保饮用水水源地水质得到改善，提高饮用水水源环境安全保障水平。

4. 国家卫生健康委员会相关职能与法规、标准

根据《生活饮用水卫生监督管理办法》，国家卫生健康委员会主管全国饮用水卫生监督工作。卫生应急办公室（突发公共卫生事件应急指挥中心）承担“指导卫生应急体系和能力建设”，“发布突发公共卫生事件应急处置信息”等可能与饮用水公共卫生安全相关工作。法规司先后颁布了《生活饮用水卫生标准》（GB 5749）以及相关的检验方法，如《生活饮用水标准检验方法水样的采集与保存》（GB/T 5750. 2）、《生活饮用水标准检验方法水质分析质量控制》（GB/T 5750. 3）等等。

（三）地方政府颁布的法规与行动计划——以江苏省为例

城乡供水安全是衡量国家和地方经济社会发展水平的重要标志，更是决胜全面建成小康社会的重要内容。近年来，各地政府先后制定了与饮用水安全相关的管理条例、产业政策，保障城乡居民饮用水安全。

以江苏省为例，省第十一届人大常委会第十八次会议通过《江苏省城乡供水管理条例》（简称《条例》）。《条例》共七章五十八条，对城乡供水的规划与建设、水源保护和水质管理、供水设施管理与维护等作了规定。

依照《条例》，江苏省在“十一五”“十二五”期间大力推进城乡供水

一体化[1][2]。江苏省《关于决胜高水平全面建成小康社会补短板强弱项的若干措施》及专项行动方案指出，到2020年底苏北地区全面实现集中供水，供水保证率达到95%，区域供水入户率达到98%以上，基本实现城乡供水“同水源、同管网、同水质、同服务”。

（四）与饮用水相关的重大科技计划

“水体污染控制与治理”科技重大专项（以下简称水专项）是《国家中长期科学和技术发展规划纲要（2006～2020年）》设立的十六个重大科技专项之一，旨在为中国水体污染控制与治理提供强有力的科技支撑。水专项是新中国成立以来投资最大的水污染治理科技项目，总经费概算300多亿元。

针对我国城镇供水水源污染、供水设施不完善、水质监测能力弱、突发污染事故频发、安全保障能力不足等突出问题，围绕《生活饮用水卫生标准》（GB5749－2006）和《全国城市饮用水安全保障规划（2006～2020）》全面实施的迫切要求，水专项设置了“饮用水安全保障技术研究与示范”主题，通过技术研发、技术集成和工程示范，初步建立了“从源头到龙头”全流程的饮用水安全保障技术体系，为全面提升我国饮用水安全保障能力提供了科技支撑。

（五）饮用水相关产业需求与市场前景分析

饮用水安全保障是重大民生关切，城镇化与城乡一体化进程加速大幅提升对供水设施和服务的需求。据《全国城镇供水设施改造与建设“十二五”规划及2020年远景目标》，新增城市供水规模0.55亿立方米/日，改造规模0.67亿立方米/日，城镇供水领域“十三五”期间市场空间超过万亿元。

城市居民对饮用水品质的要求不断提高，安全饮用水成为“人民对美

---

① 顾建军、张炜炜：《解读〈江苏省城乡供水管理条例〉》，http：//www.jsrd.gov.cn/lfgz/xfsd/201012/t20101213_59298.shtml，最后检索时间：2019年12月23日。

② 《城乡一体化供水特点及实践》，http：//www.civilcn.com/shuili/lunwen/shuiwen/1561708784369973.html，最后检索时间：2019年12月4日。

好生活向往”的重要内容。北京、上海等地都对饮用水水质作了更严格的规定。饮用水标准提升以及全面采用深度处理工艺，将可能带动新一轮的饮用水厂全面提标改造和工程投资。此外，我国管网和二次供水设施改造也存在较大的市场投资空间。

保障从取水“源头”到居民“龙头”的全过程水质安全，需要多方面的统筹协调。在实现这一目标的过程中，供水设施升级改造、优化运行管理等需求都是迫切的、直接的，具有广阔的市场前景。

（六）饮用水安全保障面临的挑战与技术方向

1. 我国水源污染背景下的技术挑战

大量数据显示，我国主要饮用水源存在不同程度的污染，其中地表水体不适宜作为饮用水源的河段占比已超过 50%，城市周边水域接近 80% 河段不适合作为饮用水源[①]。我国湖泊富营养化呈现高速发展的态势，已经发生富营养化的湖泊面积达 5000 平方公里，具备发生富营养化条件的湖泊面积达到 14000 平方公里，湖泊型饮用水安全保障形势十分严峻。此外，许多农村地区饮用水源污染严重，超标指标不仅包括细菌学指标，还包括化学甚至毒理学指标。长期饮用不安全的水，导致不少农村成为甲型肝炎、伤寒、急性胃肠炎甚至恶性肿瘤的高发区。

进一步，我国不少地区饮用水源水逐渐表现出典型的有机污染与无机污染共存的复合污染态势，而近年来不断发生的突发性水污染事件、蓝藻暴发事件等，同样为供水安全带来巨大风险。

2. 粤港澳大湾区城市供水面临的主要问题

粤港澳大湾区处于经济高度发达、水资源开发利用度过高的我国南部沿海地区，在全球气候变化、上游污染汇入、入海口咸潮入侵、季节性降雨不平衡等影响下，城市供水仍存在较大的系统风险。为保障粤港澳大湾区供

---

① 中华人民共和国环境保护部公报编辑部：《2011 中国环境状况公报》，中华人民共和国环境保护部，2012。

水，《粤港澳大湾区发展规划纲要》第五章第四条将珠三角水资源配置工程和对澳门第四供水管道建设等水资源安全保障工程列入规划。2019 年，对澳供水第四条管道正式通水，形成更安全的双向供水模式，供水能力从每天 50 万立方米提高至每天 70 万立方米。同年，珠江三角洲水资源配置工程全面开工建设，将有效解决粤港澳地区东西部水资源配置不平衡问题。

就供水水质安全保障而言，仍需要重点在以下 3 个方面开展工作：①加强水源保护。据珠江委 2018 年公报，珠江流域水源地全年水质合格率大于 80% 的比例为 79.7%，较上年同比下降 6.3%，珠江片河流和珠江干流Ⅰ~Ⅲ类水河长比例也略有下降。②有效应对咸潮。近年来，大湾区几乎每年都发生咸潮，对水厂取水和供水带来冲击，不得不采用调水压咸、蓄淡避咸等应急策略。③输配水系统改造。部分城市存在水源单一、超产运行、输配管线老旧、二次供水管理不当等问题，对龙头水水质产生不利影响。

3. 饮用水从“源头”到“龙头”水质安全保障技术思路

在饮用水源水质问题日趋复杂的背景下，如何从根本上保障饮用水安全，这成为供水行业面临的重大挑战。为此，“水体污染控制与治理”科技重大专项饮用水主题提出：针对我国饮用水安全隐患和保障技术的薄弱环节，以全面实施新的《生活饮用水卫生标准》（GB 5749－2006）为目标，开展饮用水水质监测、预警和应急技术研究，构建国家、省份、市供水水质监控、预警、应急和管理体系；开展饮用水安全保障的共性技术、适用技术和集成技术研究，构建具有典型区域特色的饮用水安全保障体系。通过不同层次示范，形成从“源头”到“龙头”全过程的饮用水安全保障技术体系，为保障供水安全提供全面的技术支持。

饮用水处理工艺是以“多级屏障”为基本理念进行设计的，每个单元净化功能的实现与强化、不同净化单元之间的协同，构建涵盖水源保护－水厂净化－输配水质稳定的全流程技术链条，从工艺技术上实现饮用水从“源头”到“龙头”全流程水质安全保障。进一步地，即时在线检测水质理化指标和综合毒性指标，对突发性水源水质污染事故进行快速有效监测和预警，可大幅提升突发性污染事件应对能力，提高饮用水水质安全保障水平。由于水厂强化常规处理技术、深度净化工艺等已经有大量成熟工程案例，本文重点针对受污染水源生态治理与修复、水质综合毒性在线检测、输配过程管理与漏损控制等国内外关注较少的关键技术单元，介绍饮用水从“源头”到“龙头”全流程水质安全保障的先进理念、创新技术和典型应用案例。

二 受污染水源生态湿地处理技术：以嘉兴湿地为例

（一）技术需求与背景分析

嘉兴市地处杭嘉湖平原，位于长三角的核心区，区域社会经济发展和生态环境治理等在长三角地区具有显著代表性。由于上游客水和自身的污染，嘉兴市河网地区水质型缺水现象非常典型。

嘉兴市河网水源地存在的主要问题有：①水源地的污染物来源多，污染负荷重。②河网地区水动力条件多变，交叉污染严重。③河网地区接受上游客水，污染物积累多，水体自身净化能力弱。

为解决饮用水水源地水质问题，嘉兴市政府积极采取各项措施保护和恢复水源地生态系统，除控制污染源外，决定结合市区城市绿地建设，开展水源治理工程的系统建设。新塍塘水源治理工程是嘉兴市此类工程的第一个，位于市区西北角，规划总面积5.59平方公里。该工程包括周边农村污水处理、疏浚受污染河道底泥、水源地缓冲带建设等，其中生态湿地工程面积110公顷。新塍塘生态湿地工程的技术支撑单位是中国科学院生态环境研究中心，由嘉兴市水利局牵头完成了项目的前期技术论证。工程设计由嘉兴市水利水电勘察设计研究院和中国科学院生态环境研究中心共同完成，由嘉兴市水利投资有限公司负责工程的建设和运行。

（二）水源净化生态湿地概述

水源净化生态湿地是对受污染源水实施生态处理的人工湿地系统，采用生态工程手段，以使地表微污染源水达到水源水质要求。水源净化生态湿地仿拟自然湿地的结构和功能进行设计、建设和优化，具备多个生态服务功能。以嘉兴市石臼漾湿地为例，它是仿白洋淀自然湿地的结构，具备沟壕和植物床；除具有水质净化功能外，不同功能区具有不同种类植物组成的镶嵌体，生物多样性方面优于白洋淀自然湿地。石臼漾湿地每日能处理16万~24万吨的水源水。目前，水源净化生态湿地技术在我国东部平原河网地区获得应用和推广，在微污染水源的生态预处理和保障饮用水供水安全方面发挥了积极作用。

（三）水源净化生态湿地工艺流程

水源净化生态湿地的工艺流程可以概括为塘－湿地多级净化系统链的处理模式，由预处理塘（前塘）、强化生态湿地（主体）、深度净化塘（后塘）等主要功能单元组成。其中，预处理塘由若干个塘串联或并联而成，发挥前置的生态处理功能；强化生态湿地由许多植物床、沟壕进行串、并联而形成系统，对污染源水进行强化的多级处理；深度净化塘亦由一个或多个塘组成，发挥着后置的深度净化和贮存原水的功能。

（四）水源净化生态湿地净化原理

水源净化生态湿地的水质净化作用主要通过各功能区来实现，这些功能区在空间位置上是相互串联的，在作用上是互为补充的，主要由塘和植物床－沟壕湿地两大类别组成。在湿地中关键位置布设水工结构，采取水力调控手段使源水逐次经过各功能区，从而发挥水质净化功能。对湿地中主要区块的功能和作用原理描述如下。

1. 预处理区

基本功能：①沉砂；②对生态湿地的缓冲作用；③景观美化。

主要净化指标：①固体悬浮物减少15%，其中大颗粒减少90%；②石油类减少30%；③阻挡垃圾类进入水源地。水流进入预处理区处理后，过水面积突然扩大，水流流速降低，起到了沉砂和缓冲作用。

2. 强化生态湿地

基本功能：①水和土壤介质的大面积接触；②氧化－还原交替，微生物降解；③土壤吸附；④高等水生生物净化；⑤景观美化。

主要净化指标：①氨氮减少 40% ~50%；②石油类减少 60%；③铁、锰减少 50% ~70%（11 月、12 月、1 月除外）；④生物多样性增强，景观美化。

本区主要利用湿地植物、土壤根孔（见图 1），在湿地区水位变幅作用下，通过土壤吸附、截留、交替氧化还原、微生物降解等措施，培育生物多样性，使水质进一步净化。

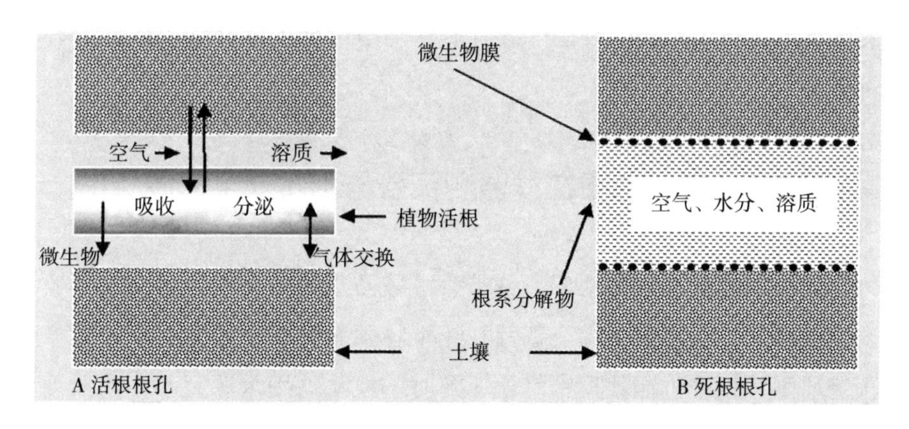

图 1　生态湿地的根孔生态净化微观作用示意

3. 深度净化区

基本功能：①储水作用；②有机污染物的进一步净化；③令处理区和周边环境有机融合。

主要净化指标：①固体悬浮物减少 40%；②出水 COD_{Mn} 减少到少于 6mg/L；③生物多样性增强，景观美化。

利用大面积水体进一步净化，同时起到储存水体、保障水厂供水安全、美化环境等作用。经过本区，可使污染物继续降低，并增强生物多样性。

（五）技术经济分析与推广适用性

综合国内外的研究实践经验，人工湿地的投资和运行费一般较低，具有广泛应用推广价值。具体的投资费用视地理位置、地质情况以及所采用的湿地基质而有差别。石臼漾湿地单位面积建设直接投资费用为每平方米 50 ~ 60 元，显著低于国内一般水质净化人工湿地建设每平方米 150 ~ 300 元的费用。石臼漾湿地所运用的塘系统、植物床 - 沟壕、根孔技术、水力调控技术多数是以建设低成本、高效率、能自我修复、运行维护简便为特征的，具有广泛的适用性，目前已在嘉兴、海宁等地推广应用。

水源净化生态湿地具备水质提升改善、环境改善、生物多样性提升等多方面生态服务功能。石臼漾湿地已成为平原河网地区源水净化 - 生态修复的工程范例，先后获迪拜国际改善居住环境最佳范例奖和中国人居环境范例奖。

三　饮用水质在线监测预警与水质安全保障

建立饮用水源、自来水厂、城市、区域乃至流域尺度的水质实时监测预警网络体系，实现水质综合毒性在线生物预警和理化监测智能化综合集成预警监测和预警监测数据网络化，及时掌控从饮用水源到水厂水质变化情况，对饮用水质安全保障和突发性污染事故应急应对具有重要意义，同时为区域水生态、水环境、饮用水安全的精细化管理和污染精准治理提供重要基础。

（一）饮用水质在线监测预警体系建设需求

近年来我国重大环境污染事件频发，监察部 2012 年统计显示：中国水污染事故近年每年都在 1700 起以上。在常见的重大环境污染事件中，饮用水水源地突发性污染占有相当比例，且影响广泛、危害巨大。若在灾害发生之前预警或是在灾难发生最初采取应急措施，能极大地控制事态发展、减少损失。

在水生态环境预警监测中引入水环境综合毒性生物预警技术，用“毒性”代替“毒物”预警是最佳的解决方案，这也是代表国际前沿的新技术和新方法。基于突发事故应急的特点，针对整个区域建立区域水生态环境水质安全预警监测体系，同时辅以应急决策专家辅助系统及措施，可以及时发现并解决突发性饮用水污染问题，减少社会影响。

（二）饮用水质在线监测预警体系技术指标与目标

由于监测指标的有限和污染物众多，现有的在线水站无法完全应对频发的水质突发性污染事故和可能的恐怖投毒。因此在水源地、流域断面、自来水厂等重要节点建设生物预警监测站，能够加强水环境水质预警体系建设，形成地表水环境水质生物预警监测网络体系，实现动态预警监测数据共享，实现“快、准、全”全方位在线预警。“快”：将96小时的实验室检测优化到10分钟的在线生物预警，极大地提高了应对突发污染事故的能力；“准”：实现了对水环境综合毒性的定性和半定量的解析，智能区分有毒物质类型和毒性浓度，为应急和治理指明了方向；“全”：可连续实时在线监测，可广泛用于水源地、流域、自来水综合毒性预警，从“源头”到“龙头”保障城市或区域水环境安全。

（三）饮用水质在线监测预警体系单元构成

1. 区域地表水污染源风险筛查数据库

在影响生态系统和人体健康的诸多因素中，化学污染物占首位。美国登记的化学物质已达700万种，且每年有40万种新化学物质出现。已证明能诱发人类癌症的化学物质有数十种，还有几百种能在动物身上诱发癌症，上千种能损害细胞中的DNA。这些有毒化学物质可能通过排入饮用水源等途径进入人体，对健康造成损害。

区域地表水污染源风险筛查数据库以城市或区域饮用水源、地表水环境为基础，开展区域地表水区域内和上游重污染单位的污染隐患调查，查清地表水水面、滩地种植养殖情况，农业面源、生活源和流动源的分布以及污染程度等，同时开展地表水/地下水水源污染特征分析，识别区域环境风险的主导因子，反推可能存在的污染隐患，进行污染源排放清单编制，确定饮用

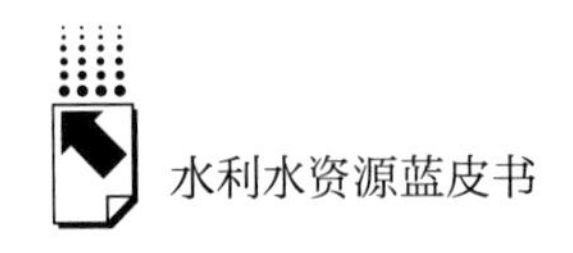

水源和水环境特征污染物清单和优先序，是实现区域饮用水安全风险管理的重要依据。

2. 城市/区域饮用水与水环境预警监测网络体系

（1）饮用水水源地和流域断面的水环境预警监测体系

以区域水环境污染源风险数据库为依据，依托中国科学院生态环境研究中心自主研发的基于鱼法生物在线预警技术，智能化综合集成在线理化和特征风险污染物监测参数，耦合污染物风险预警模型和信息共享与远程控制等技术，构建基于综合毒性生物预警的全市饮用水水源地及流域断面的智能综合集成水质在线生物预警监测（简称智能超级自动水站，i-BEWs）网络体系（见图2），并结合浮船式水质预警站、岸边微型站及水质监测浮标站等自动监测技术，辅助现场动态视频监控系统和图像识别技术，形成覆盖区域地表水环境全区域和关键节点的智能化综合集成水质在线生物预警监测系统。该系统可实现真正在线、实时、连续地对多种水质参数改变及其与污染性质、程度之间关系进行智能化解析判断，同时具备超标监测和毒性预警功能，能够有效地对目标水体进行水质综合判断和预警，防止漏报、误报，为有效应对突发污染事故和为应急提供决策参考的管理需求提供技术支持。

（2）自来水厂水质预警监测体系

区域自来水厂虽实现双水源供水并制定了应对突发事件的应急预案，一旦水源发生污染，其供水安全风险程度依然非常高。此外，目前城市净水工艺普遍不具备应对水源突发性污染和应急状态下的应急处理能力，缺乏全面系统的应对突发性水源污染的城市供水应急净化处理技术。

结合区域水源水质实际情况，针对自来水厂水质预警监测管理需求，在现有自来水厂的进水和出水部位建设以综合毒性生物在线预警监测技术为基础的自来水厂水质监测预警网络，全天候实时监测城市自来水的生物毒性安全，保障饮用水安全。

（3）城市水系水环境微型站监测体系

城市水系治理、水污染防治必然对饮用水安全产生影响。适应河湖长制

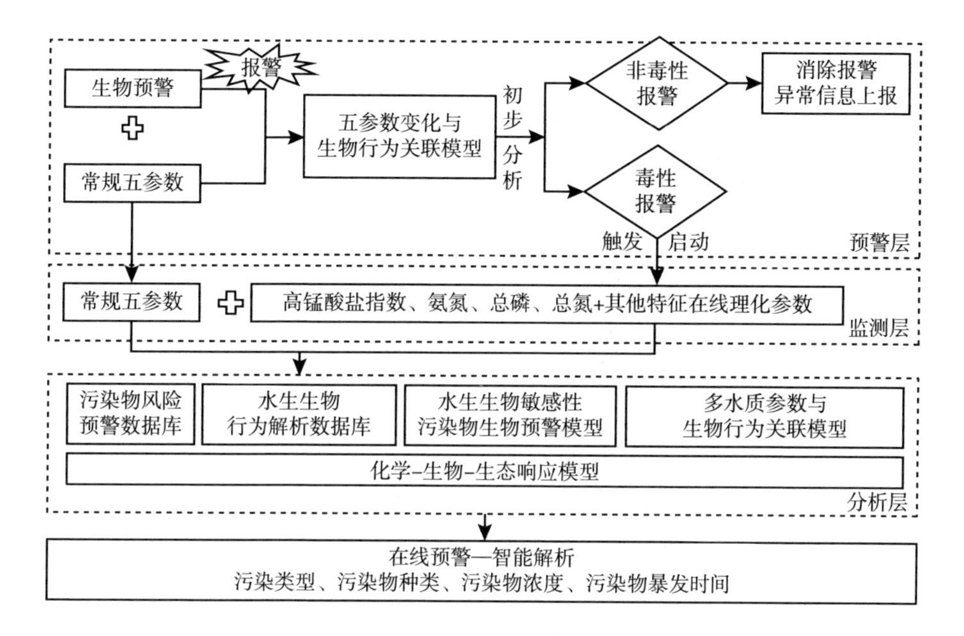

图 2　智能超级自动水站系统智能化解析路线

管理需求，对城市或区域主要水系进行自动监测，设置小型化、智能化的一体式户外型水质自动监测系统，同时配备完善的质量保证与控制体系，实时监测氨氮、溶解氧、透明度和氧化还原电位四个黑臭水体控制指标，全面反映区域各水系的水环境质量信息，实现中心平台对现场监测端的远程反控，有效发挥监测部门对现场的远程监控与监督能力，为水污染防治提供决策支持。

在线监测设备能够实现维护量少、运行成本低的自动在线监测，并保证监测数据的可靠性与可溯源性，提升环境监测预警能力。

3. 饮用水水质在线监测预警体系研究与应用

中国科学院生态环境研究中心在基于鱼行为模式识别的水质在线安全预警、智能超级自动水站、水质监测预警控制系统、应急决策支持大数据管理平台等方面实现关键技术突破，核心设备实现成套化、系列化、装备化设计（见图 3）。

通过技术研发、系统集成和示范运用，技术系统可实现水质变化的实时

图3　生物预警设备

连续智能监测预警，迅速判断污染爆发时间和污染物综合毒性，直接客观地反映出水质对水生生物的综合毒性，具有连续、快速、实时、多通道自动监测预警等特点（见图4）。生物监测预警技术和装备已在北京、上海、广州、深圳、重庆、西安、天津、济南、沈阳、宁波等160多个不同水源地投入使用，在2008年北京奥运会、2008年汶川地震、十九大、“两会”等重大政治活动或重大事件的应急水质安全保障中发挥重要作用。在线生物预警设备开了我国水源水质生物预警技术及设备应用的先河，突破了国外对我国的技术壁垒和产品垄断格局，极大拉低了国际产品在国内的价格，在生物预警市场占有率居国内首位。

长期工程应用案例显示，饮用水质在线监测预警有效实现了水环境综合毒性的连续实时有效的生物预警。该技术以生物预警技术为核心，集成生物和化学监测技术及智能化分析系统，构建了智能化综合集成水质在线安全监测预警和应急支持系统，其整体性能和技术先进性达到国际同类产品水平，在线生物监测与预警技术达到了国际领先水平。

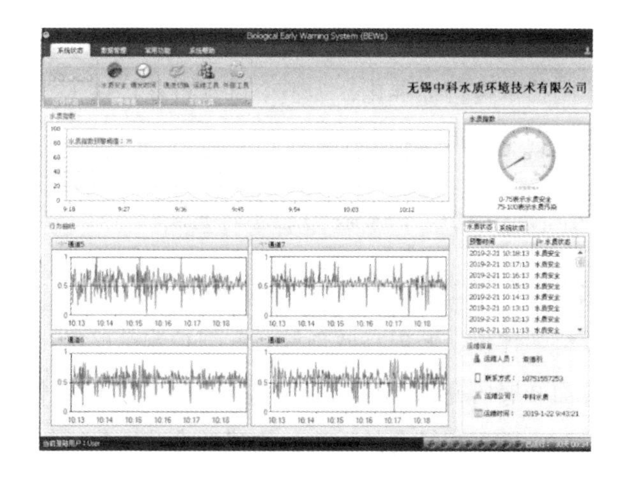

图 4　生物毒性软件页面（第二版）

四　供水管网漏损控制技术体系构建

（一）管网漏损控制的背景与需求

供水管网漏损控制是国内外供水行业面临的普遍难题。根据我国城市供水年鉴的有效数据（2011 年），我国管网平均漏损率为 18.41%，降低管网漏损率成为提高城市水资源利用效率、有效缓解城市用水紧张局面的重要措施。

在管网漏损控制技术方面，国际水协会建立了指导性的策略，国内外研究人员开发了管网独立计量分区（DMA）、压力控制、管网生命周期评价等方法。但这些技术在我国应用时逐步显现一些问题：第一，国外的一些经验模型并不适用于我国管网，有些甚至会起到一定的误导作用；第二，我国在漏损控制工作中积累的数据大多尚未得到充分分析，更未能有效、科学地指导漏损控制；第三，我国供水单位的漏损控制水平参差不齐，技术也较为分散多样，缺乏标准化的漏损控制策略。

针对上述问题，中国科学院生态环境研究中心和北京市自来水集团组建管网漏损控制研究团队，成功建立了一套适合我国供水管网特征的系统化漏损分析与控制方法，并在北京市开展应用示范和大规模推广；通过对相对成熟的先进漏损控制技术进行标准化，为整个供水行业提供了技术标准，一定程度上提升了我国管网漏损控制水平。

（二）管网漏损控制技术体系构建总体思路

针对我国供水管网漏损控制中存在的漏损构成不清、控制效率低等问题，从漏损状况科学评价、漏损高效预警、漏损控制策略优化、管网压力优化调控等4个方面开展研究，立足于我国供水管网的实际运行和管理特征，采用现场试验与数学模型相结合的方法，构建适合我国供水管网特征的管网漏损管控技术体系，并通过实践验证，制订行业技术标准，推动整个供水行业管网漏损控制水平的提高。

（三）管网漏损控制技术体系研究

1. 多维度管网漏损科学评价方法

管网漏损的影响因素众多，不同城市的管网、同一管网的不同区域都会因管网特征不同而导致不同的漏损状况。从漏损水量和管网破损次数两个维度分别建立了管网漏损评估方法，快速识别管网漏损严重区域，为漏损的经济有效控制提供了技术支撑。

基于漏损水量的管网漏损状况评价方法。首先，建立了我国供水管网漏损水量与管网长度CDN75毫米口径及以上、水表数两个主要管网特征参数的关系模型。通过对2009年至2014年我国城市供水统计年鉴中供水总量、管网长度、水表数、漏损水量四项数据均完整的2509条有效记录的统计分析，获得了漏损水量与管网长度和水表数的相关关系。其次，通过参数调整使计算出的漏损水量与漏损率标准（以“水十条”规定的2017年要达到的12%为例）所对应的漏损水量相等，提出了基准漏损水量的概念。最后，将当前漏损水量除以基准漏损水量，建立管网漏损指数概念。管网漏损指数值越大表示管网漏损越严重，且该值大于1表示未达到国家行业标准规定的漏损率要求。在用该方法进行管网漏损状况评价时，不仅考虑了管网特征，而且消除了使用漏损率评价时用水量变化的影响，更加科学。

基于管网破损次数的漏损状况评价方法。管网破损次数直接决定了管网的漏损状况。这种漏损状况评价的核心在于建立管网破损与多种影响因素之间的关系。基于北京市供水管网2008年至2011年间的破损数据，利用多元非线性回归方法，建立了管网破损密度（每年管网破损次数）与管龄、管材、管径、压力之间的函数关系。以此为基础，可对管网不同区域的破损情况进行评价，识别管网破损风险较高的区域，进而有效指导漏损监测与控制。图5给出了该方法建模所采用的数据、建立的模型以及模型对北京市供水管网破损的评价结果。

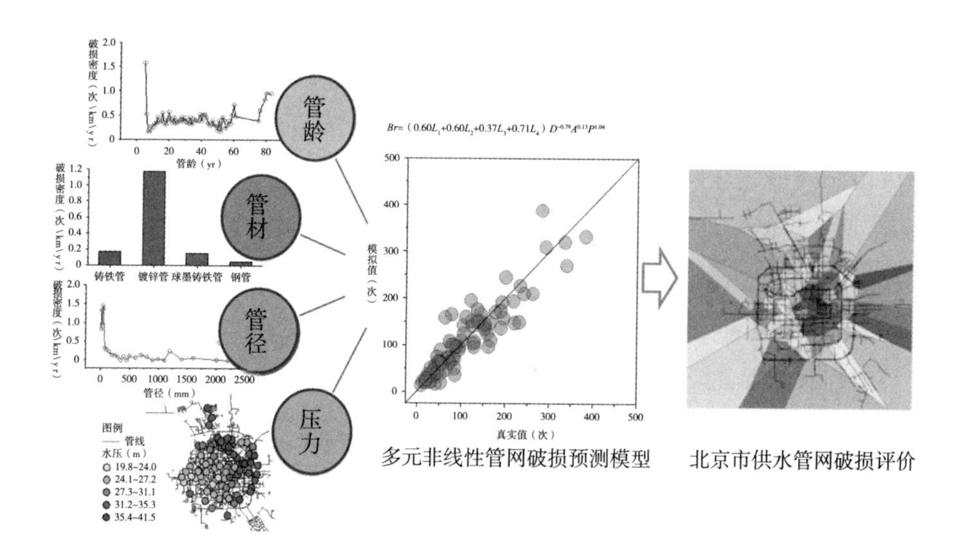

图5　管网破损预测模型的建立与应用

通过上述模型的开发，建立了基于漏损水量与管网破损次数两个维度的管网漏损科学评价方法，提高了管网漏损监测与控制的针对性。

2. 基于多元数据融合的管网漏损预警技术

研究团队研发了管网流量趋势异常诊断与听音检漏法检测极限分析相结合的管网漏损预警技术，有效提高了漏损检测能力。

基于日均流量与最小夜间流量变化同步性的流量异常判断。在区域管网漏损预警方面，目前主流的做法是判断 DMA 的最小夜间流量变化，但该方法在最小夜间流量曲线变化不明显时存在较高的误报率。本方法分析了区域内不同情况导致的流量变化特征，发现只有新增管网漏损才会导致日均流量和最小夜间流量同步升高且升高的绝对值相近。另外，采用 7 日移动均值与时序加权移动均值对比来计算流量变化的幅度，减小了短时段用水的随机性对流量趋势判断的误差，进一步提高了对流量异常的判断准确率。

听音检漏法检出的漏水流量分布特征确定。基于流量异常变化的漏损预警方法只能判断区域内有无新增漏损发生，但无法确定该漏损是否能最终被检测出来。需要分析目前常用的听音检漏法所能检出的漏水流量分布特征，并据此确定流量异常的预警阈值。分析听音法检出的北京市供水管网 4846 个漏点的漏水流量分布特征，发现只有当漏水流量达到 0.34L/s 时，听音法才能将漏点检测出来。进一步，根据所有检出漏点的流量分布特征，确定了三级预警阈值，分别为 0.34L/s（小漏）、0.98L/s（中漏）、2.13L/s（大漏）。这些阈值的设定，符合当前北京市供水管网漏水检测的技术应用水平。应用于其他城市管网时，应灵活调整预警阈值。

将流量数据与听音检漏数据相结合的漏损预警技术开发。将上述流量趋势异常判断与听音检漏法检出的漏水流量特征相结合，可确定区域流量异常的预警阈值，进而形成高效的漏损预警技术。该技术的高效性体现在：一是通过最小日均流量和夜间流量的同步性比较，提高了新增漏损预警的准确性；二是通过流量变化幅度可以确定漏损的大小，进而帮助供水单位判断是否需要及时处理该漏损；三是通过预警阈值，可以确定预警的漏损能否被检测出来。

3. 基于管网漏损特征值的 DMA 漏损控制策略优化

管网漏损控制技术的选择需要权衡技术应用的成本与效益，这需要在应用之前对不同漏损控制技术所能取得的效益进行准确的估计。不同管网具有不同的可达最低漏损水平，据此提出“管网漏损特征值”概念，即在当前漏损控制水平下管网所能达到的最低漏损水平。基于管网漏损特征值，可准确估计采取漏损控制措施后的效益，进而合理选择最佳漏损控制技术。这样可优化管网漏损控制策略，提高漏损控制的经济有效性。

DMA 漏损特征值的确定。在全国范围内选取了 47 个管网 DMA，开展了全面的管网漏损检测试验，并对检出的所有漏点进行了修复，此时 DMA 的漏损水平（以最小夜间流量 MNF 表征）即可认为是最低可达水平，也即 DMA 漏损特征值（记作 LMNF）。通过收集这 47 个 DMA 的管材、管长、管径、管龄、用户数、压力等属性数据，采用多元非线性回归方法建立了 LMNF 与管网属性之间的模型。该模型充分考虑了不同管网特征对管网漏损的影响，为不同属性的管网漏损控制确立了一个切实可达的控制目标值，避免了“一刀切”的控制目标模式。

DMA 漏损控制策略优化。管网漏损控制工作可持续开展的核心是提高其经济有效性。基于 DMA 漏损特征值与当前漏损状况的对比，可准确估计采取不同漏损控制措施后的效益，进而通过成本 - 效益分析，提出漏损控制的优化策略（见图 6）。目前的管网漏损控制策略包含检漏、控压和管网更新三种措施，在采取每种措施后，DMA 漏损特征值均会发生不同的变化，据此可以预测相应可获得的节水效益。依据上述方法，可对任意 DMA 进行分析，得到漏损控制的优化策略。该方法已经成功应用于北京 400 余个 DMA 的漏损控制策略优化。

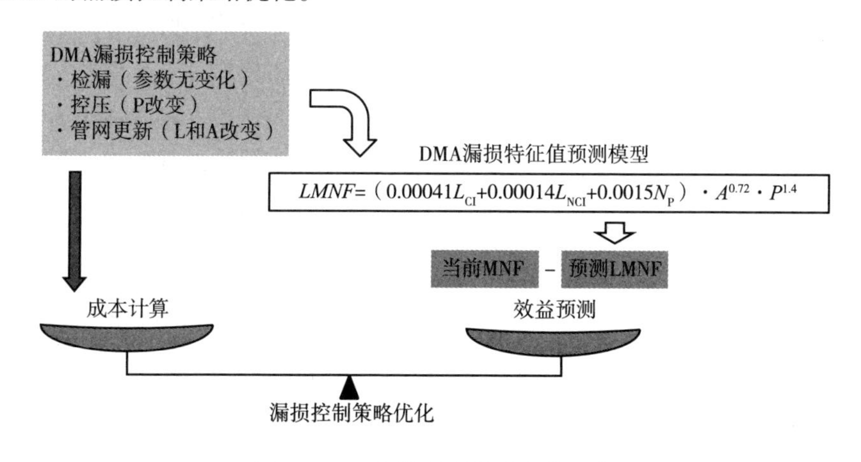

图 6　DMA 漏损控制策略优化示意

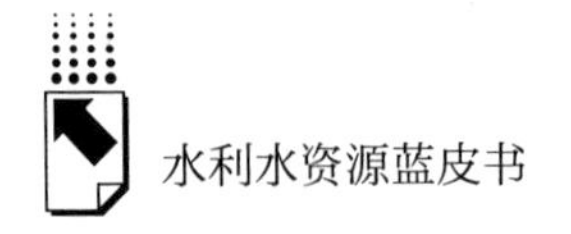

4. 管网分级分区压力优化调控技术

管网压力调控是控制管网漏损最有效的手段之一，尤其是对检漏仪器难以发现的管网背景漏失，压力调控可以说是唯一有效的手段。但对我国复杂的环状管网来说，压力调控的实施难度很大。提出一种分级分区的压力调控方法，第一级为水厂泵站的优化运行，第二级为管网局部的压力控制，第三级为二次供水水箱进水的优化调节。该方法开创性地将压力的直接调控和基于流量调节的间接调控结合起来，形成一种更高效的管网压力全局调控技术。

多水厂联合供水的水厂泵站优化运行技术。在多水厂供水的系统中，水厂泵站优化运行的难点在于各水厂的供水范围不明确，且随着用水模式的改变而变化。为了解决这一问题，通过建立管网水力模型，计算了各水厂的主要供水范围，然后通过管网中关键阀门的调节，使管网形成规模较大的相对独立的供水调度区。这样水厂泵站在进行调节时，其影响范围将相对固定，大大降低了泵站的运行优化难度。图 7 是通过水力模型计算的北京四个主要水厂的供水范围以及规划的 5 个大调度分区（PRZ），其中 PRZ 1 已经实施完成，其余分区正在优化过程中[①②]。

管网局部压力调控技术。水厂泵站的优化受到最不利点压力的限制，无法实现管网压力空间上的均衡。在距离水厂较近或地势较低的区域，管网压力仍有可能存在较大的冗余。此时，可采用管网水力模型计算与现场实测相结合的方法，确定管网冗余压力较高的区域，进而采用电动阀门或水力减压阀来降低区域内压力，实现管网压力的更精细化、智能化管理。

二次供水水箱进水智能调节技术。管网压力的实时波动来源于用水量的实时波动，若能对流量进行调节，使其更加稳定，则可以使管网压力更稳定。基于这一水力学基本原理，提出充分利用二次供水水箱的调蓄作用，在

---

① 徐强、陈求稳、李伟峰、顾军农：《管网水力与水质模型在多水厂供水管理中的应用》，《中国给水排水》2011 年第 13 期，第 38～41 页。

② 崔君乐、赵顺萍、孙福强、周洪禄：《北京市供水管网压力精细化管理实现节水降耗》，《中国给水排水》2014 年第 20 期，第 16～19 页。

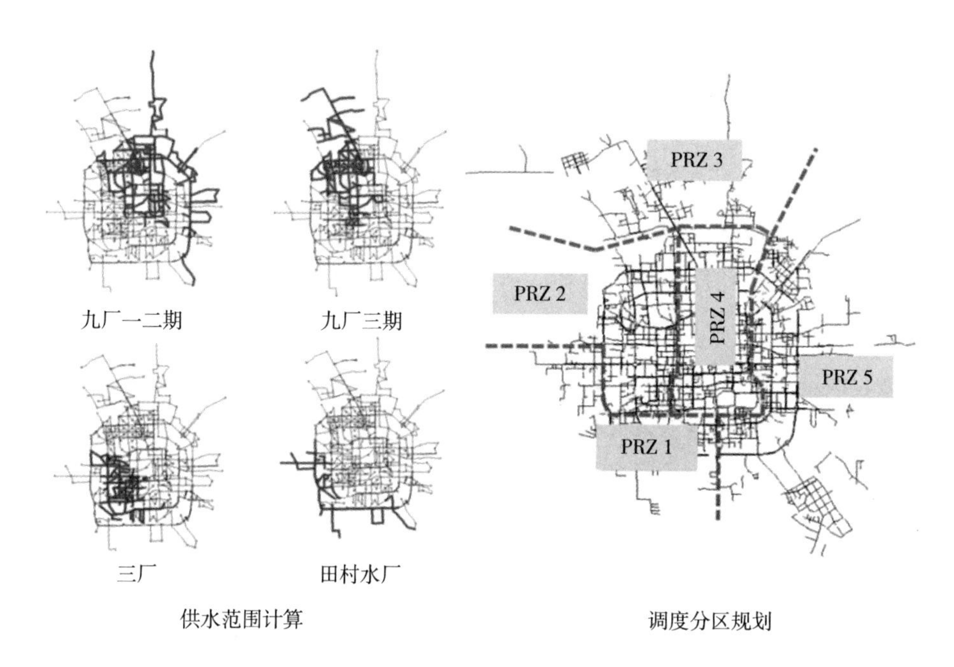

图 7　北京主要水厂的供水范围及调度分区规划与实施情况

用水高峰期时减少水箱进水流量，使水箱发挥供水作用；在用水低谷期时增加水箱进水流量，使水箱发挥蓄水的作用。这就使得管网总体上的流量高时系数降低，管网压力更加稳定。研究团队针对郑州某一区域的水力计算表明，若区域的二次供水水箱调蓄作用得到充分发挥，可使用水高峰期管网压力升高 7%，用水低谷期管网压力降低 1.5%，总体能量损失减少 4%。

（四）管网漏损控制技术体系应用实施效果

上述管网漏损控制技术体系在北京市供水管网得到了应用，促进北京市管网漏损率近年来持续降低，技术应用前后年节水量约 3000 万立方米。此外，相关成果为国家行业标准《城镇供水管网漏损控制及评定标准》（CJJ 92－2016）和住建部《城镇供水管网分区计量管理工作指南－供水管网漏损管控体系构建（试行）》的编制提供了有力支撑，为全行业漏损控制提供了技术参考。

五　结论与展望

保障饮用水安全成为“满足人民群众对美好生活向往”的重要内容。全面明确我国城镇饮用水水质安全状况和关键风险因子，加强科技创新和管理创新，推进创新技术成果转化、应用示范和规模化应用，培育一批具有行业影响力的技术创新企业和水务企业，推进行业技术升级和产业跨越发展，构建我国饮用水从“源头”到“龙头”的全流程水质安全保障体系，对于保障我国城镇饮用水安全、提升饮用水行业科技和管理水平具有重要意义。围绕粤港澳大湾区饮用水安全保障重大需求，应充分吸纳国际和国内先进技术和管理经验，从水源地协同保护、水资源合理配置、水质风险预警与控制、水厂深度净化、供水设施升级改造等方面开展全方位、系统性工作，通过跨区域、多部门协调与协同，保障粤港澳大湾区供水安全，服务和支撑区域经济社会可持续发展。

参考文献

世界卫生组织：《WHO 饮用水水质准则（第四版）》，上海市供水调度监测中心、上海交通大学译，上海交通大学出版社，2014。

《美国现行饮用水水质标准》，《净水技术》2014 年第 S1 期。

江苏省人民代表大会常务委员会：《江苏省城乡供水管理条例》，http://www.jsrd.gov.cn/zyfb/sifg/201011/t20101129_59059.shtml，最后检索时间：2019 年 12 月 23 日。

高圣华、赵灿、叶必雄、张岚：《国际饮用水水质标准现状及启示》，《环境与健康杂志》2018 年第 12 期。

彭宏熙、李聪：《中国和美国、日本饮用水水质标准的比较探究》，《中国给水排水》2018 年第 10 期。

B.14

粤港澳大湾区水务用膜产业研究报告

高 旭 胡承志*

摘 要： 本报告简要介绍了膜产业相关法律法规及战略政策，综述了膜主要技术类型及其特点，针对不同膜技术类型着重分析了其对应的国内外发展现状及效果，同时列举了我国膜法处理技术发展历程中具有时代意义的典型工程案例，并从我国水情、膜技术趋势等方面探讨了膜产业发展前景。经过国家与地方政府的大力支持和积极推动，我国膜产业已经在“产—学—研”和“技术—工艺—工程”等全方位多领域拥有具备国际领先水平的自主知识产权技术，能够实现污水净化、净水纯化、海水淡化等膜法水处理的国产化，技术成熟、工艺精湛、工程完善。粤港澳大湾区作为我国重点发展区域，要坚持生态优先，践行绿色发展，在市政污水、工业废水、市政饮用水、海水淡化等诸多领域完全可以实现中国特色的“膜法水务”建设。

关键词： 膜技术 膜产业 膜工程

* 高旭，天津膜天膜科技股份有限公司分析中心主任，主要研究方向为膜材料与膜过程分析及其标准化。胡承志，博士，现任中科院生态环境研究中心环境水质学国家重点实验室副主任、党支部书记、研究员，主要研究方向为水处理絮凝、吸附原理与技术开发及应用。

一　膜技术简介

（一）膜产品

分离膜是一种具有选择透过性的无机或高分子材料，按分离机理及适用范围分为微滤膜（MF）、超滤膜（UF）、反渗透膜（RO）、纳滤膜（NF）、离子交换膜与渗透蒸发膜等，以产品形式来说包括卷式膜、中空纤维膜、板框式膜与管式膜等（见表1）。

表1　常见膜分离技术简介

膜分离技术	原理	推动力(压力差)/KPa	通过组分	截留组分	膜类型	处理物质形态
微滤膜	筛分	20～100	溶剂、盐类及大分子物质	0.1～20um	多孔膜	液体/气体
超滤膜	筛分	100～1000	高分子溶剂或含小分子物质	5～100nm	非对称膜	液体
反渗透膜	溶液扩散	1000～10000	溶解性物质	0.1～1nm	非对称膜/复合膜	液体
纳滤膜	溶液扩散/道南效应	500～1500	溶剂或含小分子物质	1～5nm	非对称膜/复合膜	液体
离子交换膜	离子交换	电化学势－渗透	小离子组分	大离子和水	离子交换膜	液体
渗透蒸发膜	传质分离	蒸汽压差	挥发性组分	离子、胶体、大分子等不挥发组分和无法扩散的组分	多孔疏水膜	液体/气体

在日常生活中，微滤膜、超滤膜、纳滤膜、反渗透膜应用较广泛。据统计，在中国膜产品市场销售中反渗透膜与纳滤膜占比超50%，超滤膜、微滤膜与电渗析各占10%，其余的20%为陶瓷膜、气体分离膜与透气膜等（见图1）。

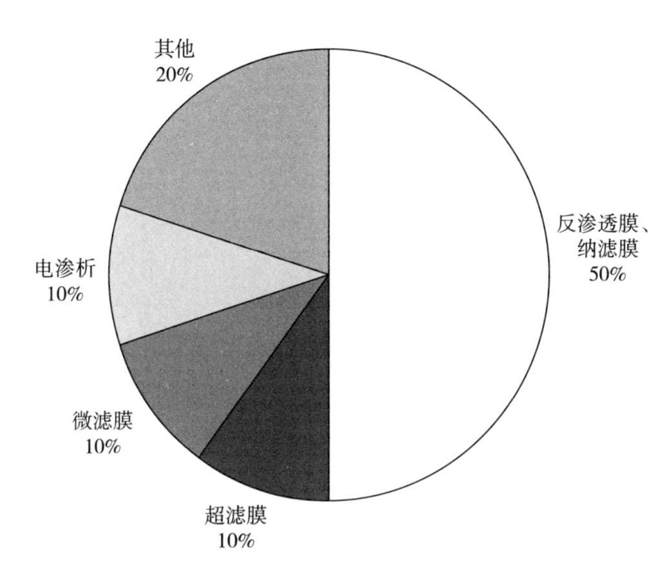

图1　2018 年我国膜产品市场销售占比统计情况

资料来源：前瞻产业研究院。

1. 微滤（MF）

微滤膜一般指有效截留尺寸为 0.1～20 微米的膜材料，能去除悬浮颗粒、细菌、部分病毒及大尺寸胶体，主要应用于饮用水除浊、中水回用、纳滤或反渗透系统预处理领域。

微滤膜材质有醋酸纤维素、聚砜、聚烯烃等有机材料及陶瓷、玻璃、金属等无机材料。微滤膜有对称膜、非对称膜。微滤膜分为平板膜、中空纤维膜、管式膜、异形膜等。微滤膜分离是以压力差为推动力，主要的两种操作方式：死端过滤和错流过滤。目前，微滤膜生产商主要有天津膜天膜科技股份有限公司、北京碧水源科技股份有限公司、海南立昇净水科技实业有限公司、美国海德能公司、美国科氏公司、日本旭化成株式会社等。

2. 超滤（UF）

超滤膜一般指有效截留尺寸为 5～100 纳米的膜材料，用于去除微生物、蛋白质、胶体及大分子有机物，主要应用于饮用水净化、中水回用、纳滤或反渗透系统预处理等领域。

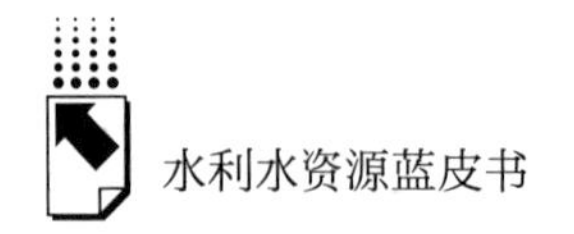

超滤膜材质分为陶瓷、玻璃、金属等无机类和壳聚糖、纤维素类、聚四氟乙烯、聚偏氟乙烯、聚砜等有机类。超滤膜主要为非对称膜，分为平板膜、中空纤维膜、管膜及异形膜等。超滤膜分离是以压力差为推动力，主要有两种操作方式：死端过滤和错流过滤。目前，超滤膜生产商主要有天津膜天膜科技股份有限公司、北京碧水源科技股份有限公司、海南立昇净水科技实业有限公司、美国海德能公司、美国科氏公司、日本旭化成株式会社等。

3. 纳滤（NF）

纳滤膜一般指有效截留尺寸为1~5纳米的膜材料，可去除多价离子、部分一价离子和分子量200~1000道尔顿的有机物，主要应用于水纯化、废水净化、物料浓缩等领域。

纳滤膜材质主要有醋酸纤维素类、聚砜类、聚醚砜类、聚乙烯醇类、芳香聚酰胺类、聚哌嗪酰胺类等有机材料和陶瓷等无机材料。纳滤膜主要为非对称膜。纳滤膜主要有卷式膜、中空纤维膜等。纳滤膜也是以压力差为推动力，主要的两种操作方式：死端过滤和错流过滤。目前，纳滤膜生产商主要有天津膜天膜科技股份有限公司、时代沃顿科技有限公司、美国海德能公司、美国陶氏公司、法国苏伊士集团（原美国GE）等。

4. 反渗透（RO）

反渗透膜一般指有效截留尺寸0.1~1纳米的膜材料，能够去除溶解性盐及分子量大于100道尔顿的有机物，主要用于海水淡化、苦咸水（卤水）精制、工业纯水制备、锅炉给水、废水净化及特种分离等领域。

反渗透膜主要分为芳香族聚酰胺类膜（AP膜）和醋酸纤维素膜（CA膜）。反渗透膜分为中空纤维膜、板框膜、管膜、卷膜等，其中卷膜占74%，中空纤维膜大约占26%，其他类型膜较少。反渗透膜以膜两侧静压差为推动力，按驱动压力分为高压、低压、超低压及极低压膜，主要操作方式为错流过滤。

据统计，在中国膜市场中，反渗透膜约占膜市场份额的56%。其中，国外产品占比高达85%~88%，美国陶氏占30%，美国海德能占26%（见图2）。目前国产反渗透膜技术已经非常成熟，产品已逐渐为市场认可。反渗透膜生产商主要有天津膜天膜科技股份有限公司、时代沃顿科技有限公司、美国海德能公司、美国陶氏公司、法国苏伊士集团、日本东丽株式会社、日本东洋纺株式会式等。

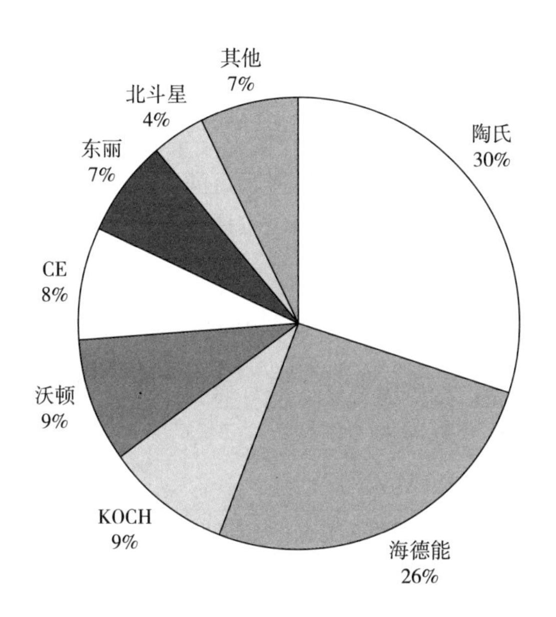

图 2 2018 年我国反渗透膜市场主要企业市场份额统计

资料来源：前瞻产业研究院。

5. 其他

（1）离子交换膜

离子交换膜是电渗析装置的核心部件。根据离子基团类型分为：阳离子型、阴离子型、特殊离子型。按膜的结构分为：异相膜、均相膜和半均相膜。按膜的材料性质分为：有机离子交换膜和无机离子交换膜。离子交换膜以电化学势 - 渗透为推动力。

（2）生物膜

生物膜是由微生物附着生长在载体表面形成的活性层，对污水中的污染物进行微生物分解。生物膜载体材质有聚氯乙烯、聚乙烯、聚苯乙烯、聚丙烯、树脂、塑料、纤维等。

（二）膜应用技术

目前在微滤/超滤领域，我国主要应用的膜产品种类为中空纤维膜。本报告主要就中空纤维膜的应用技术进行介绍。

1. 连续膜过滤技术（CMF）

连续膜过滤技术是一种分离膜与自动化设备一体化为闭环连续操作系统的膜法处理工艺，自动化控制系统使得膜过滤、膜自洁过程连续自动化，运行简便，广泛应用于污水净化、生活用水纯化等多领域。

2. 膜生物反应器技术（MBR）

膜生物反应器技术是一种集成膜与活性污泥于一体的污水膜法处理工艺，膜置于生化污水中，截留活性污泥，透过净水实现水资源再利用，广泛用于工业及市政废水减量再生等领域。

3. 浸没式膜过滤技术（SMF）

浸没式膜过滤技术是一种利用泵的负压抽吸中空纤维膜以达到过滤净化目的的膜法处理工艺。运行压力低，能耗少，工艺简便，广泛应用于污水净化、生活用水纯化等多领域。

4. 双向流技术（TWF）

双向流技术是一种周期性改变膜单元进液方向的膜过滤技术，用于目标产物的浓缩提纯，性能优于传统的分离方式，目前该技术已广泛应用于重要提取液的过滤和精制、果汁饮料的澄清过滤、发酵液菌体的浓缩回用等多种特种分离领域。

二　膜产业现状

（一）相关法律法规

1. 国家法律法规

据统计，2018 年我国人均水资源达 2004 立方米/人，仅为世界平均水平的1/4，是联合国统计的13个贫水国之一。而我国2018年的污水排放总量再次突破700亿吨，其中生活污水占比逐年上升，已成为我国污水来源的重要组成部分。水资源短缺与水污染问题严重将是我国需要长期面临的环境问题。

为贯彻落实节约资源和保护环境的基本国策，我国近年来在生态领域重新修订与发布了包括《中华人民共和国环境保护法》《中华人民共和国水法》《中华人民共和国水污染防治法》《水污染防治行动计划》等多项法律法规，对水环境与水生态提出了更加具体、更为严格的保护要求。明确指出要进一步加强对我国水源与水源地的保护，防止水源枯竭或水质被污染等问题，确保城乡居民的日常用水安全；对于工业制造领域，要择优使用环保产品、设备和设施，防范与治理废水，提高水的循环重复利用率；同时支持保护水源地、生活污水等环境保护工作，统筹城乡污水处理建设，为打赢碧水保卫战提供坚实的政策基础与法律支持。

膜技术作为解决水、能源、环保等领域问题的共性技术，能够改善人类生活质量和生存环境，已成世界各国关注的热点。目前欧美等发达国家的膜技术已有数十年的发展历程，在污水处理与自来水净化等领域得到了广泛应用。我国也十分重视膜技术，《国家中长期科学与技术发展规划纲要（2006～2020）》《“十三五”国家科技创新规划》《“十三五”国家战略性新兴产业发展规划》《中国制造2025》等国家重大规划均将中空纤维膜产业纳入重点发展与支持的项目。我国对环保的重视、污水厂的改建、再生水利用率的提高、供水规模的扩大、自来水厂的升级改造、监管体系的建设和完善，都将在未来的5～10年为水处理用中空纤维膜市场提供持续的增长动力，膜技术将迎来一个飞速发展的时代。

2. 地方区域政策

粤港澳大湾区由广州、香港、澳门等11个城市组成，区域面积不到全国的1%，拥有全国约5%的人口，创造了全国近12%的国内生产总值。而伴随着区域经济高速增长，保护生态环境、实现经济和环境协调发展，是推动粤港澳大湾区经济发展的必由之路，也是响应国家“发展绿色经济，建设美丽中国”生态文明思想的重要工作任务之一。

我国在21世纪初对粤港澳地区的环境治理提出了要求，国家发改委2009年1月发布的《珠江三角洲地区改革发展规划纲要（2008～2020年）》明确提出要加强水环境生态治理，其中包括推动工业废水集中处理，提升城市污水处理水平；加强粤港澳合作，共同改善珠江整体水质，减少其水污染，提升污水处理水平；加强水源地建设保护，确保饮用水安全等。国务院于2016年3月发布的《国务院关于深化泛珠三角区域合作的指导意见》中也明确要求广东、香港、澳门等地要加强跨省区流域水资源水环境保护，促进粤港澳大湾区的“生态优先、绿色发展”。

由于区域内经济和社会处于不同发展阶段，水文环境情况也不尽相同，因此各地所关注的环境问题重点不同，各地政府也因此制定了适合自己域内环境保护的具体措施。广东省2005年发布了《珠江三角洲城镇群协调发展规划（2004～2020）》，其中对水资源与水环境保护提出三大发展方向：既要加强水资源与水环境的保护，保障城镇供水，确保东江流域、西江流域、北江流域等水源保护地的水质安全；也要综合防治面源污染，进行流域综合治理；节约用水，提高工业用水重复利用率，采取积极、稳妥的工程措施开发利用新水源。规划中指出，广东省在规划期内城镇供水标准要实现人均综合用水量400～600升/日；到2020年，城市生活污水处理率超过85%，形成系统性的固废垃圾环保处理能力。随着广东省生活饮用水卫生标准的提高、城镇污水处理厂污染物排放标准的修订、工业废水排放标准的不断完善，自来水水厂升级改造、城镇污水处理厂提标改造将进入高潮，将给膜市场带来较大的发展。

此外，粤港澳各地间就环境保护签署了一系列协议，包括《深化粤港澳合作推进大湾区建设框架协议》《粤澳合作框架协议》《珠澳环境保护合作协议》《2016～2020年粤港环保合作协议》《2017～2020年粤澳环保合作协议》，上述协议的制定对粤港澳大湾区的环境治理起到了积极的助推作用，也为膜技术的应用市场带来了新的增长点。

（二）市场应用情况

1. 市政污水

（1）国际市场

据报道欧美发达国家污水处理厂数量较多，水污染控制达到相当高的水平，据统计美国每万人拥有1座污水处理厂，瑞典和法国每万人拥有2座污水处理厂，英国和德国每万人拥有1.2～1.4座污水处理厂。

图3显示全球各地区MBR市场复合增长率，可以得知2014年后亚太地区MBR市场年复合增长率高于欧洲和北美，2014年后世界MBR市场复合增长率由亚太地区占主导，这其中绝大部分归功于中国MBR市场的增长。

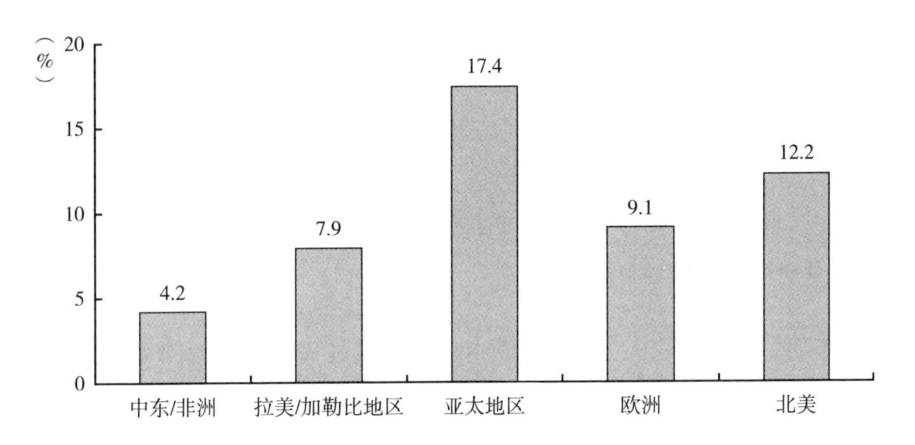

图3　2014～2018年全球各地区MBR市场复合增长率

资料来源：前瞻产业研究院。

（2）国内市场

环境保护部环境规划院、国家信息中心出版的《2008～2020年中国环境经济形势分析与预测》指出："十三五"时期，治理废水总费用预计13922亿元，其中4590亿元用于工业及城镇生活污水治理；在更进一步完善设施后，费用投入将达到15603亿元，其中5578亿元用于治理工业及城镇生活污水。

国务院公布的节能环保产业发展规划草案已收录膜生物反应器技术及膜材料制造技术，MBR 技术可实现将污水一步化处理为高品质再生水，实现了环境保护、水资源开源节流的多重效益叠加，节能减排效果显著，助力实现水资源循环发展。

据统计，我国 2005 年以来每天万吨级 MBR 工程逐年增多（见图 4）。

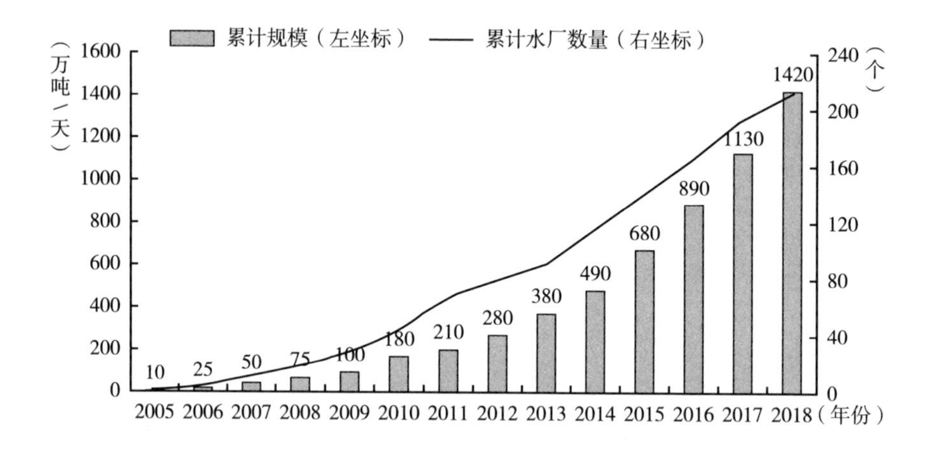

图 4　2005～2018 年我国万吨/天以上 MBR 工程总量

资料来源：前瞻产业研究院。

随着膜技术、膜工艺优化及成本降低，超过 20 万吨/天的 MBR 工程应用从 2008 年起在世界范围投运，2016～2019 年新投运项目见表 2。

表 2　2016～2019 年新投运 20 万吨/天规模以上工程项目

项目	地区	规模(万吨/天)	投运时间	建设目的
Henriksdal 污水处理厂	瑞典斯德哥尔摩	86.4	2018	升级
Tuas 污水再生水厂	新加坡	80.0	2019	新建
武汉北湖污水厂	中国湖北	80.0	2019	新建
槐房污水再生处理厂	中国北京	60.0	2016	新建
深圳罗芳污水处理厂	中国广东	40.0	2018	升级
Seine Aval 污水处理厂	法国巴黎	35.7	2016	升级

据国家《“十三五”全国城镇污水处理及再生利用设施建设规划》指示，城市污水处理率要从91%（2015年）提升至95%（2020年底），新增污水处理设施规模5022万立方米/天，提标改造城镇污水处理设施规模4220万立方米/天，投资将达到1938亿元。截至2019年底我国投入运行或在建的MBR项目已超过1000套，且在市政污水处理领域已配套近百个万吨级MBR系统，其处理能力累计超过600万立方米/天。

据预测，2025年MBR全球规模达82.7亿美元，其中我国MBR市场的潜力尤其可观。截至2019年底全国城市污水处理能力达1.9亿立方米/天，设市城市拥有污水处理厂5000多座，随着《水污染防治行动计划》等水处理条例的发布，大量污水处理厂面临提标改造，MBR替换市场庞大。此外，我国城市人口持续增加、政府大力支持基础设施建设，以及食品、制药、造纸等制造业的迅速发展，都将加速工业废水领域对MBR需求的增长。MBR技术的升级与成本下降，也将进一步拉动市场对MBR产品的需求。

2. 工业废水

（1）国外市场

欧美国家主要通过工业园区的方式来集中处理园区废水。以德国为例，鲁尔工业区中金属加工和机械制造产业较为集中，工业废水中含有的污染物组成也较为相近，因此园区企业将生产产生的废水进行汇集，并通过生化、沉降、过滤等方式集中处理，在提升了废水处理效率的同时，也降低了园区企业的经营成本。

日本是亚洲工业废水处理水平最高的国家，由于日本国土大部分为山地地形，平原地区呈散点式分布，因此企业较为分散，无法形成工业区。日本根据这一特点，采取了分散式工业废水处理方式，通过设立标准的方式，要求各工业企业单独对其生产废水进行处理，达到排放标准后才能够外排或回用。

除上述国家外，美国拥有最多工业废水处理厂——近2万座，总投资高达数千亿美元；瑞典污水处理设施普及率最高达99%以上，其二级MBR处理厂占91%。膜技术已在国际污水处理市场占据了主导地位。

（2）国内市场

目前，我国的水污染防治设备虽能满足常规工业废水处理需求，但是设备单一，系列化成套装置少，高浓度有机废水处理设备较为缺乏。因此，我国工业废水处理回用蕴含巨大商机。目前，我国水污染防治市场需求巨大，相关设备产量逐年增加，据统计2011～2018年其年均复合增长率达41.6%（见图5）。

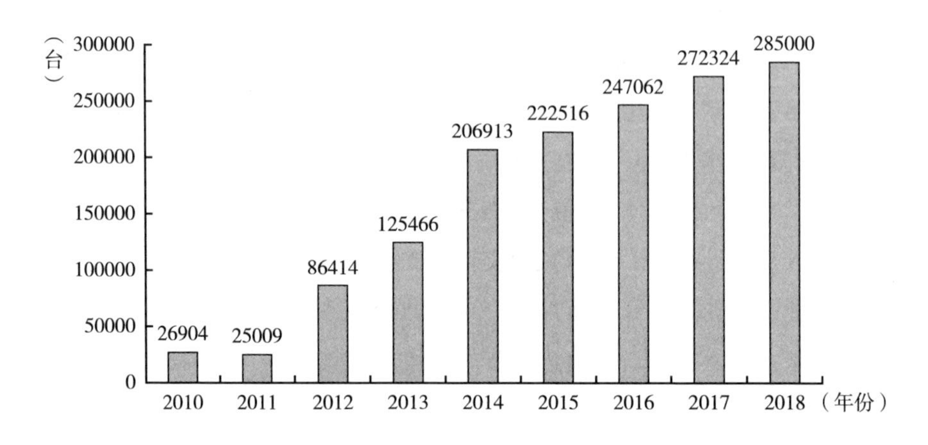

图5　2010～2018年我国水污染防治设备产量

资料来源：前瞻产业研究院。

我国水污染防治设备制造集中，河南省设备产量占比超过40%（见图6），北京占比25%以上，其余省份的占比较低，均低于10%，具有明显的区域集中性。

据统计，我国城市污水处理厂由2010年1444座连续增长至2017年2209座（见图7），2017年排水管道长度57.7万公里。生态环境部数据表明，2017年93%的省级规模工业集聚区配套有污水集成设备，新建集散区工业污水治理规模1000万立方米/日，截至2017年我国城市污水处理规模1.57万亿立方米/日。

据统计，我国县城污水处理厂由2010年1052座增长至2017年1572座，2017年排水管道长度18.98万公里。截至2017年我国县城污水处理规模3218万立方米/日，县城污水处理能力仍然较弱（见图8）。

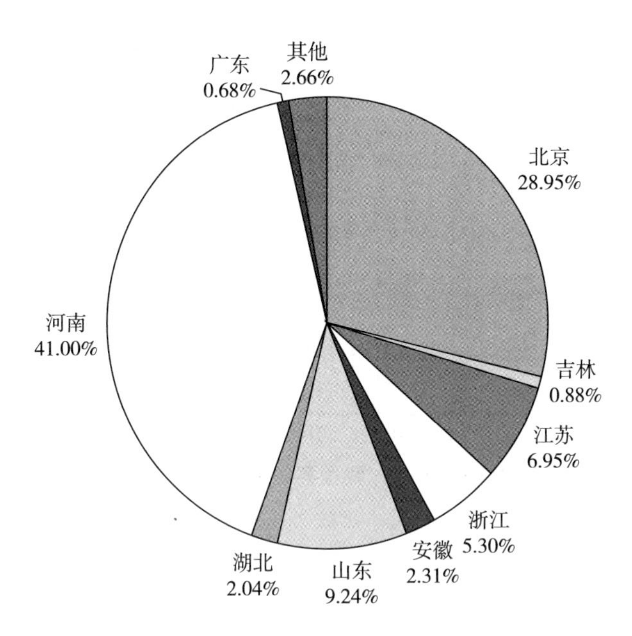

图6　2010～2018年我国水污染防治厂产量分布情况

资料来源：前瞻产业研究院。

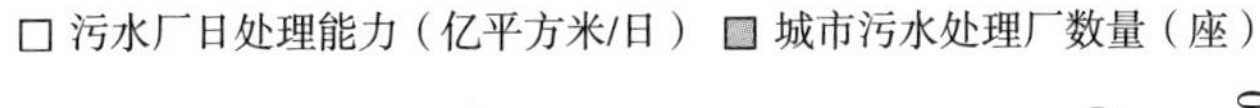

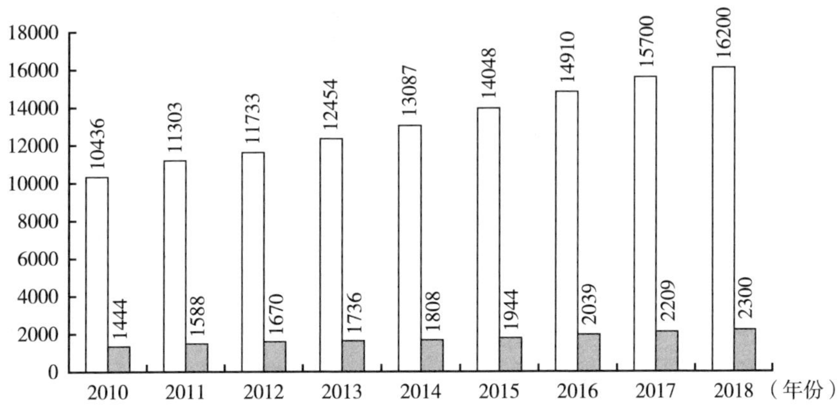

图7　2010～2018年我国污水处理厂增长情况

资料来源：前瞻产业研究院。

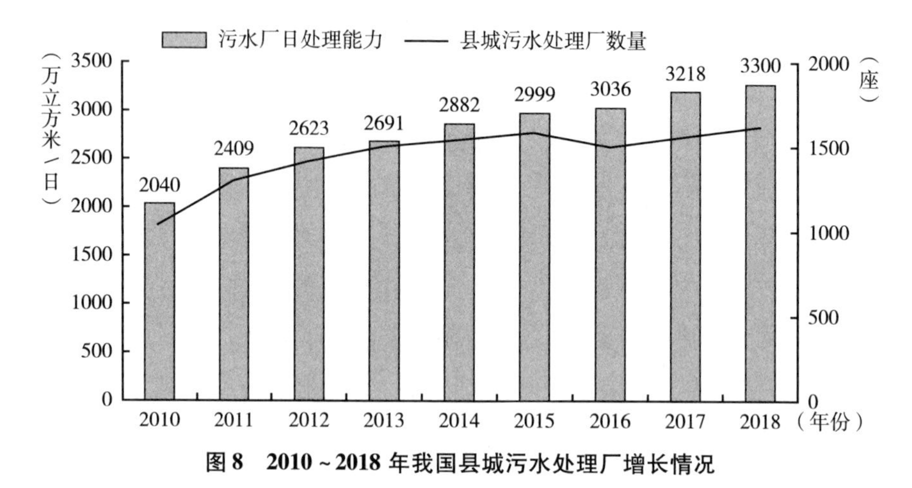

图8　2010～2018年我国县城污水处理厂增长情况

资料来源：前瞻产业研究院。

目前我国工业废水设施分布不平衡，多集中分布在沿海城市，而东北和中西部地区分布较少；多集中分布在一线城市，而二线城市和中小城市分布较少。如浙江、江苏和广东等在污水处理领域集中度高，市场空间大。预计我国规模以上污水处理项目投资总额达211亿元（见表3）。

表3　2018年我国各省区市规模以上污水处理项目投资额

省区市	项目数量	日处理能力(万吨/日)	投资金额(万元)
浙江	15	54.45	316873
江苏	18	55.35	236770
广东	11	54.50	202578
广西	9	43.00	181252
山东	9	43.50	161965
云南	10	29.00	132272
福建	4	32.00	90382
湖南	6	31.00	89341
重庆	9	26.50	71546
河南	5	38.00	70673
河北	6	22.00	67725
湖北	5	20.00	53300
四川	5	31.75	51400
甘肃	2	30.00	48170
陕西	5	18.70	43737

续表

省区市	项目数量	日处理能力(万吨/日)	投资金额(万元)
天津	2	18.00	43459
辽宁	3	22.00	42606
陕西	4	21.50	41520
吉林	3	10.00	35000
新疆	1	20.00	34000
安徽	3	9.00	30000
黑龙江	3	14.00	29500
内蒙古	1	2.00	19000
西藏	1	5.00	12210
贵州	1	2.00	5898
总计	141	653.25	2111177

资料来源：前瞻产业研究院。

3. 市政自来水

(1) 国外市场

目前全球已广泛利用膜法工艺处理市政自来水，例如新加坡的 Chestnut 水厂，采用“强化混凝 + 超滤 + 紫外光消毒”处理工艺，一期处理水量达 27 万吨/天，为当时世界最大的浸没式超滤饮用水厂，工程全部完成时总处理规模可达 72.8 万吨/天。据统计，新加坡、澳大利亚、荷兰、英国、美国和以色列超滤膜净水量分别占其市政自来水的 12.0%、4.0%、3.1%、2.0%、2.5% 和 1.2%。目前，超滤膜已广泛用于已有水厂改造和新建水厂(见表 4)。

表 4 国际典型的超滤膜法饮用水处理工程

项目名称	新加坡 Chestnut	美国 Columbia Heights 水厂	美国 Twin Oak Vally 水厂	新加坡 Changi NEWater	阿塞拜疆巴库水厂	新加坡 Lower Seletar 水厂
产水量(吨/天)	27 万	26.5 万	38 万	30 万	52 万	30 万
投用时间	2003 年 12 月	2005 年	2008 年 12 月	2010 年	2014 年	2014 年(正调试中)

续表

项目名称	新加坡 Chestnut	美国 Columbia Heights 水厂	美国 Twin Oak Vally 水厂	新加坡 Changi NEWater	阿塞拜疆巴库水厂	新加坡 Lower Seletar 水厂
膜品牌	GE	Norit	GE	Simens	DOW	Norit XIGA
过滤形式	浸没式	压力式	浸没式	压力式	压力式	压力式
膜材质	PVDF	PES	PVDF	PVDF	PVDF	PES
回收率	<95%	>95%	—	>93%	—	设计为 96%

（2）国内市场

进入 21 世纪以来，我国超滤膜法水厂迅速发展，据统计，其累计数量由 2003 年的 2 座增长到 2016 年的 100 座左右，装置累计规模也飞速增长，目前累计建成膜法水厂总处理规模约 400 万吨/日，规划中膜法水厂总处理规模约 350 万吨/日，预期未来十年将是膜法水厂快速增长的十年。“水十条”要求到 2020 年 93% 以上城市饮用水水质达到或优于Ⅲ类，进一步提高水处理能效。《全国城镇供水设施改造与建设“十二五”规划及 2020 年远景目标》指出城镇供水需要新增产能约 7400 万立方米/天。因此“十三五”期间我国城镇自来水供给的市场空间将进一步扩大，总量将达到 16500 亿元。

4. 海水淡化及海洋资源综合利用

（1）国外市场

据统计，全球拥有的水资源总储量约为 13.86 亿立方千米，其中淡水资源仅占据 2.5% 的份额，且大部分淡水的形态为固体冰川，不利于大规模应用。受此影响，目前共有 80 多个国家和地区淡水量不足；预计到 2050 年缺水国家的人口约 10.6 亿～24.3 亿，约占全球预测人口总数的 13%～20%，淡水资源短缺制约全世界社会进步和经济发展。

海水约占全球水量的 97.5%，海水丰富且淡化能耗低，相较于远距离调水，海水淡化已成为解决距海边 70 公里范围内 70% 全球人口饮用水问题最实用的方法。

目前，国际上的海水淡化技术正朝着环境友好化、低能耗、低成本等方向发展，并已在一些缺水国家实现了工程化应用。如沙特和以色列，海水淡化可满足其国内71%左右的淡水供给。据统计，海水淡化规模以每年25%的速度增长，预计2020年市场规模将达700亿美元，水量将达6500万立方米/天以上，海水综合利用（如制盐等）将达6000万吨/年。

目前，可工业化海水淡化技术有多级闪蒸（MSF）、多效蒸馏（MED）、电渗析法（ED）和反渗透膜法。据统计，截至2015年全世界建有1.6万余家海水淡化厂，总装机容量约 7.48×10^7 立方米/天，其中反渗透膜法占63%。反渗透膜法由于设备运行和稳定性良好，并且能耗较其他方式有明显降低，生产成本得到大量节约，目前已成为最成功的海水淡化技术。

（2）国内市场

目前工业消耗大量淡水，据统计2016年我国工业用水量为1308.0亿立方米，占比21.6%（见图9）。巨大的用水需求推动海水淡化产业规模继续扩大。海水脱盐制取淡水不受时空和气候影响，海水淡化后可稳定供给沿海居民饮用水和工业用水。

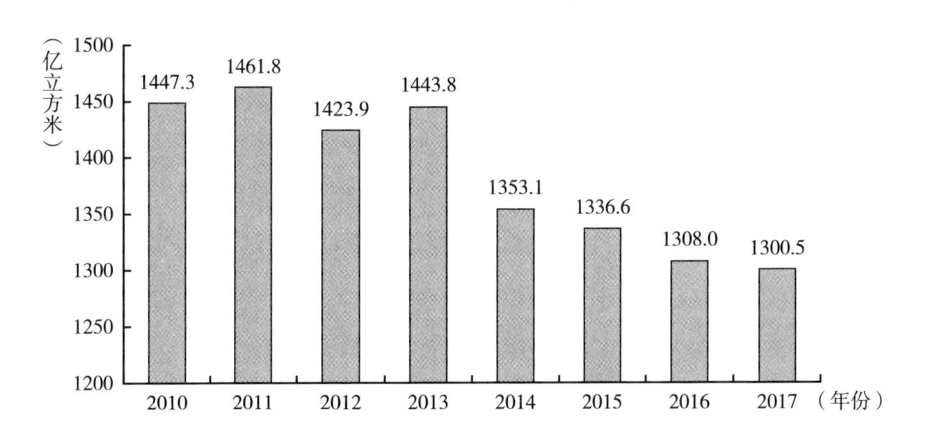

图9　2010～2017年我国工业用水量

资料来源：前瞻产业研究院。

据统计，反渗透、多级闪蒸、电去离子、电渗析、纳滤、其他分别占全球海水淡化总产能的65%、21%、7%、3%、2%、2%，反渗透在海水淡化中应用广泛（见图10）。受国家政策、技术成本下降等影响，我国海水淡

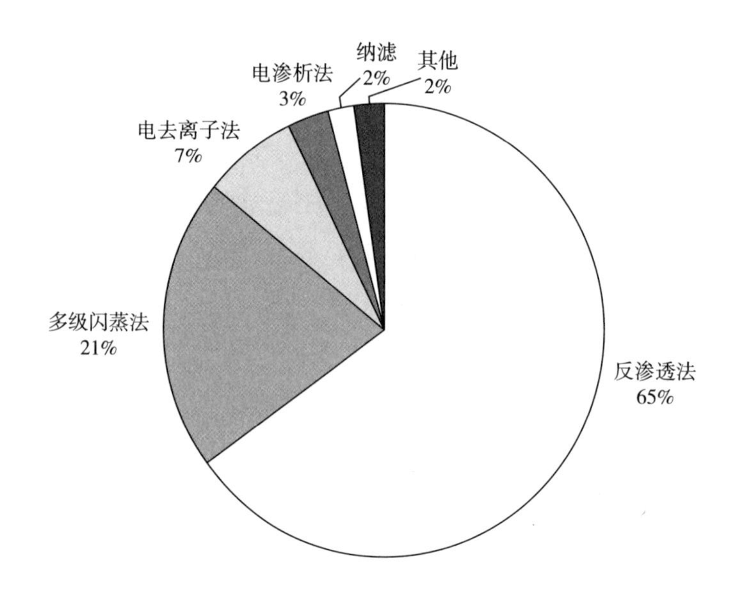

图10　2017年全球不同海水淡化方法产能结构

资料来源：前瞻产业研究院。

化技术不断完善，市场规模迅速扩大，投资前景见好。

据统计，2010～2016年我国海水淡化设备投资规模逐年递增，海水淡化得到进一步发展（见图11）。

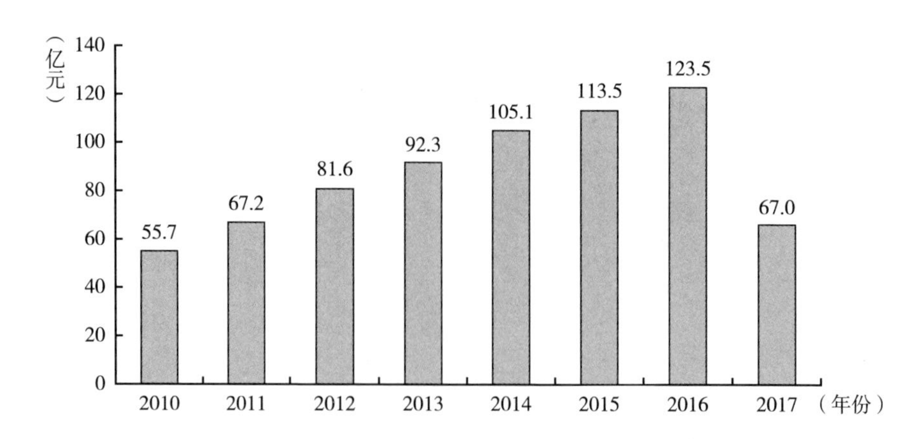

图11　2010～2017年我国海水淡化设备投资规模

资料来源：前瞻产业研究院。

据统计，到2016年我国建成127个海水淡化工程，其中多为反渗透和低温多效蒸馏工艺，产水规模达120万吨/日，产水成本约6.4～7.5元/吨。2017年我国的产水规模达127.2万吨/日，海水淡化产能处在迅速扩张时期（见图12）。

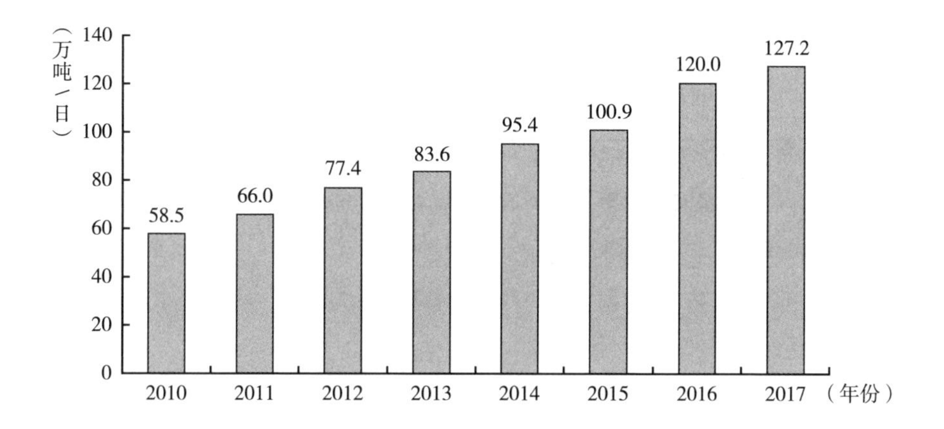

图12　2010～2017年我国海水淡化产水规模

资料来源：前瞻产业研究院。

《全国海水利用“十三五”规划》指出，2020年我国海水淡化规模将保持中高速增长（220万吨/日）（见图13），到2023年将再上新台阶达到285万吨/日，其中整体产业链保持平稳增长，项目保持高速增长，设备利用形式初步规模化示范。

据统计，我国海岛1.1万余座，面积超过500平方米且有居民的为489个，其中多数需补给淡水，200余个无淡水设备，且海岛地下水超采严重，海水倒灌导致水质严重恶化。2017年国家发改委和国家海洋局公布的《海岛海水淡化工程实施方案》指出，沿海省区市3～5年内着重推广100余个海岛海水淡化项目，其总规模将达60万吨/日。2020年海水淡化在海岛普及，海水淡化基本满足海岛用水需求，确保海岛经济、社会、国防的稳固可持续发展。

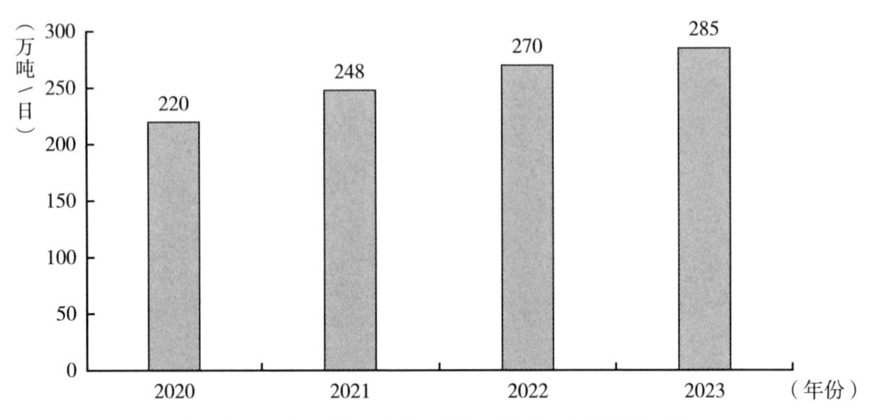

图13　2020～2023年我国海水淡化产水规模预测

资料来源：前瞻产业研究院。

三　膜工程案例

（一）市政污水

1. 北京清河污水处理厂

北京清河污水处理厂为目前国内规模最大的采用连续膜过滤技术（CMF）的再生水项目，工程建设规模为50万吨/日，对厂区达标排放水再次进行深度处理，产水符合再生水水质要求（浊度≤0.2NTU；SDI值≤3；悬浮物≤1mg/L；大肠杆菌未检出），产水可补水河湖、市政绿化杂用、工业再生用水等，每年可节约1.2亿吨清洁水源。

2. 广州京溪地下净水厂

广州京溪地下净水厂为国内第一座采用全地埋式设计的MBR膜工艺污水处理厂，京溪地下净水厂位于广州市沙太北路以东、犀牛南路以北，处理能力达10万吨/日，负责处理沙河涌左支流、右支流及南湖三个片区的生活污水，总纳污面积15.7平方千米。主要污水处理设施均位于地下的两层空间内，地面为景观园林设计。京溪地下净水厂占地仅1.83公顷，只有同等规模污水处理厂的1/5，创造了城市生活污水处理厂吨水占地面积全国最小的纪录。

3. 香港沙田污水处理厂

香港沙田污水处理厂为香港目前最大的二级污水处理厂，每日可处理23万立方米污水和120吨污泥。沙田污水处理厂采用A/O工艺，服务沙田及马鞍山约60万居民。经过二级处理的污水可清除污水中99%的病菌，为进一步降低病菌风险，处理后的污水需再经消毒然后才排放到附近水体。沙田污水处理厂使用紫外光照射消毒技术，符合经济效益要求也符合环保标准。

（二）工业废水

1. 蒲城清洁能源化工煤制烯烃废水回用项目

该项目为蒲城清洁能源化工有限责任公司70万吨/年煤制烯烃项目配套公用工程，工程来水为生产线废水，经过二级生物处理（A^2/O工艺）、深度处理（混合反应+深床滤池）和浸没式超滤系统后进入反渗透膜系统进行脱盐处理，最终产水回用于烯烃的生产，其浸没式超滤膜系统的处理能力达到6万立方米/天，自建成以来，设备运行平稳，出水水质满足后续反渗透膜进水要求。

2. 天津荣程钢铁废水处理项目

天津荣程钢铁废水处理项目为国内钢铁行业规模最大的双膜法（CMF+RO）污水处理回用项目，其超滤系统处理规模达到7.2万吨/日，RO系统处理规模达到5万立方米/天。该项目原水为大沽河综合排放废水、葛沽镇生活废水和荣钢公司炼钢废水，所有废水经深度处理后全部回用于荣钢公司钢铁生产。其中超滤膜系统具有抗氧化性强、耐污染、易清洗、透水量大等优势，能够有效去除污水中的细菌、大肠杆菌、悬浮物，降低浊度、悬浮物及胶体物质（产水指标：浊度≤0.5NTU；SDI≤3；悬浮物≤1mg/L；细菌总数≤2个/L；大肠杆菌未检出），降低污染指数（SDI），最大限度地保证反渗透系统的安全运行，设备运行平稳，出水指标优于设计指标。

3. 天津工业园MBR中水回用项目

天津工业园MBR中水回用项目的污水来源中有80%为工业废水，主要涉及电子、化工和医药等领域。项目采用A^2/O+MBR+RO处理工艺，于

2008 年 5 月投入运行并通过验收，处理能力 3 万吨/日，一直稳定运行至今。其中 MBR 系统的出水水质能达到以下标准，满足 RO 进水水质要求：COD≤60mg/L；TDS≤4000mg/L；SiO_2≤2.5mg/L；pH≤6 - 9mg/L；NH_3 - N≤2mg/L；浊度≤0.5NTU；悬浮物≤5mg/L；SDI≤3。处理后再生水价格具有较强的竞争优势，该项目的建成有效节约了可用水资源，进一步减少城市水污染，缓解城市用水紧张程度，同时还可以降低用户的生产与排污费用。

（三）市政自来水

1. 北京市郭公庄水厂

北京市郭公庄水厂是北京市南水北调中线来水配套工程，该工程目前正处于建设阶段，设计规模达 50 万吨/日，建成后将成为国内膜法处理规模最大的自来水厂，满足北京市 500 万人的日常用水量，不仅可缓解北京中心城区特别是城南地区供水压力，同时将显著提升供水品质，增强水安全保障。工程膜系统设计处理能力为 60 万吨/日。其采用的超滤膜性能优异，具有过滤精度高（孔径小于 0.03 微米，对细菌总数去除率达 99.99%，大肠菌群去除率达 100%）、填装密度大（单支膜元件中的膜丝数量达 9240 支，节约占地面积，减少投资与运行成本）、易清洗（可以进行反冲洗及化学清洗）与可维修等优势，工程设计出水水质达到或优于国家现行《生活饮用水卫生标准》（GB 5749 - 2006）的要求。超滤系统寿命期内，95% 的运行工况内出水水质达到以下要求：浊度≤0.1NTU，SDI_{15}≤5，悬浮物≤1mg/L，2 微米颗粒数≤10 个/毫升。

2. 天津市凌庄子自来水厂

天津市凌庄子自来水厂是第一例采用全国产化膜法的自来水厂项目，该工程目前正处于建设阶段，工程建成后处理规模达 30 万吨/日。该工程采用高集成度的 CMF 机组建成，每个机台的处理能力达到 1 万吨/日，是目前国内单台处理能力最大的 CMF 设备。工程出水水质达到或优于国家现行《生活饮用水卫生标准》（GB 5749 - 2006）的要求。

3. 广州市南洲水厂

广州市南洲水厂，广州首家采用“O_3 + BAC”深度处理工艺的自来水厂，设计规模为100万吨/日，产水水质符合国家饮用水标准，主要为广州大学城、海珠区等地供水。

（四）海水淡化及海洋资源综合利用

1. 海南永兴岛海水淡化处理项目

海南永兴岛海水淡化处理项目位于我国三沙群岛中的海南永兴岛，项目处理能力达1000吨/日，经过超滤系统处理后产水水质可以达到如下水质标准：SDI_{15}（膜污染指数）≤3、浊度≤0.2NTU、细菌去除率达4 log、TOC（总有机碳）去除率达30%，超滤产水进入反渗透进一步处理。该工程运行后可解决岛上军民的日常用水需求，为岛内军事基地饮水做出极大贡献。

2. 青岛百发海水淡化项目

青岛百发海水淡化项目是目前我国最大的市政海水淡化项目，工程处理规模达到10万吨/日，采用的是先进的双膜法（UF + RO）海水淡化技术，并首次实现内压膜海水淡化预处理段的“国产化”。经过超滤系统处理后产水水质高标准满足反渗透脱盐系统的进水要求。目前该工程已实现满负荷运行，成为国内首个实现满负荷运行的万吨级海水淡化项目。

四　产业前景

（一）我国水情

1. 我国水资源匮乏

据统计，2018年我国水资源总量27960亿立方米，人均水资源量为2004立方米/人（见图14），仅为世界平均水平的1/4，是联合国13个贫水国之一，水资源分布不均，部分地区水资源匮乏。我国水资源短缺现状急需膜技术开源节流。

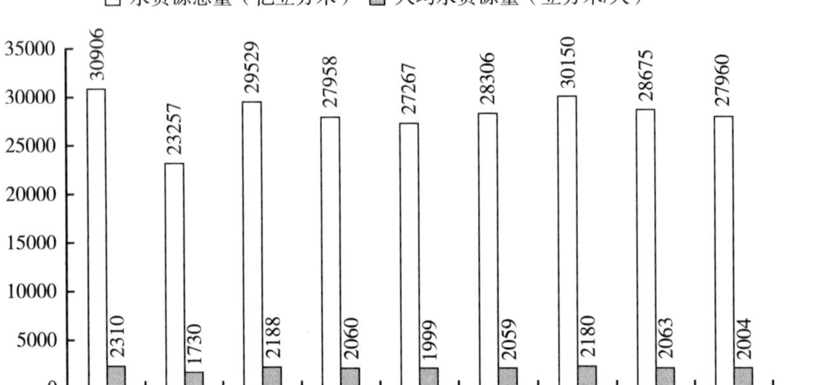

图14　2010～2018年我国水资源总量及人均水资源量变化情况

资料来源：前瞻产业研究院。

2. 我国水资源污染形势严峻

据统计，2017年我国劣Ⅴ类河流占评价总数的8.3%；劣Ⅴ类湖泊24个，占评价总数的19.5%；劣Ⅴ类水库24座，占评价总数的2.3%（见图15）。我国水资源污染较严重，急需高质量的膜技术加以应对。

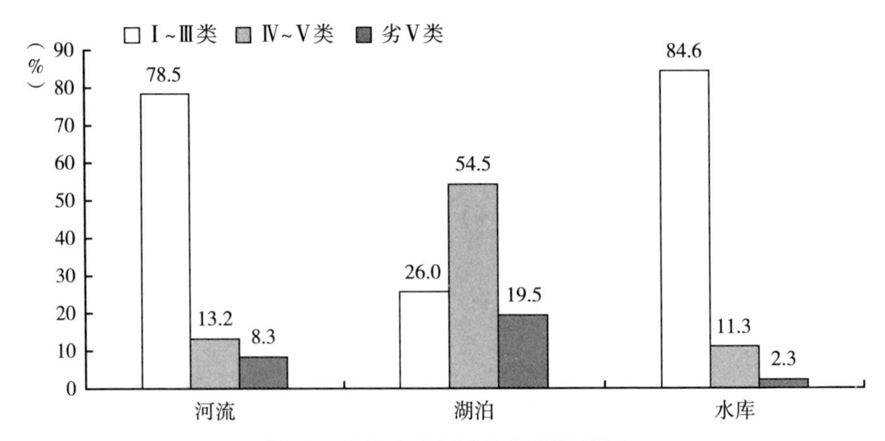

图15　2017年我国水资源质量情况

资料来源：前瞻产业研究院。

3. 我国污水排放量巨大

据统计，我国总用水量从2014年6095亿立方米变动为2018年的6110亿立方米，基本维持稳定，其中生活用水量从2014年768亿立方米持续增长至2018年的850亿立方米，逐年递增（见图16）。生活污水势必随之增加。

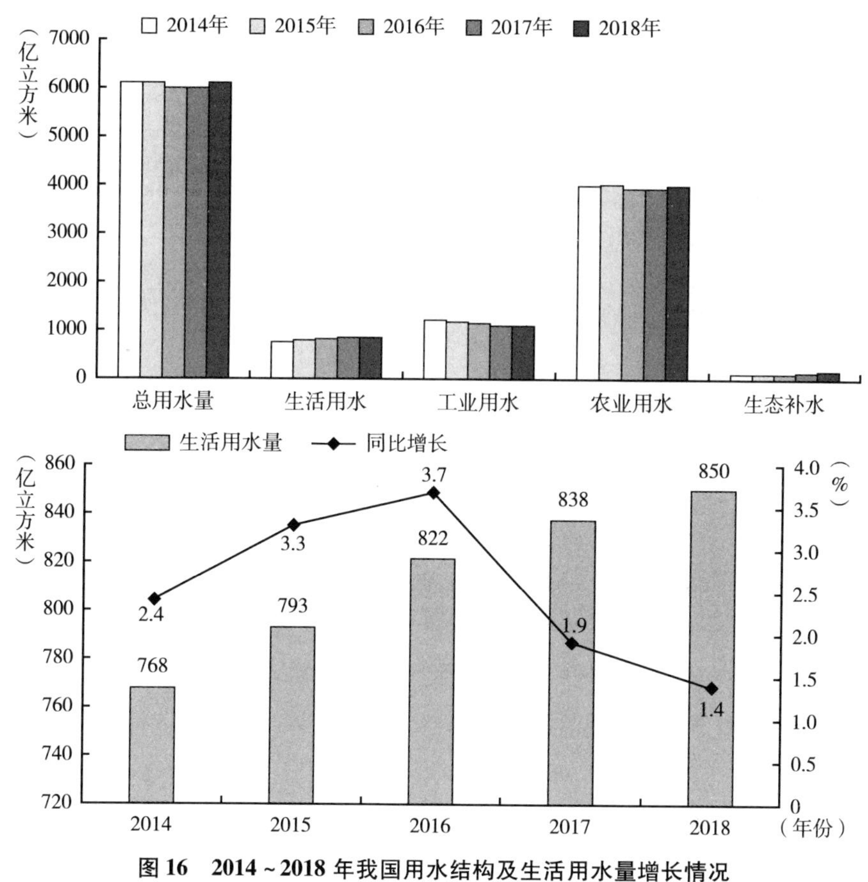

图16　2014～2018年我国用水结构及生活用水量增长情况

资料来源：前瞻产业研究院。

据统计，我国废水排放总量从2014年716.2亿吨变动为2017年699.7亿吨，轻微降低，其中生活废水从2014年510.3亿吨持续增长至2017年527.3亿吨，逐年递增，工业废水从2014年205.3亿吨变动为2018年181.3亿吨，轻微降低（见图17）。我国巨大的污水排放量急需高质量的膜技术加以应对。

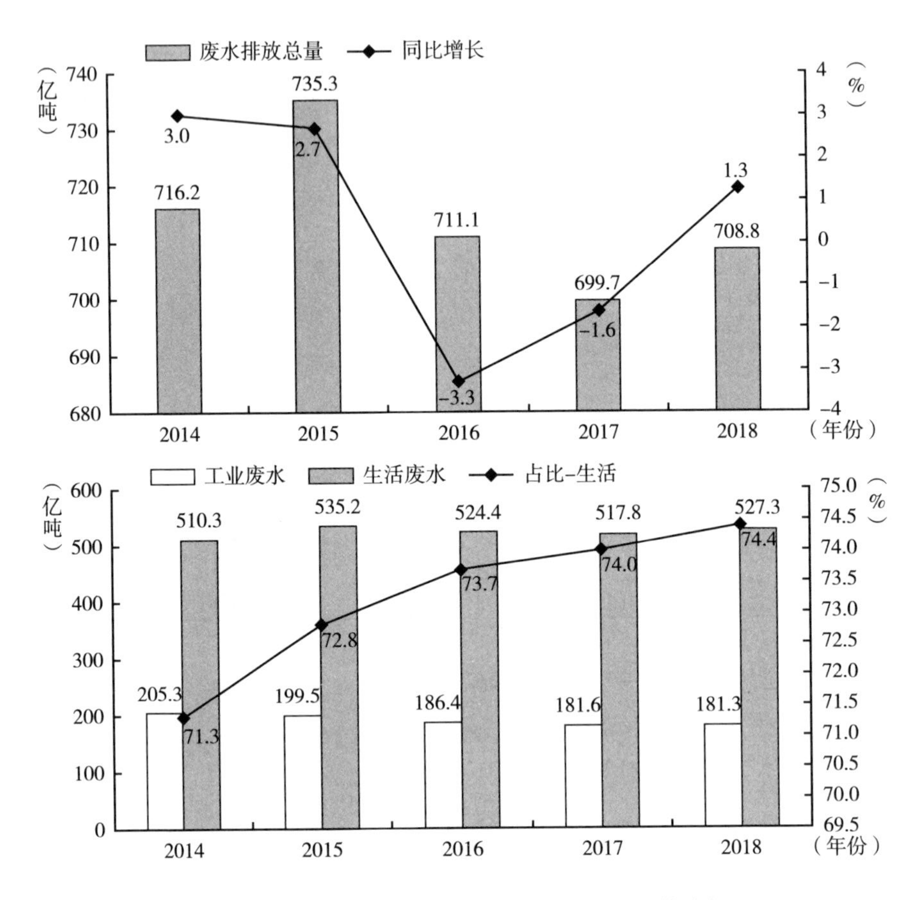

图 17　2014～2018 年我国废水排放总量及结构分析

资料来源：前瞻产业研究院。

（二）我国膜科学研究日趋成熟

膜分离技术是一门新兴多学科交叉的高新技术，在“理”“工”“农”“医”领域都有研究应用。

中空纤维膜作为分离膜的重要组成部分，具有选择透过性，可以使气体、液体混合物中的组分选择性截留。膜技术研究目前已成为一个热点研究方向，自 1994 年至今，国际上关于中空纤维膜的研究逐年增长，为膜产业的发展成熟提供了保障。

目前，我国从事膜研究、生产、应用的科研机构、生产企业、工程公司数量可观（见图18），产品生产规模化、专业化，涉及反渗透、纳滤、超滤、微滤等技术工艺及集成系统。

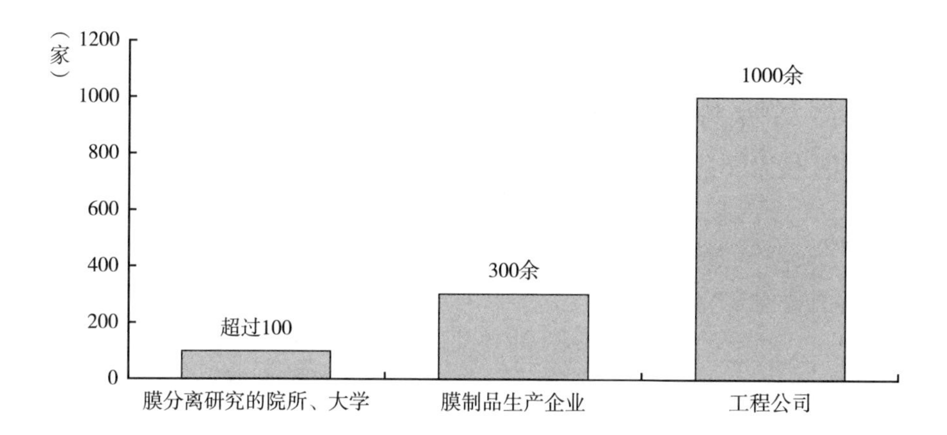

图18　2018年我国膜制品生产企业院所规模统计情况

我国中空纤维膜相关专利数从2007年开始持续增加，受到广泛关注，说明膜技术进入了快速应用发展阶段（见图19）。

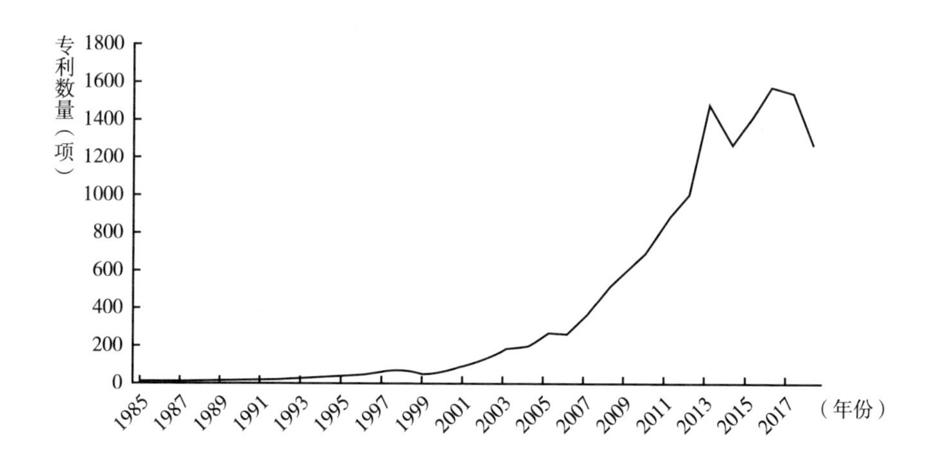

图19　1985～2017年我国中空纤维膜相关专利数量

资料来源：前瞻产业研究院。

（三）我国膜产业进入快速成长期

近年来，我国膜产业已经进入一个快速成长期，膜技术逐渐在市政污水、工业废水、市政自来水、海水淡化等领域成为主流技术，污水再生、市政给水及海水淡化项目规模化建成。与此同时，膜产业总产值大幅提升，由2009年的227亿元增长至2017年的1800亿元；2019年，我国膜行业总产值约2200亿元（见图20）。

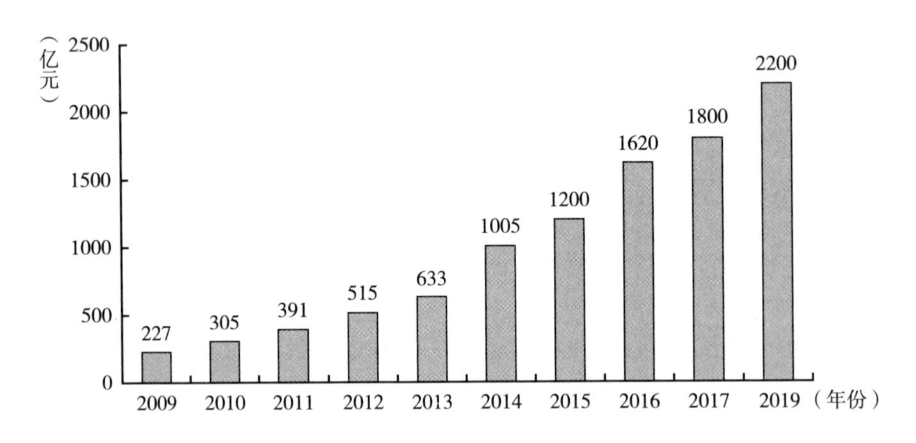

图20　2009～2019年我国膜产业产值规模

资料来源：前瞻产业研究院。

（四）我国膜产业高速增长仍可期

市场趋势方面，“十三五”时期以来，随着水资源总量控制和水权交易政策的不断出台，以及水污染防治不断深化，我国膜产业高速增长仍可期，预计到2024年，膜产业总产值达到3630亿元（见图21）。

五　总结

膜分离技术作为一种集环境保护、节能减排、循环利用于一体的高新技术，已经在世界各国的各个领域（海水淡化、净水、污水处理等）得到广

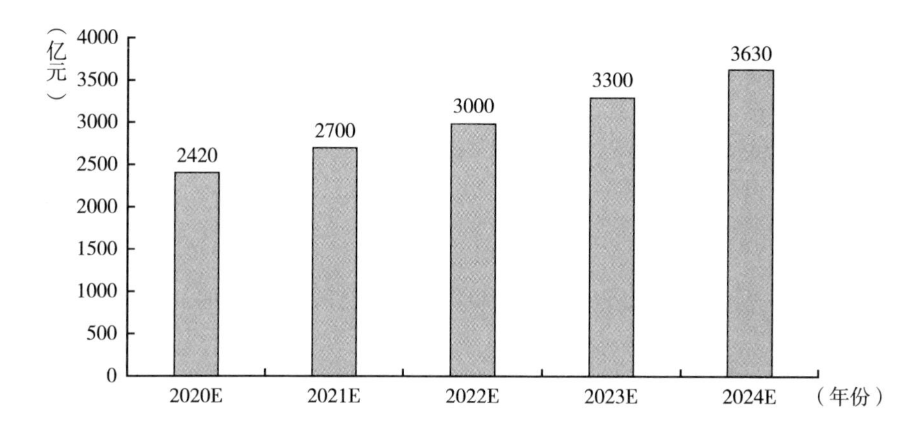

图21　2020～2024年我国膜产业产值预计

资料来源：前瞻产业研究院。

泛的认可。各国在膜技术种类、工艺、应用等方面形成了完善的学术研究及工程应用，在循环经济、清洁生产等领域应用广泛。

我国膜产业技术种类丰富、工艺精炼、应用广泛，膜产品多元化、技术多元化、产品的应用多元化已到达国际领先水平，能够独立自主地解决污水净化、海水淡化、纯水生产等重大问题。京津冀、长三角等功能区在工业废水处理、再生水回用以及饮用水净化等领域已广泛应用膜技术，全国最大的自来水厂——北京市郭公庄水厂采用膜技术建成，天津市80%的再生水市场由膜技术占有，相关地区的成功案例对粤港澳大湾区的环境治理具有良好的示范性与协同性，能够为大湾区的水务建设提供精准的技术支持。

参考文献

肖长发、刘振等：《膜分离材料应用基础》，化学工业出版社，2014。

陈观文、许振良、曹义鸣等主编《膜技术新进展与工程应用》，国防工业出版社，2013。

董汉棒、徐又一、朱利平等：《超滤/微滤膜的结构控制与性能》，《功能材料》2008

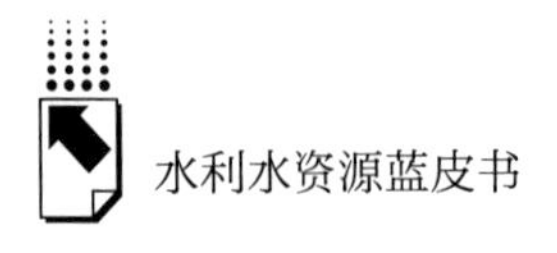

年第 12 期。

李昆、王健行、魏源送：《纳滤在水处理与回用中的应用现状与展望》，《环境科学学报》2016 年第 8 期。

廖亮、费鹏飞、程博闻等：《三醋酸纤维素/壳聚糖反渗透膜的制备及性能研究》，《高分子学报》2018 年第 5 期。

郝晓地、陈峤、李季等：《MBR 工艺全球应用现状及趋势分析》，《中国给水排水》2018 年第 20 期。

薛强：《膜法污水深度处理回用技术的应用研究进展》，《铁路节能环保与安全卫生》2016 年第 2 期。

李圭白、杨艳玲：《第三代城市饮用水净化工艺——超滤为核心技术的组合工艺》，《给水排水》2007 年第 4 期。

《RO 反渗透膜、纳滤膜和超滤膜的对比》，《现在家电》2006 年第 8 期。

章丽、田一梅、姜威等：《浸没式连续微滤用于再生水处理的试验研究》，《中国给水排水》2011 年第 23 期。

韩少峰：《试论工业废水处理中 MBR 的应用》，《化工管理》2019 年第 12 期。

郑晓英、王翔：《三种主流的海水淡化工艺》，《净水技术》2016 年第 6 期。

《天津膜天膜科技有限公司以浸没式膜过滤技术中标 53200 吨/天再生水项目》，《中国建设信息》（水工业市场）2009 年第 4 期。

郑楠：《天津膜天膜科技有限公司中标我国最大的再生水项目》，《水处理技术》2009 年第 12 期。

综合应用篇

Integrated Application

B.15 粤港澳大湾区典型城区水环境综合治理研究

——以茅洲河治理为例

中国电建华东院课题组*

摘　要：　随着粤港澳大湾区经济建设的不断发展，水环境问题已经成为影响大湾区经济、环境可持续发展的重要制约因素。本文以深圳茅洲河作为粤港澳大湾区核心城市水环境治理的典型案例，通过深入分析、总结目前茅洲河流域存在的城市典型

* 课题组成员包括：魏俊，中电建华东院生态环境工程院副院长，教授级高级工程师，主要从事流域水环境综合治理及污染控制顶层设计研究。王晓，博士，中电建华东院生态环境工程院博士后，主要从事流域水环境污染负荷定量化控制设计相关研究。程开宇，中电建华东院规划发展研究院院长，教授级高级工程师，主要从事城市水环境综合治理规划及顶层设计研究工作。唐颖栋，中电建华东院生态环境工程院副院长，教授级高级工程师，主要从事流域黑臭水体治理及城市雨污系统设计研究工作。包晗，博士，中电建华东院生态环境工程院博士后，主要从事污水处理设施的提质增效相关研究。

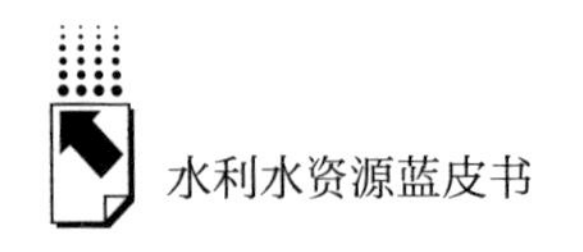

水环境治理痛点问题，针对性地从流域综合治理思路出发，提出“地方政府+大企业+EPC总承包+合理分包”的水环境治理模式，以及涵盖水安全保障、水污染治理、水生态修复、水景观美化、水智慧管理的全方位水环境综合治理技术体系。这一综合性、创新性、合理性的规划实施模式及治理技术体系，将从顶层设计到项目落地开展全过程城区水环境治理，以此为粤港澳大湾区乃至全国典型城区内水环境综合整治提供重要的模式借鉴。

关键词： 粤港澳大湾区　茅洲河　水环境综合治理体系　创新实施模式

粤港澳大湾区，作为中国改革开放的前沿地，一直都是全国范围内经济市场化程度最高、国际化水平最高、创新驱动发展最为领先的重要区域之一。该区包括香港、澳门两个特别行政区及广州、深圳等珠三角九座重要城市，区位优势显著，交通便利，是中国重要的战略发展核心。据统计，粤港澳大湾区面积仅占全国国土面积的1%，人口占比为5%，但GDP达到了全国的12%。2019年2月，中共中央、国务院印发的《粤港澳大湾区发展规划纲要》（以下简称《规划纲要》）明确提出：建设粤港澳大湾区要牢固树立和践行“绿水青山就是金山银山”的理念，实行最严格的生态环境保护制度。同时，《规划纲要》明确以建设美丽湾区为引领，着力提升生态环境质量，形成节约资源和保护环境的空间格局、产业结构、生产方式、生活方式，实现绿色低碳循环发展，使大湾区天更蓝、山更绿、水更清、环境更优美。在这种情况下，大湾区水环境治理已成为具有至关重要意义的战略性工作。

而随着珠三角地区经济的快速发展，其历时短、快速的工业化、城镇化不可避免带来了诸多污染超标排放及环境污染问题。在此背景下，粤港澳大湾区诸多城市污染负荷急剧增大，城市水环境质量迅速恶化，已经成为粤港澳大湾区经济可持续发展的关键制约因素[1][2]。考虑到目前水环境污染问题成因复杂，污染负荷不断增长、污水管网漏接混接、城市径流污染及内源底泥污染严重、河道水体水动力不足等影响因素相互交织，此外水利、市政、环保、环卫、城建、国土、规划等部门多头管理，缺乏统一的治理措施，都使得粤港澳大湾区高经济密度区域水环境污染问题凸显，且其影响范围已经由局部变为全局，从单个河道水体问题发展成为共性流域性水环境问题[3]。因此，高密度城市水环境污染所呈现的成因复杂、影响范围广等特点，均要求水环境治理路线从局部、单项的污染排放控制，向水环境污染多途径防治、水安全水污染联防联控、水生态环境修复保障等综合治理方式转变。因此，要在全面分析、综合梳理所有涉水问题的基础上，进行水环境综合治理技术体系研究。

综合来说，对标纽约、旧金山、东京等世界级湾区，粤港澳大湾区目前要达到世界级湾区建设水平，面临的水环境问题压力较大。因此急需从战略性、全局性出发，开展水环境综合整治典型案例研究，探索创新水环境治理技术体系及管理实施模式，统筹谋划粤港澳大湾区生态环境保护工作的战略重点，使得湾区水环境治理效率更高、效果更好。本研究以典型高经济密度区域——深圳茅洲河为例，探讨水环境综合整治技术体系及其创新模式，对于积极推动深圳市乃至整个粤港澳大湾区水环境保护工作和整个湾区社会、经济稳定发展都十分重要。

一　案例背景

随着全国城镇化、工业化快速推进，深圳市作为中国发展速度最快的城市之一，迅速成为一线城市。考虑到深圳市水污染问题由来已久，近年来，

① 游桃玲：《论述珠三角高经济密度区域水环境污染控制》，《农家参谋》2017 年第 10 期。

② 杨玥、陈洁：《补水活水在城市黑臭水体治理中的应用》，《中国水运》（下半月）2018 年第 3 期。

③ 胡洪营、孙艳、席劲瑛、赵婷婷《城市黑臭水体治理与水质长效改善保持技术分析》，《环境保护》2015 年第 13 期。

深圳不断开展“铁腕”治污工作，开展茅洲河、深圳河等全流域综合治理，各个重要流域水质均有大幅改善。

作为深圳市纳入国家地表水考核断面水体之一，茅洲河也是典型的深圳水环境治理重点对象，该流域位于深圳市西北部，属珠江口水系，干流河道全长41.61公里，全流域面积388.23平方公里，包括上游深圳市境内流域面积310.85平方公里，茅洲河东莞市长安镇境内流域面积77.38平方公里。茅洲河水系呈不对称树枝状分布，整个水系自上而下呈现不同流态特征。据综合统计，整个水系集雨面积1平方公里及以上的河流共计59条，河道总长284.54公里，包括干流1条（即茅洲河）、一级支流25条、二级支流27条、三级河流6条①。

茅洲河流域历史上就是受洪涝影响较大的区域，改革开放以来城镇化发展迅猛，乡镇企业云集，耕地面积逐年缩减，城镇建设用地逐渐增加，而流域一直未曾进行全面的整治，工作河道的防洪、排涝、排污的负担日益加重②。根据水环境现状调查，目前茅洲河流域存在以下问题。

（1）流域水质污染严重，均为劣V类，干支流均存在不同程度黑臭现象等水环境污染问题。

（2）光明新区、宝安新区段均存在暗涵率高、河道防洪排涝体系不达标等水安全问题。

（3）建成区河道较多硬质渠化，且多为硬质挡墙护坡，河道生态功能缺失，存在亲水设施及滨水活动空间被侵占等水生态、水景观问题。

二　成因分析

结合茅洲河流域水环境特征及流域已开展的水环境治理现状分析，引起茅洲河流域各类型水环境问题的成因可归结为以下四点。

---

① 李锟、吴属连、陈小刚等：《深圳市茅洲河流域水环境提升对策》，《2014中国环境科学学会学术年会（第三章）》，2014。

② 李晓、宋桂杰、邓佑锋等：《深圳市典型黑臭水体治理效果分析》，《中国给水排水》2018年第14期。

（一）流域本底特征影响：生态基流匮乏，下游为感潮河段

茅洲河流域雨源性特点突出，80%的降雨都集中在每年4～9月份的丰水期，而枯水期径流有限，水环境容量小，支流季节性断流现象普遍。下游界河段为感潮河段，出海口位于珠江口的凹岸回流区，水体交换动力不足，污染带聚集在河口外1.5公里范围内，涨潮期间上溯河道，存在河水、海水交叉污染情况。

（二）城市高速发展影响：流域内承载人口数量多，建成区建筑密度大，工业企业数量多

茅洲河流域从20世纪90年代起，居住人口开始爆发式增长。全流域常住人口逾400万人，支撑着2000多亿元的GDP。城镇建设用地同步快速增长，除了少数山地和水源保护区外，流域内基本为建成区，且建筑密度极高。茅洲河流域工业用地占流域建成区面积的40%，聚集了3万余家工业企业，以电镀、线路板加工、表面印染为代表的高污染行业分布广泛，且大部分分布在茅洲河沿河两岸。

（三）建设规划问题突出：污水收集、处理系统建设滞后

茅洲河流域早期属于特区“关外”地区，村集体建造新村时缺乏系统规划，“老村屋”“握手楼”“骑河楼”广泛分布。沿河大量片区管网系统不完善，居民生活污水随意排放。同时流域内大部分工业为小作坊式生产，交错分布在居民区中，工业废水偷排情况严重。流域虽然建有部分“工业园区”，但主要是在城市发展过程中工业分布相对集中的工业片区，没有进行系统的规划和功能定位，也没有专门配套的管网和污水处理设施。

（四）实施管控错乱复杂：三个碎片化问题严重

针对流域内的水体污染，深圳、东莞政府均实施了一系列水环境的整治

工程，但治理效果并不理想，水体质量难以得到提升。根据对大量工程项目推进过程中的问题进行的分析总结，目前治理项目推进模式主要存在以下三个碎片化问题：

碎片化1：工程项目零敲散打，导致专业碎片化。流域综合整治启动前，在建/已建的大截排系统、分散处理设施、雨污分流管网、河道原位治理等一系列相关工程分别从各自专业角度提出建设任务及目标，难以与茅洲河流域水环境治理目标有效对接。

碎片化2：流域河段划片治理，导致区域碎片化。茅洲河前期推进的治理工程采取分区分段立项报批、设计、施工。各区域之间存在治理边界责任划分不清、建设时间序列无法匹配、片区之间无法衔接等问题，造成诸如片区管网边界高程不统一、建成污水干管由于泵站未完成长期无法通水、支流下游清淤截污完成而上游整治未动工等现象。

碎片化3：项目横纵多线牵头，导致管理碎片化。茅洲河治理涉及东莞长安街道，深圳宝安的沙井、松岗街道及光明新区公明街道等多个行政管理区，同时还涉及深圳市投建的项目，以及市水务发展专项资金投资项目、区环保与水务局投资项目等。工程实施主体力量分散，未能形成合力，进度不一，实施效果难以保证。

三　思路构建

根据上述分析，考虑到茅洲河流域受流域本底自然条件限制，并受城市高密度开发、城市竖向规划欠缺、水务设施建设滞后等因素制约，同时面临着治水治涝治污、两市三地多区域项目交相推进的现实，因此，需要在已全面梳理涉水问题的基础上进行治理分析，以此实现统一规划、综合实施、协同治理。

（一）治理实施模式路线提出

茅洲河流域两市三地的流域特征造成流域上下游、左右岸、干支流保护和开发建设缺乏系统性思考，水环境治理措施分散，未能形成综合治理合力。在此背景下，茅洲河水环境治理技术方案必须从全流域的高度进行统筹谋划，提高工程实施的系统性、科学性、可操作性。政府专门聘请了专业顾问团队，借鉴国内杭州等治水先进城市的成功经验，突破常规思路，创新治理模式，提出了一个平台、一个目标、一个系统、一个项目的“四个一”治理理念和全流域统筹、全打包实施、全过程控制、全方位合作、全目标考核的“五个全”创新治理模式。

其中“一个平台”即搭建全流域领导的高规格联动工作平台，协调解决茅洲河流域两市三地需衔接和决策的事项，高效推动流域综合整治顺利完成；“一个目标”即深、莞两市围绕一个治理目标共同发力，以保护水资源、保障水安全、改善水环境、修复水生态、彰显水文化为原则，着力解决水问题；“一个系统”即深、莞两市联合编制流域治理方案；“一个项目”即以茅洲河流域综合整治作为一个整体项目，如图1所示。

在上述创新治理模式下，通过水质目标引领的整体设计，将茅洲河流域水环境综合治理这一项目划分为宝安片区、光明片区和东莞片区三个EPC工程包实施，明确实施主体责任。

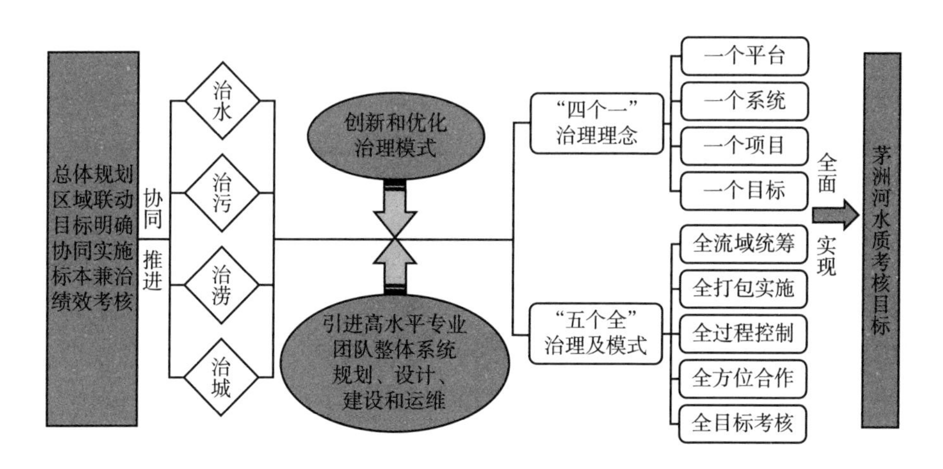

图1　茅洲河流域综合治理创新实施理念

（二）治理技术路线构建

以流域统筹治理作为总体思路，我们提出本次水环境治理原则为：流域统筹，系统治理；近远结合，标本兼治；水陆兼顾，污涝共治；治管结合，长效保持。立足水安全、水污染、水环境、水生态、水景观、水管理6个目标的实现，提出七大技术系统：河道防洪防涝系统、污水终端处理系统、污水截排管控系统、污泥处理再生利用系统、工程补水增净驱动系统、生态美化循环促进系统和管理信息云平台系统。力争将茅洲河流域建设成水环境治理、水生态修复的标杆区、人水和谐共生的生态型现代滨水城区，如图2所示。

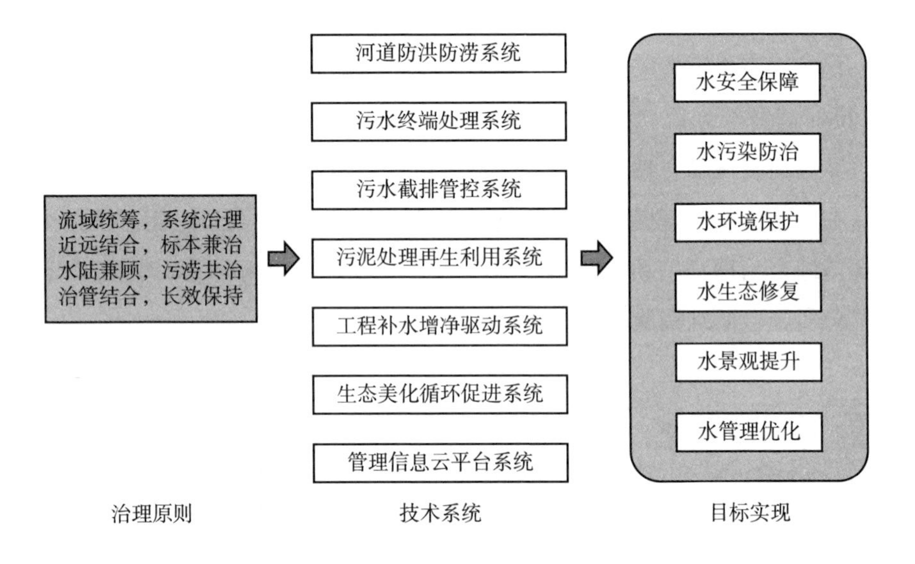

图2　茅洲河流域治理实施技术路线

四　措施落实

（一）创新项目实施模式

为贯彻习近平总书记治水十六字方针，按照“流域统筹、系统治理”

思路，尊重水的自然规律，突破过去“岸上岸下、分段分片、条块分割、零敲碎打”的治水老路，深圳、东莞两市进行流域性捆绑打包，引进有实力的大型企业，借助大型企业在人才、技术、资金、资源、经验、社会责任等方面的优势，推行“地方政府 + 大企业 + EPC 总承包 + 合理分包”的项目实施模式。

1. “地方 + 央企”模式

茅洲河推行“地方 + 央企”的典型模式，通过选择政治站位高、综合实力强、责任心强的大型央企、国企，结合地方政府，联合开展统筹性的流域或分片区水环境系统治理工作。选择大型央企、国企，其主要优势体现在：（1）大型央企、国企规模大、综合实力强、专业覆盖面广，避免了中小型企业专业及能力的短板和局限，保证实施质量可靠。（2）由一家大型企业对全流域进行治理，有利于跨地市流域治理方案的系统性和完整性，同时有助于明确主体责任，对单一来源的设计、建设、运营过程管控有力。（3）大型央企、国企资金实力雄厚，能在时间短、资金压力大的情况下迅速整合全产业链资源，形成规模优势，保证实施进度可控。

2. EPC 总承包模式

EPC 总承包单位实行了“以一个专业技术平台公司为引领，带一个专业的综合甲级设计院为龙头，集十几个成员施工企业为骨干，汇数十个地方企业为合作伙伴，形成大兵团作战”的城市水环境治理 EPC 总承包模式。茅洲河流域（宝安片区）水环境综合整治项目 EPC 总承包单位管理组织架构如图 3 所示，项目的总体管理、设计和施工均由 EPC 总承包单位内具有相应资质能力的子公司承担，确保对工程进度、质量、安全、成本等项目管理要素的管控，在组织架构上为集团化有效管控和“大兵团作战”打下了坚实基础。

在项目推进过程中，EPC 总承包单位坚定执行全流域统筹、系统谋划治水的方略；发挥设计为龙头的优势，坚持设计施工一体化；以目标为引领，多举措实现水质达标，实现资源管理信息化、人员管理网格化、设备管理系统化、进度管理协调标准化、质量管理科学化，全方位保证工程进度、质

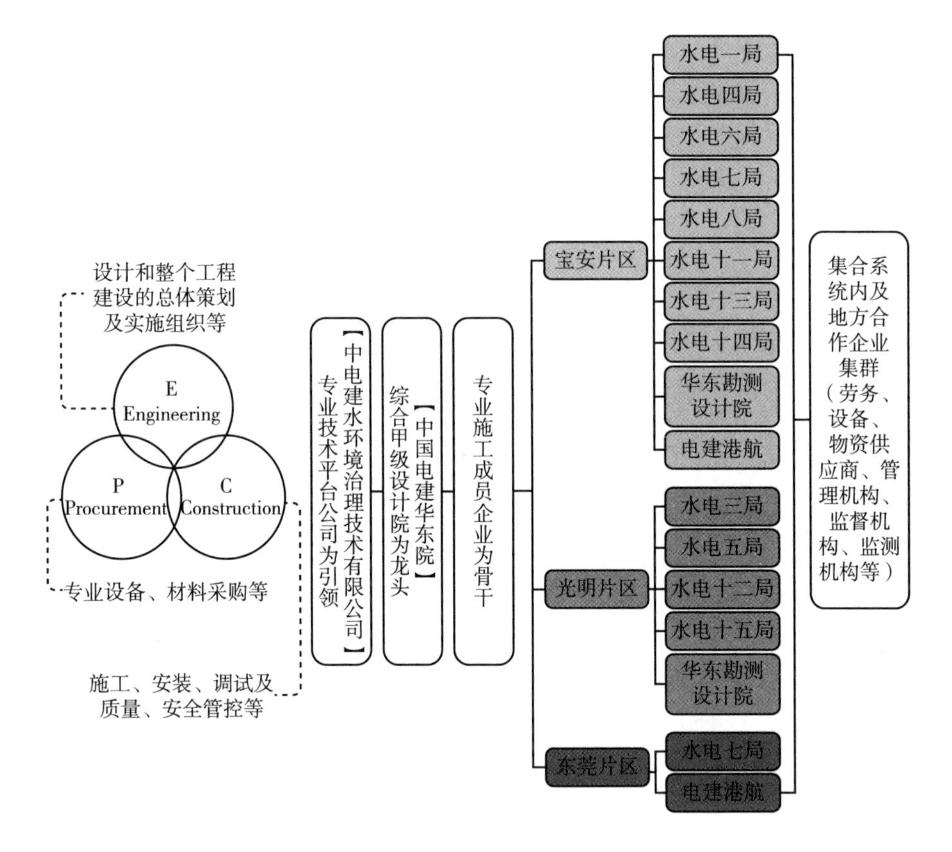

图3　EPC总承包单位管理组织架构

量、安全、投资控制和治水效果。

3. 合理工程打包模式

作为茅洲河流域面积最大、问题最为突出的片区，宝安片区为实现消除黑臭的治理目标，根据全流域治理方案，对片区项目进行全面梳理，提出整体立项申请。经过整体设计和系统梳理，该片区共整理出69个子项工程，涵盖雨污管网工程、河道整治工程、内涝治理工程、生态修复工程、活水补水工程和景观提升工程六大类。其中前期已开展各项工作的子项共59个，为构建系统治理方案新提出10个子项，共同打包成一个项目，编制了《茅洲河流域（宝安片区）水环境综合治理项目建议书》。项目建议书中的23个项目由于前期实施主体不同，未列入茅洲河流域（宝安片区）水环境综合治理项目 EPC 工程包，其余 46 个子项整体打包进入茅洲河流域（宝安片区）水环境综合治理项目，采用 EPC 模式，由宝安区环保与水务局作为业主，进行公开招标。光明片区和东莞片区也采用 EPC 模式，分别将各自片区内的治水工程统一打包实施。

（二）综合治理系统落实

根据综合治理实施路线，需要通过河道防洪防涝系统共治实现水安全保障，通过污水终端处理系统、污水截排管控系统、污泥处理再生利用系统、工程补水增净驱动系统实现水污染防治及水环境保护，通过生态美化循环促进系统实现水生态修复及水景观提升，通过管理信息云平台实现水管理优化，因此需要构建七大工程系统。

1. 河道防洪防涝系统

针对目前流域防洪防涝体系组成情况，通过“上蓄、中疏、下挡、内排”形成本区域防洪体系。河道治理工程在该思路下，综合考虑生态景观需求，系统解决河道防洪不达标、巡河道路不畅通、河道硬质渠化、河岸水体生态割裂等问题。根据实际情况，将支流治理分为新建堤防、改造堤防、暗渠明渠化和结合截污治理等四种形式，组合实施。

2. 污水终端处理系统

考虑到茅洲河流域污染负荷、污水产生量已远远超过区域内污水处理设施容量，要从集中、分散、应急三个方面进行污水终端处理系统构建。

集中式污水处理设施扩容：为满足流域污水处理需求，根据排水规划和已建污水处理厂的预留扩容条件，茅洲河流域集中式污水处理能力可增加约 50 万 m^3/d，总处理能力达到 155 万 m^3/d。

适当布设分散处理设施：考虑到污水收集管网的覆盖率，需要设置一些污水分散处理设施，就地处理城市污水，处理达标后就近排放至附近水体。

末端应急处理设施：污水应急处理设施是在现有污水大量入河，短期内污水管网建设进度无法保障的情况下，消除黑臭水体的一种应急措施。长期来看，应结合流域范围内雨污分流管网系统的改造，逐步分离雨水、污水，

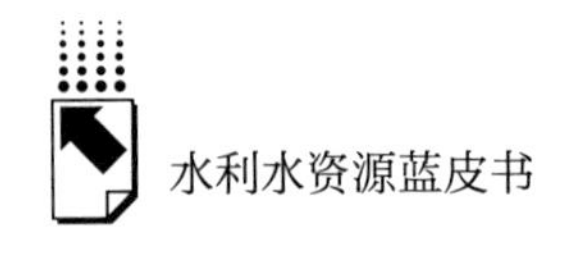

将污水纳入污水处理厂。

3. 污水截排管控系统

原有茅洲河污水排水体系存在大量混接、漏接、散排等问题，这也是导致目前茅洲河流域水环境污染严重的主因，因此需要从正本清源、织网成片、干管修复等三个方面开展茅洲河污水收集、截排系统构建技术工作。

正本清源：在茅洲河流域开展正本清源改造，即对排水小区内错接乱排的源头排水户进行整改，实现雨污分流接入外部市政排水系统。根据前期的污染源调研和河流、暗渠等的摸排，对排水小区的人数、排水管网情况、污水量情况等数据进行分析，以提出不同的系统方案。

织网成片：实施正本清源措施后，实现了从源头上将污水从雨水中剥离，在此基础上，通过新建各片区雨污分流二、三级支管网，完善干管和沿河截污管网，消除建成区市政管网空白区域，并通过接驳完善连接各系统，打通污水从源头收集到末端处理的路径。

干管修复：由于流域内污水干管与支管网建设不同步，存量干管功能性和结构性病害较多，管网存在大量破损、渗漏问题，需要进行大范围修复。工程实施中将问题管分为四类：瓶颈管、缺陷管、接驳管、破损管。从结构性缺陷和功能性缺陷两方面进行干管管网排查检测，根据不同管道所出现的问题提出不同的修复、整治措施。

4. 污泥处理再生利用系统

茅洲河河道淤积占用河道行洪断面，导致行洪能力降低；同时茅洲河流域底泥污染较为严重，污染物不断向水中释放。因此，开展环保清淤，并将底泥无害化处理，是消除水体黑臭的关键之一。

为避免大体量污泥在转运处置过程中的二次污染风险，需要构建污泥处理及资源化利用系统，通过采用除杂除砂系统＋沉淀调理系统＋脱水固化系统＋余水处理系统，进行河道底泥处理。同时，将处理后的泥饼烧制成透水砖，并用于茅洲河后续综合治理景观工程、“海绵”工程，实现底泥资源化利用。

5. 工程补水增净驱动系统

维持河道生态需水量是保护水生态栖息地、维持水体自净能力的重要标准。因此，在污染控制的基础上，为了维护河流特定生态系统的结构和功能，满足景观活水需求，需要保证河道生态水量。由于流域内水资源匮乏，本次将5座污水处理厂尾水提标到地表准Ⅳ类水，对茅洲河支流实施源头配水。通过再生水补水活水，可有效缓解茅洲河天然生态基流不足的问题，一定程度上解决河道旱季水动力条件差的问题，提高生态自净能力。远期结合广东省的水资源配置工程，实现西江跨流域调水，可进一步置换出流域内雨洪资源，为茅洲河提供生态基流。

6. 生态美化循环促进系统

考虑到城市水系经济用水功能（生活、生产供水）会随着供水体系完善而下降，而对应的休闲、景观功能会加强，因此在水体污染控制的基础上，需要进一步加强水生态修复及水景观打造。具体工作包括：（1）开展原位修复，通过构建水生植物修复系统、填料等仿生修复系统、曝气系统等措施，重塑或在一定程度上还原水系生态系统，提升河道自净能力。（2）设置人工湿地，进一步净化水质，保障河涌达到地表水Ⅴ类标准。（3）改造提升茅洲河沿线景观。

7. 管理信息云平台系统

茅洲河流域综合治理利用先进的计算机和信息技术，建立了水环境治理工程智能管控平台；将非工程措施与工程措施相融合，实现“信息采集自动化、传输网络化、管理数字化、决策科学化”，丰富工程建设全过程管控手段，为项目过程管理提质增效、引领和推动水环境治理技术的发展。

五　结语

本文围绕粤港澳大湾区水环境综合治理技术体系，结合深圳茅洲河流域案例，通过系统梳理目前粤港澳大湾区城市水环境存在的全方位问题，分析从规划到建设再到管理全程深层次原因，针对高密度发展城市本底自然禀赋

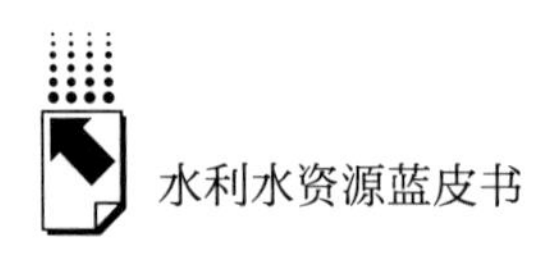

不足、高速发展承载压力大、建设规划问题突出、实施管控措施复杂等问题，提出了“地方政府 + 大企业 + EPC 总承包 + 合理分包”的项目实施模式，以此为高度城市化区域水环境治理提供借鉴；同时通过在粤港澳大湾区其他城市应用过程中的不断实践和完善，形成水环境创新治理模式的良性循环。

随着粤港澳大湾区建设上升为国家战略，各大城市水环境综合整治工作不断推进，将助力提升城市人居环境，积极探索绿色发展道路，打造经济环境和谐发展的粤港澳大湾区及美丽中国。

参考文献

游桃玲：《论述珠三角高经济密度区域水环境污染控制》，《农家参谋》2017 年第 10 期。

杨玥、陈洁：《补水活水在城市黑臭水体治理中的应用》，《中国水运》（下半月）2018 年第 3 期。

胡洪营、孙艳、席劲瑛、赵婷婷：《城市黑臭水体治理与水质长效改善保持技术分析》，《环境保护》2015 年第 13 期。

李锟、吴属连、陈小刚等：《深圳市茅洲河流域水环境提升对策》，《2014 中国环境科学学会学术年会》，2014。

李晓、宋桂杰、邓佑锋等：《深圳市典型黑臭水体治理效果分析》，《中国给水排水》2018 年第 14 期。

B.16

珠江三角洲水资源配置工程

——广东区域调水研究与实践

杜灿阳*

摘　要： 粤港澳大湾区由香港、澳门两个特别行政区和广州、深圳、佛山、东莞、珠海、惠州、江门、中山、肇庆九市组成，涉及陆域面积5.6万平方公里，是国家建设世界级城市群和参与全球竞争的重要空间载体，是与美国纽约湾区、旧金山湾区和日本东京湾区比肩的世界四大湾区之一。粤港澳大湾区数十年来高强度承载经济社会快速发展，出现了各类水环境、水生态、水资源、水灾害等问题。目前水资源开发利用率已达38.3%，逼近国际公认的40%的警戒线。为解决珠三角水资源这一供需矛盾，全面保障粤港澳大湾区供水安全，党中央、国务院决定兴建珠江三角洲水资源配置工程。但大湾区建设大型水利工程难度极大，广东省作为市场经济成熟、科技驱动发展的前沿阵地，需要打破常规，探索一条新时代水利工程的新道路。

关键词： 粤港澳大湾区　水资源配置　水利工程　区域调水

---

* 杜灿阳，高级工程师，广东粤海珠三角供水有限公司党委副书记、总经理，主要研究方向为水资源调配利用、智慧水务运营、生态环境保护、水利工程建设。

一　粤港澳大湾区水资源利用现状

（一）水资源利用情况

珠江，又名粤江，是中国第二大河流、境内第三长河流。珠江原指广州到入海口约96公里长的一段水道，因为它流经著名的海珠岛（又称海珠石）而得名，后来逐渐成为西江、东江、北江以及珠江三角洲上各条河流的总称。西江在珠江水系中流量最大，发源于云贵高原，流经我国中西部六省区及越南北部，在下游从八个入海口注入南海。

2012年，中国科学院遥感应用研究所科研人员利用卫星遥感技术对珠江的长度和流域面积进行了测量，并得到了准确数据，确定珠江为我国第二大河流。珠江年径流量3300多亿立方米，居全国江河水系的第2位，仅次于长江，是黄河年径流量的7倍、淮河的10倍。珠江全长2320千米，流域面积45万平方公里，是我国南方最大河系，是中国境内第三长河流。

粤港澳大湾区所在的珠江三角洲地区，河涌交错、水网相连，大小河道约324条，河道总长约1600千米。按行洪流向，大致可分为西、北、东江下游系统，珠江干流、西北江河网和直接流入的河流，主要有谭江、高明河、流溪河、增江、沙河和深圳河等。珠江三角洲汇集东、西、北三江，由虎门、蕉门、洪奇门、横门、磨刀门、鸡啼门、虎跳门、崖门八大口入海。

2018年珠江三角洲地区总用水量为182.67亿立方米，其中农业用水45.17亿立方米，工业用水72.95亿立方米，城镇公共用水22.98亿立方米，居民生活用水37.81亿立方米，生态环境用水3.76亿立方米。珠江三角洲地区各市现状工业用水仍占比较大的用量，其次为农业用水、居民生活用水和城镇公共用水居中，生态环境用水占比最少（见表1）。

表1　珠三角地区2018年用水量统计

单位：亿立方米

用水类型 \ 行政分区		广州	深圳	珠海	佛山	东莞	中山	江门	合计
生产	农业	10.95	0.95	0.98	6.97	1.26	4.39	19.67	45.17
	工业	34.79	4.89	1.5	13.75	7.91	6.29	3.82	72.95
	其中:直流式火(核)电	21.10	0.06	0.05	8.3	0.58	3.03	0.74	33.86
	城镇公共	7.22	5.91	1.4	2.48	3.3	1.53	1.14	22.98
生活	城镇生活	9.26	7.62	1.56	6.67	5.9	1.75	2.21	34.97
	农村生活	1.22	0.02	0.15	—	0.54	0.19	0.72	2.84
生态环境		0.95	1.32	0.07	0.8	0.43	0.06	0.13	3.76
总用水量		64.39	20.71	5.66	30.67	19.34	14.21	27.69	182.67

资料来源：广东省水资源公报。

1. 东江水资源利用情况

东江发源于江西省，流经龙川、和平、东源、源城、资金、惠城、博罗及东莞，干流由东北向西南流，河道长度至石龙为520千米，流域总面积为27040平方千米，东江的年均径流总量约为235亿立方米，为珠三角东部地区，尤其是深圳、东莞及香港的主要水源。

新中国成立以来，尤其是改革开放40多年来，东江流域的水利水电建设取得了显著成就。1959年、1973年及1984年底，在东江上先后建成了新丰江水库、枫树坝和白盆珠水库，三个水库均为大型水库，总集雨面积11740平方千米。三大水库与中下游堤防共同组成了东江干流堤库结合的供水与防洪体系，经三大水库洪水调节，东江下游洪水灾害由100年一遇降为20~30年一遇，大大降低了中下游地区的洪水灾害，保障了中下游沿岸人民生命财产的安全。

为了解决香港、深圳和大亚湾等地区的缺水问题，流域内已建有东深供水工程、深圳东部供水水源工程、大亚湾供水工程等跨流域引水工程。目前东江供水覆盖人口近4000万，开发利用率达38.3%，已接近国际普遍认可的警戒线（40%）。例如，2004年11月至2005年1月，东江水量锐减、咸潮上溯，东莞多个水厂多次被迫停止取水，给人民生活和工业生产造成较大损失。又如，2015 年东江供水总量 90 亿立方米，接近特别枯水年（1963 年 4 月至 1964 年 3 月）的径流总量 94.7 亿立方米，其中深圳用水量已达到东江流域分水指标。

2. 西江水资源利用情况

西江发源于云南曲靖市境内乌蒙山脉的马雄山，流经贵州、广西而入广东，在思贤滘汇入北江后进入珠江三角洲河网区，是珠江流域的主要水系。干流自源头至思贤滘西滘口，长 2075 千米，河道平均坡降 0.58%，集雨面积 35 万平方千米，干流自上而下分为南盘江、红水河、黔江、浔江和西江五个河段。西江在广东省境内的流域范围，主要包括干流河段以及在南、北两岸汇入干流的贺江、罗定江、新兴江、悦城河、马圩河、南山河、宋隆水等流域，以及在茂名信宜市发源，流入广西境内北流江再流入西江的黄华河、金垌河等北流江上游支流。通常所说的狭义上的西江流域，主要位于广东省西北部区域，东部与珠江三角洲相邻，西部与广西相邻，北部与清远市、韶关市相邻，南部与茂名市、阳江市、江门市相邻。西江流域在广东省境内总面积为 17960 平方千米，占全流域集雨面积的 5.1%，包括肇庆市、云浮市、茂名市、清远市、佛山市、阳春市等行政区域，干流所涉及的行政区域主要是肇庆市和云浮市。

根据广东省水资源公报（2018 年）数据统计，西江水资源开发利用率为 1.3%，水资源开发利用潜力较大。西江水系多年平均年径流总量约为 2230 亿立方米，水质良好，具备作为珠江三角洲东部地区城市水源地的条件。其中，西江干流鲤鱼洲的多年平均径流量为 6277 立方米/秒，附近河段水质优良，在丰、平、枯水期的水质监测中，都能达到《地表水环境质量标准》（GB 3838－2002）Ⅱ类水质要求，是区域调水工程的最优取水口、重要水源地。

（二）区域性调水工程受水区用水情况

广州、深圳、东莞、香港等地经济发达，人口与经济指标均大幅增长，用水量也随之大幅增长。然而，该区域供水量却并未与之匹配，东江取水量已逼近设计峰值与国际警戒线。

1. 广州南沙区用水情况

2005 年南沙建区，2012 年国家级新区挂牌，人口从 36 万人增至 62 万人，近年来用水量呈较大幅度增长，从 2012 年的 5. 44 亿立方米增长至 2018 年的 11. 35 亿立方米（见图 1）。

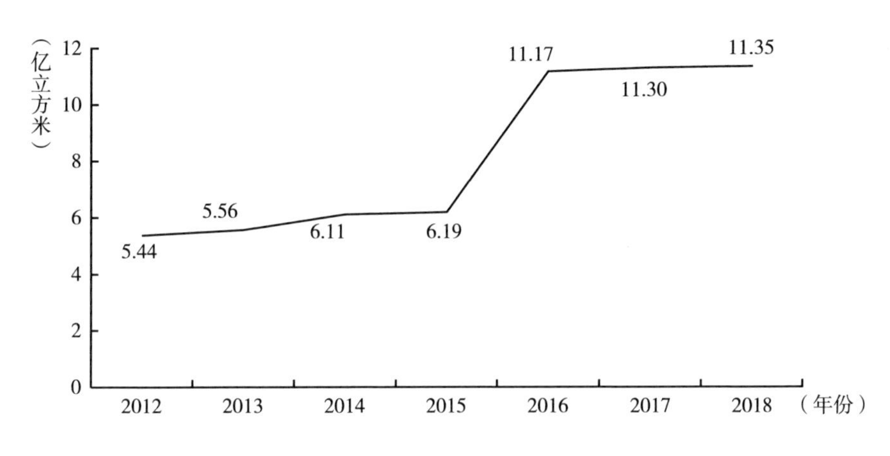

图 1　南沙区 2012 ~ 2018 年用水量增长趋势

2. 深圳市用水情况

深圳市用水量从 1995 年的 9. 94 亿立方米增长至 2015 年的 19. 46 亿立方米（见图 2）。

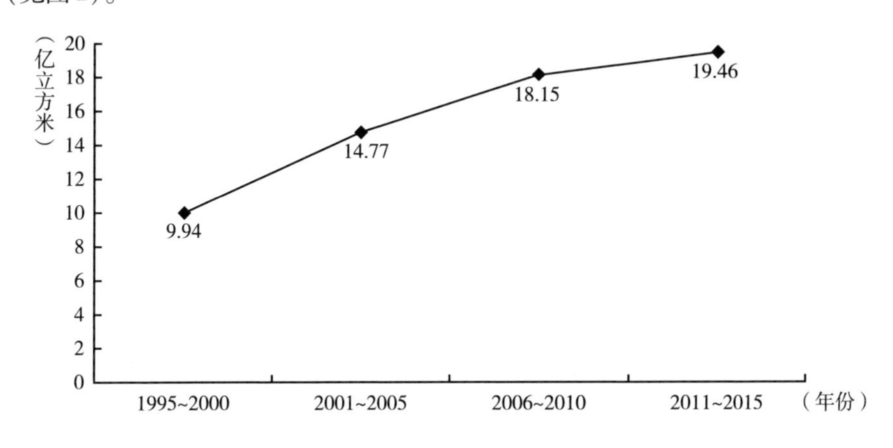

图 2　深圳市每五年平均用水量增长趋势

3. 东莞市用水情况

东莞市用水量从 1985 年的 8.38 亿立方米增长至 2015 年的 20.57 亿立方米（见图 3）。当地经济与人口均大幅增长，用水量随之水涨船高，但现有及未来辖区供水量已难负重荷。

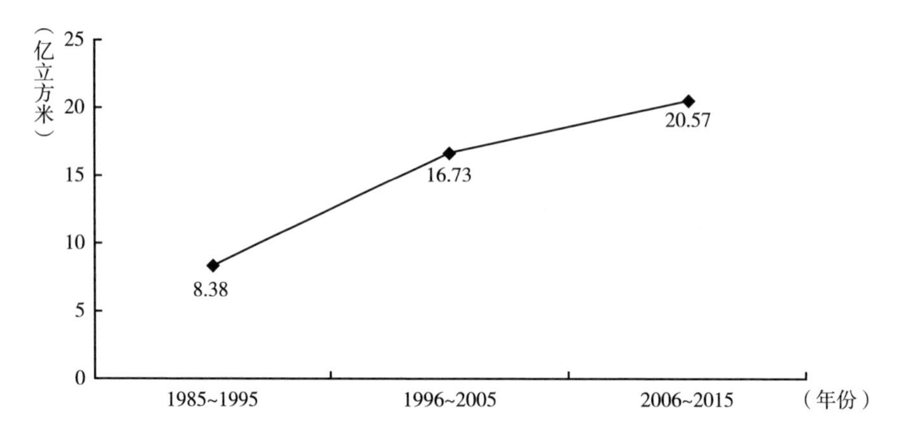

图 3　东莞市每十年平均用水量增长趋势

（三）区域性调水工程受水区用水需求预测

根据受水区城市总体规划和发展战略研究等官方数据，合理采用 2020 年、2030 年的人口和经济发展水平指标，并充分考虑受水区人口、经济合理增长，以及随着用水量基数增大而增长率出现下降等因素，科学预测 2040 年的受水区人口和经济发展水平，见表 2。

表 2　南沙区、东莞市、深圳市常住人口与 GDP

城市 / 项目 / 年份	南沙区		深圳市		东莞市	
	常住人口（万人）	GDP（亿元）	常住人口（万人）	GDP（亿元）	常住人口（万人）	GDP（亿元）
2015	65.1	1115.6	1137.9	17503	825.4	6275.1
2020	120	3000	1220	26000	880	9200
2030	300	10000	1300	40750	950	15650
2040	350	13220	1350	52000	1000	20000

总的来看，随着经济社会持续发展，特别是大湾区战略的实施，珠三角地区人口产业加快集聚，用水需求大幅增加，水资源分布与经济布局严重不平衡问题日益凸显，东江流域已无法满足区域经济社会发展需要，急需开辟新的水源。而兴建珠三角工程，实施区域调水策略，从西江向珠三角东部地区调水，是解决粤港澳大湾区东部缺水问题、实现未来高质量发展的最佳途径与必由之路。

二　工程论证过程及意义

（一）工程论证过程

2005 年，咸潮上溯问题缓解后，为统筹解决珠江三角洲东部地区的水质性和资源性缺水问题，广东省提出了从西江调水的设想。2011 年，西江调水项目被列入广东省委重要文件，广东省政府正式启动项目前期工作。2013 年，项目被纳入经国务院批准的《珠江流域综合规划（2012 ~ 2030 年）》。2015 年，项目被纳入国务院要求加快推进的全国 172 项节水供水重大水利工程建设计划。2014 年 12 月，水利部和省政府联合批复了工程建设总体方案。2015 年 6 月，省政府与水利部、国家发改委、财政部联合签署推进该重大水利工程建设责任书，明确项目前期工作各阶段时间进度。2015 年 8 月，省政府建立了珠江三角洲水资源配置工程前期工作联席会议制度。2016 年 9 月，国家发改委批复了工程项目建议书。2018 年 8 月，国家发改委批复了工程可行性研究报告。2019 年 2 月，水利部批复了工程初步设计报告；《粤港澳大湾区发展规划纲要》同期发布，明确提出：加快推进珠江三角洲水资源配置工程建设，加强饮用水水源地和备用水源安全保障达标建设及环境风险防控工程建设，保障珠三角以及港澳供水安全。2019 年 5 月 6 日，珠江三角洲水资源配置工程建设大会召开，工程建设全面启动。历经 14 年的研究论证，包括省水利厅、省水电设计院、粤海水务在内的有关各方调研国内乃至全球各大水利工程，确定了向深层地下要空间，实施一项跨

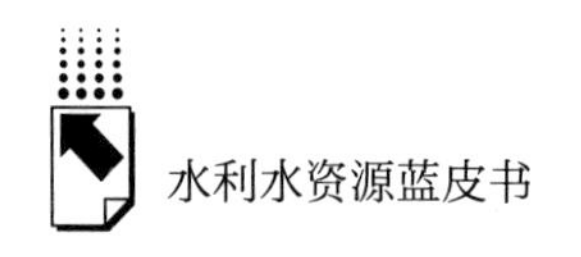

流域、深埋地下的长距离有压管道调水工程，才能从根本上解决东江流域缺水之困，实现粤港澳大湾区的水安全。

（二）工程建设意义

粤港澳大湾区建设是习近平总书记亲自谋划、亲自部署、亲自推动的国家战略。建设珠三角工程，对粤港澳大湾区未来发展具有重大的意义。一是解决广州、深圳、东莞等地生产生活缺水问题，保障水价稳定，为粤港澳大湾区建设和高质量发展提供水资源战略支撑。二是解决珠三角东部区域供水水源单一问题，并为香港、广州番禺、佛山顺德等地提供应急备用水源，提高供水保证率。三是解决挤占东江流域生态用水问题，通过将西江水调往珠三角东部地区，可以减少东部地区在东江的取水量，为东江释放更多的生态用水，改善生态环境，切实保障东江生态安全。根据国家发改委、水利部的批复，该工程具备对东深供水工程供香港水量实现应急备用的条件。虽然不作为香港日常供水水源，但该工程与香港长期繁荣稳定及水资源安全密切相关，待工程建成后，可将该工程与深圳市水库联网工程、东深供水工程连通，从而进一步提高对港供水保障水平。

三　工程建设规划

珠三角工程输水线路西起西江干流佛山顺德江段鲤鱼洲，经广州南沙区新建的高新沙水库，向东至深圳市罗田水库、公明水库及东莞市松木山水库。输水线路总长 113.2 公里。工程设计年均供水量为 17.08 亿立方米，其中广州 5.31 亿立方米、东莞 3.3 亿立方米、深圳 8.47 亿立方米，工程受益人口近 5000 万人，支撑 GDP 近 9 万亿元。

（一）工程总体布局和建设内容

1. 工程总体布局

工程由一条干线、两条分干线及一条支线、三座泵站、四座水库组成。

从佛山市顺德区龙江镇和杏坛镇交界处的鲤鱼洲岛西侧西江干流取水，交水点为新建的广州市南沙区高新沙水库、东莞市松木山水库和深圳市公明水库。线路主要采用盾构隧洞输水，是全世界流量最大的长距离有压管道调水工程。

如表3所示：

（1）输水干线分为三段。干线工程输水线路长90.3公里。第一段为鲤鱼洲取水口—南沙高新沙水库。第二段南沙高新沙水库—沙溪高位水池，第三段为沙溪高位水池—深圳罗田水库。

（2）深圳分干线、东莞分干线。自深圳罗田水库分出东莞分干线和深圳分干线。深圳分干线工程输水线路采用泵站提升方式输水，长11.9公里；东莞分干线工程输水线路采用自流方式输水，长3.6公里。

（3）南沙支线。自高新沙水库以盾构方式平行于本工程输水干线布置，采用自流方式输送至黄阁水厂，长7.4公里。

表3　珠江三角洲水资源配置工程输水线路参数

<table>
<tr><th colspan="2">线路名称</th><th>行政区</th><th>境内长度（km）</th><th>断面类型</th><th>管道内径（m）</th><th>长度（m）</th><th>设计输水流量（m^3/s）</th><th>输水方式</th></tr>
<tr><td rowspan="7">鲤鱼洲～罗田水库干线长90.3km</td><td rowspan="3">鲤鱼洲—高新沙水库
长41.0km</td><td>佛山市顺德区</td><td>27.81</td><td>2D6000盾构隧洞</td><td>4.8</td><td>27805</td><td>80</td><td>有压重力自流</td></tr>
<tr><td rowspan="2">广州市南沙区</td><td rowspan="2">13.18</td><td>2D6000盾构隧洞</td><td>4.8</td><td>12898</td><td>80</td><td>有压重力自流</td></tr>
<tr><td>双孔4.5×4m箱涵</td><td>4.5×4</td><td>284</td><td>80</td><td>有压重力自流</td></tr>
<tr><td rowspan="4">高新沙水库—沙溪高位水池段长28.3km</td><td>广州市南沙区</td><td>11.85</td><td>D8300盾构隧洞</td><td>6.4</td><td>11851</td><td>60</td><td>泵压输水</td></tr>
<tr><td>广州市番禺区</td><td>5.17</td><td>D8300盾构隧洞</td><td>6.4</td><td>5172</td><td>60</td><td>泵压输水</td></tr>
<tr><td rowspan="2">东莞市</td><td rowspan="2">11.31</td><td>D8300盾构隧洞</td><td>6.4</td><td>11046</td><td>60</td><td>泵压输水</td></tr>
<tr><td>DN6400 涵管（钢管外包钢筋砼）</td><td>6.4</td><td>265</td><td>60</td><td>泵压输水</td></tr>
</table>

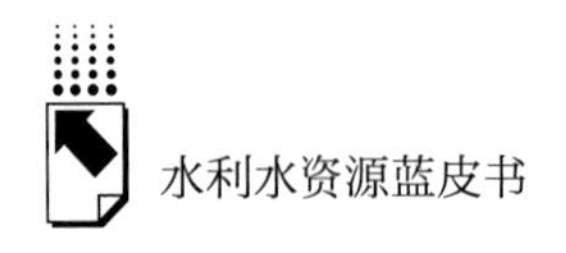

续表

<table>
<tr><th colspan="2">线路名称</th><th>行政区</th><th>境内长度（km）</th><th>断面类型</th><th>管道内径（m）</th><th>长度（m）</th><th>设计输水流量（m³/s）</th><th>输水方式</th></tr>
<tr><td rowspan="5">鲤鱼洲～罗田水库干线长90.3km</td><td rowspan="5">沙溪高位水池—罗田水库段长21.0km</td><td rowspan="4">东莞市</td><td rowspan="4">20.72</td><td>5.6×4.85m 城门洞形隧洞（钻爆法）</td><td>5.6×4.85</td><td>7465</td><td>55</td><td>无压重力自流</td></tr>
<tr><td>倒虹吸双孔箱涵</td><td>4×4</td><td>487</td><td>55</td><td>有压重力自流</td></tr>
<tr><td>隧洞（TBM）</td><td>6.6/8.2</td><td>10340</td><td>55</td><td>无压重力自流</td></tr>
<tr><td>倒虹吸 D8300 盾构隧洞</td><td>6.4</td><td>2423</td><td>55</td><td>有压重力自流</td></tr>
<tr><td>深圳市</td><td>0.27</td><td>5.6×4.85m 城门形隧洞（钻爆法）</td><td>5.6×4.85</td><td>265</td><td>55</td><td>无压重力自流</td></tr>
<tr><td colspan="2" rowspan="3">深圳分干线（罗田水库—公明水库）长11.9km</td><td rowspan="3">深圳市</td><td rowspan="3">11.87</td><td>DN4800 埋管（钢管外包钢筋砼）</td><td>4.8</td><td>41</td><td>30</td><td>泵压输水</td></tr>
<tr><td>DN4800 输水隧洞（钻爆法）</td><td>4.8</td><td>6955</td><td>30</td><td>泵压输水</td></tr>
<tr><td>D6000 盾构隧洞</td><td>4.8</td><td>4874</td><td>30</td><td>泵压输水</td></tr>
<tr><td colspan="2" rowspan="5">东莞分干线（罗田水库—松木山水库）长3.6km</td><td>深圳市</td><td>0.32</td><td>DN3000 输水隧洞（钻爆法）</td><td>3</td><td>323</td><td>15</td><td>有压重力自流</td></tr>
<tr><td rowspan="4">东莞市</td><td rowspan="4">3.23</td><td>DN3000 输水隧洞（钻爆法）</td><td>3</td><td>1084</td><td>15</td><td>有压重力自流</td></tr>
<tr><td>DN3000JCCP 顶管</td><td>3</td><td>1973</td><td>15</td><td>有压重力自流</td></tr>
<tr><td>箱涵（4m×4m）</td><td></td><td>171</td><td>15</td><td>有压重力自流</td></tr>
<tr><td colspan="2">南沙支线长7.4km</td><td>广州市南沙区</td><td>7.36</td><td>D4100 盾构隧洞</td><td>2.8</td><td>7359</td><td>12</td><td>有压重力自流</td></tr>
</table>

2. 工程建设内容

工程建设内容包括输水隧洞工程、提水工程、新建调蓄水库工程。输水干线总长约90.3公里，其中盾构段长约71.5公里，钻爆法隧洞长8.3公里，TBM隧洞长9.7公里，有压箱涵长0.8公里。深圳分干线长11.9公里，东莞分干线长3.6公里，南沙支线长7.4公里。鲤鱼洲取水泵站是工程的第一级泵站，设计流量80立方米/秒，泵组台数为8台，设计扬程42.2米/25.5米，配用电机功率8×9000千瓦。高新沙加压泵站是工程的第二级泵站，泵站设计流量60立方米/秒，泵组台数为6台，设计扬程56米/51.4米，配用电机功率6×12000千瓦。罗田加压泵站是工程的最后一座泵站，设计流量30立方米/秒，泵组台数为4台，设计扬程35.6米/32.7米，配用电机功率4×5000千瓦。高新沙水库占地面积1400亩，正常蓄水位4.2米，总库容482万立方米（见表4~表6）。

表4　工程主要建设内容一览

输水线路	输水管线(km)						建设内容	
	盾构	顶管	钻爆法隧洞	TBM隧洞	有压箱涵	总计	提水工程	新建调蓄水库
主干线	71.5		8.3	9.7	0.8	90.3	鲤鱼洲泵站 高新沙泵站	高新沙水库
东莞分干线		2.2	1.4			3.6		
深圳分干线	4.9		7.0			11.9	罗田泵站	
南沙支线	7.4					7.4		
合计						113.2		

表5　泵站建设内容一览

项目	鲤鱼洲取水泵站	高新沙加压泵站	罗田加压泵站
泵站设计流量(m^3/s)	80	60	30
泵组台数(台)	8(6用2备)	6(4用2备)	4(3用1备)
单泵设计流量(m^3/s)	13.5	15	10
设计扬程(m)	42.2	56	35.6
最小扬程(m)	16.3	39.7	15.3
最大扬程(m)	48	58.6	40
装机容量(kW)	72000	72000	20000

表6　高新沙水库建设内容一览

项目	单位	本次初设阶段
集雨面积	km^2	0.88
正常蓄水位	m(国家85高程)	4.20
死水位	m(国家85高程)	-1.0

续表

项目	单位	本次初设阶段
设计洪水位(P=1%)	m(国家85高程)	4.3
校核洪水位(P=0.33%)	m(国家85高程)	4.3
总库容	万 m^3	482
调洪库容	万 m^3	10.3
兴利库容	万 m^3	420
死库容	万 m^3	51.7

3. 工程等级和标准

据水利部批复，该工程为Ⅰ等工程。其中，输水干线鲤鱼洲泵站等级别为1级，设计洪水标准为100年一遇，校核洪水标准为300年一遇。深圳分干线罗田加压泵站等主要建筑物级别为2级，设计洪水标准为50年一遇，校核洪水标准为200年一遇，抗震设计烈度为7度。

（二）工程调度原则

在水源调度方面，该工程是以大藤峡等水利枢纽调节后的思贤滘流量2500立方米/秒为基础进行调度。当思贤滘流量不小于2500立方米/秒时，工程按需要引水，最大引水流量为80立方米/秒。当思贤滘流量小于2500立方米/秒时，工程停止向深圳和东莞供水，仅取水20立方米/秒供广州南沙区。西江取水点至南沙高新沙水库之间的输水工程为双管，检修期两条管交替检修、互为备用，维持单管连续为南沙供水，其中工程检修期安排30天，设在枯水期。高新沙水库之后工程单管为深圳和东莞供水，检修期间利用深圳市公明水库、清林径水库和东莞市松木山水库调蓄供水。

（三）工程总工期安排

珠三角工程总工期为60个月。分为施工准备期、主体工程施工期和工程完建期。

（四）建设征地与移民安置

根据水利部和广东省人民政府联合批复的《珠江三角洲水资源配置工

程建设征地移民安置规划大纲》，根据征地用途、复垦难易程度及使用年限等情况确定其用地性质，把各类地面上的永久建筑物及管理用地的范围作为永久占地，各类临建设施及工程影响区范围作为临时用地，输水管道上方的土地不做征收或征用处理。工程全线须征地 9461.66 亩，涉及的生产安置人口为 1207 人，搬迁安置人口为 901 人，主要集中在高新沙水库拆迁范围内，将按照统建高层式建筑安置房屋的方式进行搬迁安置。

（五）工程管理体制

珠三角工程属于准公益性项目，是保障珠三角地区及香港用水需求、改善东江流域水生态环境的重要基础设施，是以公益性及社会效益为主、兼具一定经济效益的大型基础设施工程。工程投资主体采用政府指定模式，由广东省政府指定广东粤海控股集团有限公司代表政府出资和持股，组建项目公司，工程沿线各市政府指定代表机构（企业）参股项目公司。工程管理单位性质为企业。项目公司成立之前，由广东省供水总局履行项目法人职责。项目公司成立后，以项目公司为主体开展工作，并与原项目法人单位省供水总局完成法人移交。项目公司负责项目建设运营、工程运行和维护，负责偿还项目贷款。

（六）工程资金筹措及后期水价安排

按初步设计批复，珠三角工程动态总投资 353.99 亿元，由项目资本金 196.92 亿元、项目贷款 142.56 亿元（由省政府分年度发行专项债券筹措）和贷款利息 14.51 亿元构成。项目资本金由中央补助 34.166 亿元、省级补助 6.67 亿元和项目公司股东按股比出资 156.08 亿元构成。广东省政府发行的珠三角工程专项债券是国内第一只水资源专项债券，开了水资源行业发行专项债券的先河，创新了大型水利工程融资模式。同时，为降低水价，广州、深圳、东莞市政府出资占股不分红，确保水价保持在较低水平。

四　新时代生态智慧水利工程建设思路探索

为全面贯彻落实习近平总书记提出事关治水兴水大业的“节水优先、

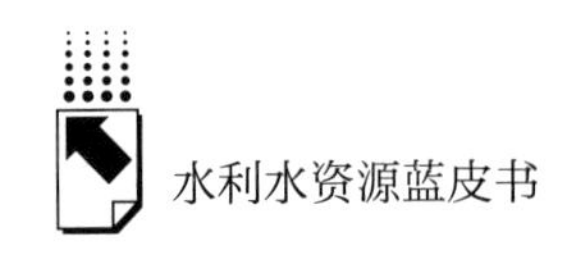

空间均衡、系统治理、两手发力”新时代治水方针，全力推进粤港澳大湾区建设，珠三角工程建设者们秉持“生命水、政治水、经济水”精神，大胆提出了“打造新时代生态智慧水利工程”的目标，并提炼了“把方便留给他人、把资源留给后代、把困难留给自己”的理念，在工程规划、设计、建设、运营全过程加以落实，探索了水利工程建设的新思路，努力实现“优质工程、精品工程、样板工程”。

（一）把方便留给他人

珠三角工程沿线穿越珠三角核心城市群，当地土地资源紧张、寸土寸金，基础设施众多，且地质条件复杂，工程穿越高铁 4 处、地铁 8 处、公路 12 处、江河涌 16 处。为最大限度地方便他人，工程全线采用地下深埋管道输水方式，在纵深 40 米至 60 米的地下空间建造，而这预留出来的 60 米，留给市政、电力、地铁、交通、能源，为这些基础设施的建设提供方便。

（二）把资源留给后代

为最大限度保护粤港澳大湾区生态环境，为湾区未来发展预留出大量宝贵地表和浅层地下空间，珠三角工程采用深埋隧洞输水的方式，永久征地仅 2600 余亩，释放了大量地表土地资源。如果该工程采用明渠输水方式，以明渠横断面宽度 10 米计算，至少需永久征地 22000 亩，深埋方式比明渠方式节约了土地资源 19400 余亩，相当于节约了一个深圳前海，而实际上明渠输水除主体工程征地外，还需考虑保护堤等因素，实际征地远比 22000 亩多。同时，地下输水方式对地表生态、地貌等影响微乎其微，真正实现了把最美好的生态环境、土地资源留给了子孙后代。

（三）把困难留给自己

正是因为工程采取深埋盾构方式，在纵深 40 米至 60 米的地下空间建造，工程建设的困难成倍增加，主要有如下四个方面的困难。

（1）全封闭深埋地下输水工程。工程全线穿越号称“地质博物馆”的珠三角地区，地质结构极其复杂，河网密布、地层复杂，特别是穿狮子洋段的海底隧洞，施工更需克服多断层、高水压、强透水等复杂条件。

（2）输水管道衬砌结构异常复杂。在最不利工况下，输水管道需同时承受155米内水压力和高达60米的外部水土压力，结构受力要求高。为抵抗高内、外压力，管道采用双层衬砌结构形式，以盾构管片为外衬，以预应力混凝土为内衬或钢管辅以填充自密实混凝土内衬，结构复杂，施工难度大。

（3）宽扬程变速水泵选型困难。工程泵站流量变幅大、取水泵站水位变幅大及输水系统管道糙率的变化，导致水泵运行工况复杂，需通过变速调节满足运行要求，目前国内外尚无可借鉴的水泵模型，需重新研发。

（4）长距离地下深埋管道检修困难。管壁易大量滋生淡水壳菜，管道埋深大、单段管道距离长、管内空间有限，面临后期检修车辆运行、有限空间内检修作业通风困难等问题。

以上难题，由于目前国内外对双层衬砌受力模型及理论的研究尚不成熟，国内尚无可借鉴的工程设计和施工经验。同时，从工程建设方面看，大型引调水工程往往因输水线路长、涉及地形地质条件复杂多变，面临不可预计的重大技术难题。为解决难题、把控品质，以粤海为代表的珠三角工程建设者们迎难而上，采用“走出去、引进来、沉下去”的方式，不断破解建设难题。

一是访遍国内外优秀水利工程，调研取经，把一流工程的先进经验一一写进了调研报告，并总结提出了“安全、质量、进度、成本、廉洁”五大控制体系，每个体系均提出目标、业务重点及管控措施。如安全方面，对首批标段进行开工条件审查，落实安全文明施工“硬标准”，不达标准不准开工；严格开展风险管控和隐患排查，开展防汛防风应急演练，确保工程安全；质量方面，落实质量终身负责制，宣贯质量管理理念，加强原材料管理，落实原材料源头管控，制定、评审预应力砼质量专项控制方案；进度方面，按照60个月倒排工期、挂图作战，按图施工，滞后预警、逐级解决；成本方面，修订完善成本管理体系，并通过相关制度、流程落地，严格控制项目投资；廉洁方面，全面推行廉政台账管理及廉政预警谈话，开展同廉建

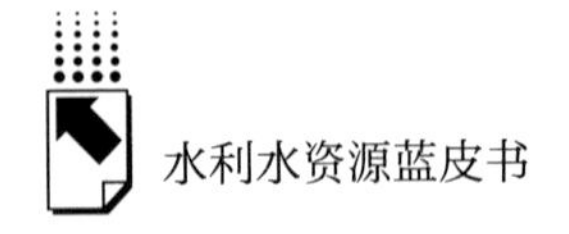

设，聘请专业机构开展全过程审计，打造廉洁、阳光工程。

二是先行先试，在试验段项目开展盾构隧洞受力结构原型试验和施工工艺试验，验证了高内水压盾构隧洞受力模型，研究探索出经济实用、安全可靠的高内水压盾构隧洞衬砌结构型式，为优化工程主体设计及其余盾构段施工提供技术指导。工程试验段已于 2017 年 10 月开工，全长 1666 米，分结构试验和工艺试验两部分，试验段已开展不同内衬结构型式试验，研究探索安全可靠、经济实用的高内水压盾构隧洞结构型式，为后续工程建设探索经验。部分试验成果、科研项目成果已应用到主体工程施工中。

三是积极实践以信息化推进工程建设现代化的理念，穿插设计、建造及运维全过程。基于工程全生命周期建设管理需求，针对性解决工程面临的诸多挑战，按照安全、实用的原则，应用物联网、人工智能、BIM、电子签章等信息技术，全面开展智慧工程建设。设计阶段，开展以 BIM、GIS 为核心技术的三维可视化设计，各专业协同作业，优化设计方案，减少设计变更，达到提高设计质量、降低工程造价的目的。建造阶段，以物联网与智能监控为纽带，搭建全生命周期 BIM + GIS 系统平台、工程项目管理信息系统平台（PMIS）、智慧监管系统平台三大平台，参建各方统一协同，全面实现工程“五大控制”。运维阶段，利用大数据、云计算、人工智能技术搭建智慧调度中心，实现工程沿线“无人值班、少人值守”，以最快捷、最优水质、最经济、最节能等调度方式发挥工程效益。

截至截稿日期，珠三角工程已完成全线隧洞施工标段招标并开展施工。预计 2020 年将完成全线征地，主体工程 35 个工作井将实现全面开工。可以预见，2020 年底，20 余台盾构机将在珠江三角洲 60 余米地下悄悄掘进，开始打造新时代“超级工程”。

五　结论

——珠三角工程有利于解决深圳市、东莞市以及广州市南沙新区等区域的长远缺水问题，改善供水水质，同时可为香港、顺德、番禺提供应急备用水源，对保障受水区及周边城市供水安全和经济社会可持续发展具有重要支撑作用。珠三角地区经济东部重于西部，东部有深圳、东莞、香港，西部仅有佛山、中山、珠海；人口东部多于西部；但是从水资源总量来看，西部的西江远多于东部东江。所以，虽然珠三角地区水资源总量大，但分布不均衡，导致了珠三角东部生产生活缺水之困。而对深圳、东莞来说，只有东江一个单一水源，如再遇 2004 ~ 2005 年咸潮上溯、东江淡水剧减的形势，将再次不得不采取断供用水的极端做法。为了从源头解决以上问题，需要建立一个“广州南沙以高新沙水库为中心，西江、北江双水源互补；深圳、东莞以联网水库群为纽带，东江、西江和本地水资源多水源互联互通”的水资源战略保障体系。如此一来，受水区各市的供水系统更加健全和完善，同时加强了水资源安全储备，为香港、番禺、顺德提供应急后备水源，有力地保障大湾区维持社会持续稳定和经济可持续发展。

——珠三角工程有利于退还被挤占生态用水，改善水环境水生态。工程实施后，可通过东、西江合理配置，为东江流域主要用水户深圳、东莞增加西江水源，使两市满足远期供水保障要求，相应地将退还东江被挤占生态用水，可有效保证东江博罗站生态环境需水量，提高东江流域的水环境承载能力。此外，珠三角东部由于用水量较大，严重挤占了河道生态环境用水，实施本工程后珠三角东部的区域蓄水工程可退还部分水源给河道生态环境，也将一定程度上改善水环境水生态，为东江释放更多的生态用水，将更多的水留给鱼虾，留给水草，改善生态环境。

——珠三角工程有利于探索水利工程的精细化管理的模式。珠三角工程“把方便留给他人、把资源留给后代、把困难留给自己”的建设理念，在工程规划、设计、建设、运营全过程取得的一系列成果，无论是设计阶段的长时间论证、谋划；还是施工阶段的五大控制手段管控品质；抑或是把新技术、新科技应用贯彻设计、建设到运营的全过程，都是水利史上的新举措、新壮举，必将一改过去水利事业粗犷式发展，成为水利事业跨时代的标志性工程。

Abstract

" *Blue Book of Water Conservancy and Resources*" is an annual series reports based on macro-policy, analyzing the pain points of the industry, and exploring technological breakthroughs. It comprehensively sorts out the development bottlenecks in the field of water resources and water resources in China, provides them with solutions and conducts feasibility studies report.

Guangdong-Hong Kong-Macao Greater Bay Area Water Resources Development Report (2020) is the inaugural publication of the " *Blue Book of Water Conservacy and Resources*" . The book includes five chapters: General Report, Macro Perspective, Industry Development, Technology Innovation, and Comprehensive Application. The general report aims at the impact of the development situation and allocation of water resources in the Greater Bay Area on the economic development of cities in the Bay Area, clarifies the importance of water resource security, and forecasts the overall situation of water resources security in the Guangdong-Hong Kong-Macao Greater Bay Area with feasible optimization suggestions. The Macroview combines the current implementation of " high-quality water supply" in pilot cities in developed cities, and pays close attention to the constraints on water resources that Guangdong Hong Kong-Macao Greater Bay Area will benchmark in the future. Exploratory research on three dimensions of environmental governance, and put forward countermeasures from the perspective of macro policy guidance. Based on the prominent contradictions of urban development in the Guangdong-Hong Kong-Macao Greater Bay Area, the industry development chapter analyzes the development status and innovation prospects of the two sub-divisions of water supply and drainage in the Bay Area, and systematically analyzes the development and transformation of the water industry in terms of investment and financing models, which is on effective support for high-quality development in the Bay Area. The technical innovation chapter responds to the technical bottlenecks involved in the previous chapters, and gives a detailed introduction to the three types of water supply and drainage guarantee processing technologies, including water quality detection, water supply process management, and membrane technology application, and provides scientific ideas for promoting field policy optimization and industry breakthrough. The comprehensive application chapter introduces two major demonstration cases of the Maozhou River Basin Comprehensive Management and the Pearl River Delta Water Resources Allocation Key Project. Combining specific operation management models and engineering planning schemes, it summarizes the advanced concepts science, technology of water resources in the Greater Bay Area in actual production and construction.

This book points out that water resources are an indispensable and important strategic resource for the development and construction of the Guangdong-Hong Kong-Macao Greater Bay Area. From the analysis of the status quo, on the one hand, the natural attributes of water resources in the region are special, and resource shortages constrain the economic development of the Bay Area to some extent. On the other hand, urban development has caused over-exploitation, industrial pollution, and water safety problems such as water quality shortages. To improve the level of water supply security as soon as possible, we need to benchmark internationally and focus on domestic issues, such as prevention and control of water pollution, flood disaster prevention, and water resources. Regional linkages have been improved, and system optimization and improvement have been made in areas such as river basin ecological environment governance. The construction of water conservancy infrastructure is in urgent need of transformation and upgrading. The extensive application of the Internet of Things big data technology in the field of water resource utilization, continuous innovation and optimization of investment and financing models, effectively solve the actual production problems such as capital, data, and operating costs, and provide infrastructure for water supply and drainage networks. The construction and smart water market bring broad prospects. The solution to the problem of water quality shortage depends on advanced water treatment technology, combining economically viable treatment technology with system remediation thinking to form an integrated water supply guarantee scheme, ensuring drinking water safety from the source, reducing pollution discharge, and achieving a virtuous cycle of water ecology.

Keywords: Guangdong-Hong Kong-Macao Greater Bay Area; Water Resources; High Quality Water

Contents

I General Report

Abstract: As a regional economy, the Guangdong-Hong Kong-Macao Greater Bay Area needs to coordinate resource allocation. Water resources are the focus of regional economic development planning and river basin water resource management.

This report describes the security situation of water resources in the Guangdong-Hong Kong-Macao Greater Bay Area and the current situation of strengthening water resources security in two directions: analysis of the correlation between policies, status quo and problem analysis. The economic development of the Greater Bay Area needs to be put in the first place in the future. At the same time, the competent authorities at various levels in the Greater Bay Area who are responsible for formulating water resources allocation plans to coordinate with the needs of local economic development and do a good job in water resources planning and allocation. To improve the linkage between water sources in the region, to solve the current problem of coordinated deployment of different water sources. This report analyzes the corresponding relationship between the construction modes and development history of the three major international bay areas: New York Bay, San Francisco Bay, and Tokyo Bay and the Guangdong-

Hong Kong-Macao Greater Bay Area. The pressure brought by the development, and according to the forecast, propose reasonable planning and formulation of economic development goals according to the characteristics of the city, attach importance to and use economic leverage to improve the effect of water resources management, and bring into play the advancement of science and technology to exploit the results of water environment protection and restoration And so on.

Keywords: Guangdong-Hong Kong-Macao Greater Bay Area; Water Resources Security Situation; Water Resources Management Optimization; International bay Area Water Resources Security Situation.

Ⅱ Macroview Reports

B. 2 Research and Analysis on Water Resources Security Policies and Systems in Guangdong-Hong Kong-Macao Greater Bay Area

Wang Jianhua, *Li Jie* / 036

Abstract: Water resources security is a major event involving long-term national security and a prerequisite for ensuring the high-level implementation of major national strategies in the Guangdong-Hong Kong-Macao Greater Bay Area. The special regional conditions and water conditions make the new and old water issues in the Guangdong, Hong Kong, Macao Greater Bay Area complicated and intertwined. Water security is facing serious challenges, and the water management system and mechanism are in urgent need of innovation. President Xi's "Water Saving Priority, Spatial Balance, System Governance, Two-Handed Forces" Sixteen-character Water Management Policy and the General Keynote of Water Conservancy Development of "Water Conservancy Projects Compensating for Shortcomings and Strong Supervision in the Water Conservancy Industry" as the fundamental guide, focusing on the Guangdong-Hong Kong-Macao Greater Bay Water security issues in the district are centered on the most stringent water resources management system, water saving priority water treatment policy, river and lake length system, water resource property rights system, water ecological space management control degree, unified water resource allocation, water ecological compensation mechanism, and cooperative mechanisms and other aspects were explored and researched, and suggestions for innovation and implementation were put forward. By giving full play to the advantages of policy and system innovation, the system advantages can be better transformed into governance effectiveness. The related results can provide a reference for the advancement of water resources security in the Guangdong-Hong Kong-Macao Greater Bay Area to serve the construction of an ecological civilized society and high-quality development in the Guangdong-Hong Kong-Macao Greater Bay Area.

Keywords: Guangdong-Hong Kong-Macao Greater Bay Area; Water Resources; Security Guarantee

Abstract: Solving the problem of water security in the Greater Bay Area is an important resource support for implementing the national strategy of the Guangdong-Hong Kong-Macao Greater Bay Area. At present, the per capita water resources in the Greater Bay Area are small, the distribution of space and time is severely uneven, the water efficiency is low, water resources are wasted, local water resources are over-exploited, and some river sections are seriously intertwined with new and old issues. The new connotation of water resources security and new topics have been proposed. To formulate relevant policies on water resources security in the Guangdong-Hong Kong-Macao Greater Bay Area, we must implement President Xi's thoughts on water management in the new period, and adhere to the "water saving priority, space balance, system governance, and two-handed efforts" to promote urban and rural living. We will continue to make efforts to adjust the structure of industrial water use, expand the amount of recycled water used, improve water price policies, strengthen water pollution prevention, improve water conservancy facilities, and improve the water resources management system to build a water resources security policy system.

Keywords: Guangdong-Hong Kong-Macao Greater Bay Area; Water Resources Security; Safety and Security Policy

Abstract: The Guangdong-Hong Kong-Macao Greater Bay Area has a high level of urbanization, a dense population, and a developed economy. It is necessary to strengthen its water resources guarantee capacity to ensure its economic and social development and high-quality construction. The study found that with the exception of Huizhou, Zhaoqing and Jiangmen, the capacity of water resources in other cities was weak. The water supply in Shenzhen and other cities could not meet their economic and social development needs. The water resources in Shenzhen, Guangzhou, Dongguan, Foshan, and Zhuhai were developed and utilized. Tends to saturation. Shenzhen, Dongguan, and Zhongshan are all typical cities with rising water vulnerability and are extremely scarce. Although Foshan, Guangzhou and Zhuhai are cities with stable water resources fragility, they are transforming from mild water shortage cities to key water shortage cities. In summary, unlike other northern regions where water resources are in short supply, water resource constraints in the Guangdong-Hong Kong-Macao Greater Bay Area are mainly characterized by uneven spatial distribution, prominent supply-demand contradictions, serious regional resource water shortage problems, and regional typical water quality water shortages. The situation is relatively common, high water resource development and utilization, severe water resource security situation, frequent floods and flood disasters, and weak flood prevention and disaster resistance capabilities. Aiming at the reasons for population, industry, geography, and water resources development and utilization, the article puts forward some corresponding measures and suggestions on strengthening the water resources protection capacity of the Guangdong-Hong Kong-Macao Greater Bay Area, including strengthening the unified management of water resources management and water environment supervision in the Pearl River Basin Governance; speed up the construction of water resources allocation projects, and fundamentally alleviate the resource shortage constraints in the Greater Bay Area; increase waste water treatment and aquatic ecological restoration efforts, and actively promote the use of secondary water; strengthen demand-side and supply-side management, and improve And implement the most stringent water resources management system; accelerate the pace of industrial transformation and upgrading, improve the efficiency of water resources utilization; enhance the capacity of the Greater Bay Area to prevent floods and droughts and prevent environmental risks.

Keywords: Guangdong-Hong Kong-Macao Greater Bay Area; Water Resources Constraint; Water Resources Management

Abstract: Water supply is related to national economy and people's livelihood. Safe and high-quality water supply is an important source of happiness and gain for the people in the new era, and it is also a key cornerstone supporting high-quality economic and social development. The construction of the Guangdong-Hong Kong-Macao Greater Bay Area is a major national strategy. Its high-quality development vision and high-standard construction blueprint urgently require high-quality water supply security. The research focuses on the Bay Area, focuses on the basin, and faces the international community. Based on a systematic review of the current water supply situation in developed cities around the world, the current water supply pattern and water supply level of the Guangdong-Hong Kong-Macao Greater Bay Area were scientifically evaluated through investigation and analysis. Further, benchmarking international high-quality water supply standards in depth, analyzing the problems of high-quality water supply safety in the Greater Bay Area, and putting forward suggestions from the perspective of integrated water resources allocation across the river basin to improve the capacity of water supply security. The relevant results can provide a reference for the improvement of water supply facilities and service levels in the Guangdong-Hong Kong-Macao Greater Bay Area, and help promote the formation of a high-quality supply pattern of ecologically efficient water resources covering the entire Bay Area.

Keywords: Guangdong-Hong Kong-Macao Greater Bay Area; High-Quality Water Supply; International Standard

Abstract: "Drinking the same river water." "Water" is the "bond" of the Guangdong-Hong Kong-Macao Greater Bay Area and closely connects the "9 +2" cities. The systematic management of the water environment of the Guangdong-Hong Kong-Macao Greater Bay Area has great practical significance and far-reaching historical significance. Relevant research shows that with the rapid development of cities in Guangdong, problems such as the lack of drainage networks, high population density, and scattered industries and their layouts are prominent. Water pollution treatment lacks systematicity and scientificity, river pollution interception methods are single, and governance measures are eager. Seeking success, failed to form a systematic management idea and management system; even if a large amount of manpower and material resources were invested, reducing sewage discharge was still slow, and the effect of improving water quality was not great. Proceeding from the reality of the water environment, it is necessary to conduct benchmarking internationally, system design, classified policy, and coordinated advancement to realize the integration of water supply, drainage, water treatment, reclaimed water utilization, and sponge city construction, and to form a replicable and scalable water environment governance model. Only a good ecological environment, especially a clean water environment, can support the sustainable economic and social development of the Guangdong-Hong Kong-Macao Greater Bay Area and build the Guangdong-Hong Kong-Macao Greater Bay Area into a world-class city cluster and innovation center.

Keywords: Greater Bay Area; Water Environment; System Governance; Guangdong – Hong Kong – Macao

Ⅲ Industry Development Reports

Abstract: The Guangdong-Hong Kong-Macao Greater Bay Area, as a promoter of the nation-wide openness pattern in the new era and playing an important role in China's development history, has played a supporting and leading role in the national economic development and opening up to the outside world. Network construction is essential for the construction of the Guangdong-Hong Kong-Macao Greater Bay Area. The extremely uneven spatial and temporal distribution of water resources in the Guangdong-Hong Kong-Macao Greater Bay Area, severely wasted water resources, severely polluted river sections and over-exploited local water resources have caused water resources to be affected to varying degrees in terms of water quality and quantity; cities rapid development, water quality pollution caused by new and old water pipe construction and

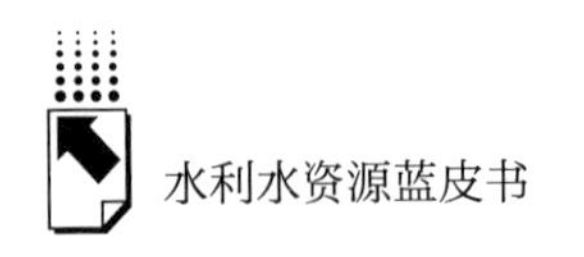

transformation, and the optimization and construction of the water supply pipe network in the Greater Bay Area are essential. This article discusses the optimization of water network construction from the aspects of water supply network reconstruction, water resource optimization allocation, standard formulation, and smart network construction, so as to build a high-quality water supply network system and achieve more efficient water resource management.

Keywords: Urban Water Supply Network; Guangdong-Hong Kong-Macao Greater Bay Area; Reconstruction of Pipeline Network; Optimal Allocation of Water Resources; Construction of Smart Pipeline Network

B.8 Smart Drainage has Helped the Guangdong-Hong Kong-Macao Greater Bay Area Build A New Smart City

Yang Bo, *Gui Lifeng* / 141

Abstract: Urban public drainage facilities are an important part of urban infrastructure. With the rapid development of cities in China, the drainage facilities have a long history, many types, and various and complex operating conditions, the traditional management model has been difficult to effectively deal with drainage problems such as urban waterlogging and water environment pollution. The development of drainage management has reached an urgent need for innovation and Breakthrough stages. Especially since the 19th National Congress of the Communist Party of China, around the introduction and implementation of policies and measures such as the "two mountains economy", "the five priority tasks of cutting overcapacity, reducing excess inventory, deleveraging, lowering costs, and strengthening areas of weakness", improvement of the ecological environment, and treatment of black and stinky water bodies, "drainage" has begun to receive more With high attention, many cities have begun to explore and practice new models of drainage management. "Smart drainage" emerged as the forerunner of the construction of smart cities, and is an inevitable product of the parallel development of drainage management needs and informatization processes to a certain stage. The promulgation of the "Outline of Development Planning for the Guangdong-Hong Kong-Macao Greater Bay Area" also means that the construction of a smart city in the Guangdong-Hong Kong-Macao Greater Bay Area will enter the express train. This article will systematically study how to build a smart city management system from the aspects of eco-environmental protection and urban security by building a drainage system management into a data management system, intelligent operation, precise management, and scientific decision-making. Scientific, digital, networked and intelligent management.

Keywords: Guangdong-Hong Kong-Macao Greater Bay Area; Smart Cities; Smart Drainage; Drainage Reform

Abstract: At present, the contradiction between China's socio-economic development and resources and environment is outstanding, per capita water resources are scarce, and the water shortage problem in cities in the Guangdong, Hong Kong, and Macao Greater Bay Area is prominent. Urgently, the application of next-generation information technology is required to drive the overall production and operation management of the water industry. Smart water is an important part of the construction of ecological civilization. It is a systematic project that provides important support for the optimal allocation of water resources and the scientific management of the water environment. It is of great significance for the realization of national water-saving cities and the conversion of old and new kinetic energy in the water industry. This article analyzes the status quo, problems, and policy support of smart water affairs in China, and studies the composition of smart water affairs systems and foreign developments. Taking the smart water affairs construction of Guangdong, Hong Kong, Macao Greater Bay Area (referred to as the Greater Bay Area) advanced water company as an example, this article explores the specific application and application of smart water services in business management links such as production management, pipeline control, water supply services, and operation management. Practice, thus looking forward to the future development trend of smart water affairs, has practical reference significance for water affairs enterprises and industry leaders.

Keywords: Shortage of Water Resources; Smart Water Services; Production Management; Leak Control in the Pipeline Network; Water Supply Services; Operational Control

Abstract: With the development of economic construction, the relationship between economic development and environmental governance, the pursuit of "lucid waters and lush mountains" and the protection of the people's good life have become increasingly urgent after the release of the "the ten-measure action plan to tackle water pollution". At present, the Guangdong-Hong Kong-Macao Greater Bay Area invests a lot of funds each year in water security and water environment treatment. However, it still faces problems such as lagging water management infrastructure, serious debts, black odors, and river surges. It needs to continue to invest a lot of funds to build To operate water conservancy and water environment infrastructure, we hope to provide reference for infrastructure construction in the future bay area by studying the current status of innovative investment and financing models and the application analysis of these innovation models in the Guangdong, Hong Kong, and Macau Greater Bay Area. This article analyzes the characteristics of water conservancy projects, water supply and drainage, water environment projects, the development history of investment and financing, and policy support from the path of "water" return to "water", and raises the current investment and financing model issues and future water conservancy and water environment infrastructure Investment can learn from experience.

Keywords: Innovative Investment and Financing; Water Conservancy and Water Environment; the Greater Bay Area

Ⅳ Technological Innovation Reports

Abstract: In recent years, China's economy has grown rapidly, and people's living standards have greatly improved. With the ensuing requirements for drinking water quality have become more stringent. Due to micro-pollution, brackish water, fluorine, arsenic heavy metals and other water sources Problems, water plant processes, and secondary pollution of the water distribution network caused some indicators of drinking water in some areas to fail to meet the requirements of the " Sanitary Standard for Drinking Water" (GB5749-2006) . This article analyzes the current status and existing problems of drinking water in China, and the demand for high-quality drinking water in rural areas and campuses. By studying the nanofiltration process, it is found that nanofiltration can effectively remove suspended matter, colloids, calcium and magnesium ions, sulfates, bacteria, Virus, while retaining potassium and sodium ions and other beneficial elements to the human body, improve and enhance water quality, the effluent is better than the national standard, and it can be directly consumed. Carry out

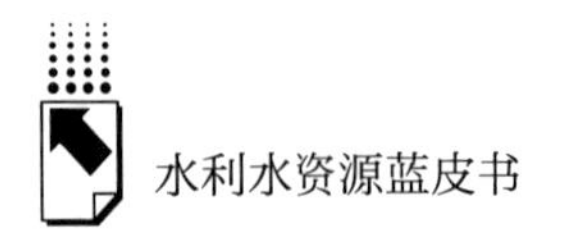

applications and obtain a good demonstration effect to provide reference for guaranteeing the provision of high-quality water supply in the Guangdong-Hong Kong-Macao Greater Bay Area.

Keywords: High Quality Drinking Water; Secondary Water Supply; Water Quality Guarantee

B. 12 Scientific Water Quality Monitoring Ensures the Safety of Water Supply in the Guangdong-Hong Kong-Macao Greater Bay Area

Lin Qing, Lian Haixian and Chen Ya / 239

Abstract: Water is the source of life and a precious resource given to us by nature. Water is inseparable from human daily production and life. Water resources play an irreplaceable key role in promoting social development and promoting a better life. However, with the rapid development of the economy, the water environment has deteriorated, and water pollution problems have emerged endlessly. Water quality monitoring is the first step in water environmental protection and governance. Only by fully grasping the raw water quality information can we find and solve pollution problems faster and better, and maintain the sustainable development of water resources, especially drinking water, which is closely related to human health And its water quality safety is even more important. However, there are currently problems such as water pollution in water sources, old pipe networks, and frequent water quality incidents. Water supply safety is threatened by various kinds. Water quality monitoring is an important means to ensure water safety. Based on the analysis of water quality monitoring, industry policies, and water supply status, the author explores how water quality monitoring and water quality research can effectively and effectively ensure water supply security, and gives future development trends and recommendations for the Guangdong-Hong Kong-Macao Greater Bay. The district water supply security guarantee provides a reference.

Keywords: Water Quality Monitoring; Water Supply Safety; Monitoring Technology; Monitoring System; Water Quality Research

Abstract: Urban drinking water safety is related to national economy and people's livelihood. Constructing drinking water quality safety technology and engineering system from "source" to "the faucet" is of great significance for protecting the public and improving the quality of life. To this end, we should break through the key technologies and systems of the entire process of water quality protection systems, such as water source protection, purification treatment, safe transmission and distribution, water quality monitoring, risk assessment, and emergency treatment, in accordance with different types of water sources, different water quality characteristics, and safety hazards in different water supply systems. Engineering problems, through technology research and development, system integration, comprehensive demonstration and large-scale promotion, to build a technology, engineering and supervision system to ensure drinking water safety, which is of great significance to continuously improve China's drinking water safety and security capabilities. This article focuses on the three important links of ecological treatment and restoration of contaminated water sources, on-line detection of comprehensive water quality toxicity, transmission and distribution process management, and leakage control, and introduces the technological innovation and guarantee of drinking water from "source" to "the faucet" water quality safety system. Its large-scale promotion and application cases provide a reference for enhancing the innovation ability and water quality security level of drinking water health risk control in the Guangdong-Hong Kong-Macao Greater Bay Area.

Keywords: Drinking Water Safety; Whole Process System Guarantee; Water Source Ecological Wetland Purification; Water Quality Monitoring and Early Warning; Pipe Network Leakage Control

B. 14 Research Report on Water Membrane Industry in Greater Bay Area

Gao Xu, *Hu Chengzhi* / 287

Abstract: This report briefly summarizes the national laws, regulations and strategic policies related to membranes. It summarizes the main membrane technology types and their characteristics by category, and analyzes the corresponding development status and effects of the membrane industry at home and abroad for different membrane technology types. At the same time, according to different membrane technology types, typical engineering cases with historical significance in the development process of membrane treatment technology in China are listed, and the development prospect of membrane industry is discussed from the aspect of water regime and membrane technology research in China. After the country's vigorous promotion, the membrane research and development institutions continue to improve and innovate according to national conditions. China's membrane industry already has internationally leading independent intellectual property rights in various fields such as "production-learning-research" and "technology-process-engineering". The domestic production of water treatment membrane water treatment methods such as sewage purification, pure water purification, and seawater desalination is realized, with mature technology, refined technology, and perfect engineering. The Guangdong-Hong Kong-Macao Greater Bay Area, as China's key development area, has ecological priority and green development. It can fully realize the construction of "membrane water services" with Chinese characteristics in terms of municipal sewage, industrial wastewater, municipal drinking water, seawater desalination and membrane integrated systems.

Keywords: Membrane Technology; Membrane Industry; Membrane Engineering

V Integrated Application

Abstract: With the continuous development of the economic construction of the Guangdong-Hong Kong-Macao Greater Bay Area, water environmental issues have become an important restrictive factor affecting the sustainable economic and environmental development of the Greater Bay Area. This article takes the Shenzhen Maozhou River as a typical case of water environment treatment in the core cities of the Guangdong-Hong Kong-Macao Greater Bay Area. Through in-depth analysis and summary, the current typical urban water environment treatment problems in the Maozhou River Basin have problems. " Government + large enterprises + EPC general contract + reasonable subcontracting" water environment governance implementation model and a comprehensive water environment management technology system covering water safety protection, water pollution treatment, water ecological restoration, water landscaping, and water smart management. By combining a comprehensive, innovative, and rational planning and implementation mode and a governance technology system, the entire process from the top-level design of the urban water environment to the implementation of the project will be implemented to ensure the urban water environment governance effect. This is the Guangdong-Hong Kong-Macao Greater Bay Area The comprehensive improvement of water environment in typical urban areas across the country provides examples of important reference models.

Keywords: Guangdong-Hong Kong-Macao Greater Bay Area; Maozhou

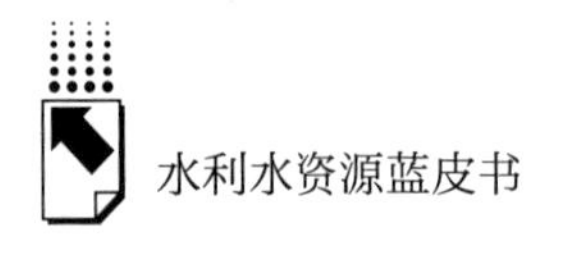

River; Integrated Water Environment Management System; Innovative Implementation Model

Abstract: The Guangdong-Hong Kong-Macao Greater Bay Area is composed of two special administrative regions of Hong Kong and Macau and nine cities of Guangzhou, Shenzhen, Foshan, Dongguan, Zhuhai, Huizhou, Jiangmen, Zhongshan and Zhaoqing. It covers a land area of 56000 square kilometers and is the world of national construction. It is one of the world's four largest bay areas that are comparable to the New York Bay Area, the San Francisco Bay Area, and the Tokyo Bay Area in Japan. The economic and social development of high-intensity loads in the Guangdong-Hong Kong-Macao Greater Bay Area for decades has seen rapid development of various water environments, water ecology, water resources, and water disasters. At present, the utilization rate of water resources development has reached 38. 3%, which is close to the internationally recognized warning line of 40%. In order to solve the contradiction between supply and demand of water resources in the Pearl River Delta and comprehensively guarantee the safety of water supply in the Guangdong-Hong Kong-Macao Greater Bay Area, the Party Central Committee and the State Council decided to build a water resource allocation project in the Pearl River Delta. However, it is extremely difficult to construct large-scale water conservancy projects in the Greater Bay Area. As a forefront of mature market economy and technology-driven development, Guangdong Province needs to break the rules and explore a new path for water conservancy projects in a new era.

Keywords: Guangdong-Hong Kong-Macao Greater Bay Area; Water Resources Allocation; Water Conservancy Projects; Regional Water Transfer

皮　书

智库报告的主要形式
同一主题智库报告的聚合

❖ 皮书定义 ❖

皮书是对中国与世界发展状况和热点问题进行年度监测，以专业的角度、专家的视野和实证研究方法，针对某一领域或区域现状与发展态势展开分析和预测，具备前沿性、原创性、实证性、连续性、时效性等特点的公开出版物，由一系列权威研究报告组成。

❖ 皮书作者 ❖

皮书系列报告作者以国内外一流研究机构、知名高校等重点智库的研究人员为主，多为相关领域一流专家学者，他们的观点代表了当下学界对中国与世界的现实和未来最高水平的解读与分析。截至 2020 年，皮书研创机构有近千家，报告作者累计超过 7 万人。

❖ 皮书荣誉 ❖

皮书系列已成为社会科学文献出版社的著名图书品牌和中国社会科学院的知名学术品牌。2016 年皮书系列正式列入“十三五”国家重点出版规划项目；2013~2020 年，重点皮书列入中国社会科学院承担的国家哲学社会科学创新工程项目。

中国皮书网

（网址：www.pishu.cn）

发布皮书研创资讯，传播皮书精彩内容
引领皮书出版潮流，打造皮书服务平台

栏目设置

◆关于皮书

何谓皮书、皮书分类、皮书大事记、
皮书荣誉、皮书出版第一人、皮书编辑部

◆最新资讯

通知公告、新闻动态、媒体聚焦、
网站专题、视频直播、下载专区

◆皮书研创

皮书规范、皮书选题、皮书出版、
皮书研究、研创团队

◆皮书评奖评价

指标体系、皮书评价、皮书评奖

◆互动专区

皮书说、社科数托邦、皮书微博、留言板

所获荣誉

◆2008 年、2011 年、2014 年，中国皮书网均在全国新闻出版业网站荣誉评选中获得“最具商业价值网站”称号；

◆2012 年,获得“出版业网站百强”称号。

网库合一

2014年，中国皮书网与皮书数据库端口合一，实现资源共享。

中国社会发展数据库（下设 12 个子库）

整合国内外中国社会发展研究成果，汇聚独家统计数据、深度分析报告，涉及社会、人口、政治、教育、法律等 12 个领域，为了解中国社会发展动态、跟踪社会核心热点、分析社会发展趋势提供一站式资源搜索和数据服务。

中国经济发展数据库（下设 12 个子库）

围绕国内外中国经济发展主题研究报告、学术资讯、基础数据等资料构建，内容涵盖宏观经济、农业经济、工业经济、产业经济等 12 个重点经济领域，为实时掌控经济运行态势、把握经济发展规律、洞察经济形势、进行经济决策提供参考和依据。

中国行业发展数据库（下设 17 个子库）

以中国国民经济行业分类为依据，覆盖金融业、旅游、医疗卫生、交通运输、能源矿产等 100 多个行业，跟踪分析国民经济相关行业市场运行状况和政策导向，汇集行业发展前沿资讯，为投资、从业及各种经济决策提供理论基础和实践指导。

中国区域发展数据库（下设 6 个子库）

对中国特定区域内的经济、社会、文化等领域现状与发展情况进行深度分析和预测，研究层级至县及县以下行政区，涉及地区、区域经济体、城市、农村等不同维度，为地方经济社会宏观态势研究、发展经验研究、案例分析提供数据服务。

中国文化传媒数据库（下设 18 个子库）

汇聚文化传媒领域专家观点、热点资讯，梳理国内外中国文化发展相关学术研究成果、一手统计数据，涵盖文化产业、新闻传播、电影娱乐、文学艺术、群众文化等 18 个重点研究领域。为文化传媒研究提供相关数据、研究报告和综合分析服务。

世界经济与国际关系数据库（下设 6 个子库）

立足"皮书系列"世界经济、国际关系相关学术资源，整合世界经济、国际政治、世界文化与科技、全球性问题、国际组织与国际法、区域研究 6 大领域研究成果，为世界经济与国际关系研究提供全方位数据分析，为决策和形势研判提供参考。

法律声明